농산물 유통론

농산물 유통담당자가 알아야 할
농산물유통관련 기초이론과 실제를 담은 농산물유통론

농산물의 유통구조 / 유통조정의 기능과 정책 / 농산물 마케팅관리

 농민신문사

농산물
유통론

 머 리 말

최근 유통환경이 급변함에 따라 농산물 유통도 빠르게 변화되고 있다. FTA 등으로 국내산 농산물 시장이 축소되고 있으며, 소비자들은 안전하고 품질이 좋은 먹거리를 선호하고 있다.

여성 경제활동 인구 증가, 핵가족화 및 노령화로 소포장 및 신선편의 농산물 소비가 증가하고 있다. 소매업에서는 대형마트와 SSM을 중심으로 한 대형유통업체의 매출액이 급속히 커지고 있으며 이들이 산지 직구입 물량을 늘리는 등 농산물유통에 있어서 영향력이 커지고 있다. 산지에서도 산지유통센터 등 유통시설이 확충되고 산지조직화가 진전되고 있다.

이러한 환경 변화에도 불구하고 농산물은 공산품 수준으로 표준화, 규격화될 수 없는 한계 때문에 고비용, 저효율의 유통구조를 탈피하지 못하고 있다. 아울러 산지에서는 일부 출하자들이 여전히 속박이 등 관행적인 출하 행위를 보이는 있어 소비자들로부터 신뢰성을 받지 못하는 문제점을 보이고 있다.

농산물 유통개선에서 가장 중요한 점은 산지에서부터 고품질 농산물이 엄격한 등급화, 규격화를 통해 공동으로 출하되는 체계를 구축하는 것이다. 또한 산지에서의 다양한 상품화 기능은 농산물 시장개방 확대

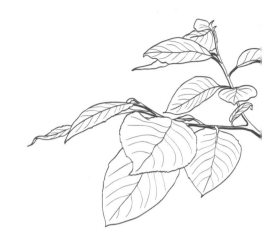

에 대응하여 우리 농산물의 경쟁력을 높이고 생산자들의 수취가격을 높이는데도 필수불가결한 요소가 되고 있다. 따라서 고품질 안전 농산물에 대한 소비자 선호 증대와 유통환경 변화에 적극 대응하여 농산물 상품화 및 품질관리의 효율화와 마케팅 혁신을 도모할 전문 인력의 양성이 시급히 필요한 실정이다. 우리 농산물이 개방의 파고에서 살아남기 위해서는 산지 조직화를 통해 생산자 주도형 유통체계를 구축하고, 소비자에 대한 이해를 바탕으로 품질관리는 물론 다양한 촉진 및 판매 활동 등 마케팅 활동의 강화가 필요하다.

이러한 배경에서 이 책은 기본적으로 농산물 유통 담당자가 알아야 할 농산물유통관련 기초 이론과 실제를 담고 있어 농산물 유통 담당자뿐 아니라 소비자, 정책당국자 등 농산물 유통을 이해하고자 하는 사람들의 입문서로서도 폭넓게 활용될 수 있을 것이다.

모쪼록 본 개정판으로 독자들이 농산물 유통 시스템을 이해하는데 도움이 되길 바라며, 끝으로 본 개정판이 발간되기까지 힘써 준 농민신문사 및 관계자 여러분들께 감사드린다.

농산물유통론 저자 일동

목차 contents

part 1

농산물 유통구조

제1장 농산물 유통론 개요

1 농산물 유통과 농산물 유통론

유통이란 생산자와 소비자를 연결해주는 다리와 같은 기능을 수행하는 것으로, 농산물 유통론은 농산물이 생산자 손을 떠난 이후 소비자가 구매할 때까지의 전과정을 다루고 있다. 생산활동과 소비활동 사이에는 사회적 분업이 진행됨에 따라 간격이 존재하게 되었으며, 유통은 이러한 간격을 연결해주는 가교 역할을 한다. 자급자족 경제하에서는 자기가 생산한 상품을 자기가 소비하기 때문에 간격이 존재할 수 없었으나, 생산과 소비가 분리됨에 따라 여러 가지 간격이 나타나게 되었다.

생산활동과 소비활동 사이의 간격으로는 먼저 장소적 간격을 들 수 있으며 이는 사회적 분업에 의해 생산과 소비의 장소가 일치하지 않기 때문에 발생한다. 이러한 장소적 간격을 좁히는 유통기능으로는 수집, 분산 기능으로서 수송, 하역과 같은 물류기능이 관련된다. 둘째, 시간적 간격으로는 생산과 소비의 시간적 불일치를 들 수 있으며, 이는 유통의 보관 기능에 의해 그 간격이 좁혀지게 된다. 셋째, 소유권적 간격은 어떤 상품이 그것을 필요로 하는 사람에게 소유권이 이전되는 것이 사회적으로 바람직하며, 이는 소유권의 이전 즉 거래관계에 의해 그 간격이 좁혀지게 된다. 넷째, 품질적 간격은 농산물의 경우 생산은 일정한 품질 혹은 크기 등급으로 이루어지지 않지만 소비자들은 일정한 품질 혹은 크기를 선호하게 되는 불일치가 발생하고 있다. 이러한 간격을 메우기 위해 유통과정 중에 선별이나 등급화와 같은 기능이 필요하게 된다. 마지막으로 수량적 간격이라는 것은 생산자들은 대량으로 유통시키는 것이 바람직하지만, 소비자들은 그들이 먹을 양만큼의 소량 구매를 원하게 된다. 이러한 간격도 유통과정의 소분 기능을 통해 좁혀지게 된다.

아울러 유통이 생산과 소비 사이의 간격을 좁히면서 인간의 효용을 증대시키기 때문에 유통은 생산적이라고 평가할 수 있다. 즉 유통 기능이 장소적, 시간적, 형태적, 소유권적 효용을 증대시키기 때문에 생산적이며, 유통이 생산적이라는 사실은 지금까지 정부의 정책이 농업생산, 제조업과 같은 물적인 생산에만 관심을 기울이고 유통과 같은 서비스업을 등한시 한 것이 올바른 정책이었다고 할 수 없음의 근거가 된다. 유통도 생산적이기 때문에 유통의 효율화는 국가 경제 발전에 있어서 매우 중요하며, 특히 농산물 유통의 효율화는 농업전체의 효율성 향상과 경쟁력 제고를 위해 매우 중요한 과제로 대두된다.

일반적으로 유통활동은 크게 **상적유통**(상류), 물적유통(물류), 정보유통(정보류) 등 세 가지로 구분된다. 상적유통(상류)은 상품 소유권의 이전(buying and selling)에 관계되는 것으로 판촉, 가격결정 등 마케팅 기능을 포함하는 개념이다. 상류에 있어서 소유권과 판촉 활동은 생산자 → 도매상 → 소매상 → 소비자의 순으로 흐르게 된다.

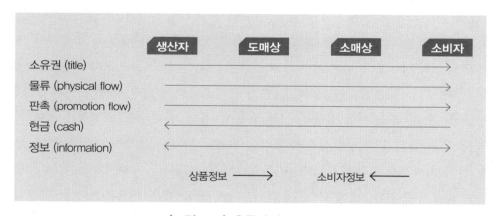

〈그림 1-1〉 유통과정상의 흐름

물적유통(물류)은 재화의 물리적 흐름에 관계되는 것으로 수송, 보관, 가공, 하역 등의 기능이 관련된다. 물류도 상류와 마찬가지로 생산자에서 소비자 방향으로 그 기능이 이전된다.

정보유통은 유통관련 정보의 흐름으로서 상품정보는 생산자에서 소비자로 흐르지만, 소비자 정보는 거꾸로 소비자로부터 생산자에게로 흐르게 된다. 최근 유통정보 기술이 발달하면서 소비자 정보의 수집과 분석이 이전보다 활발하게 이루어지고 있으며, 유통과정 전체를 통해 소비자 정보의 중요성이 이전보다 커지고 있다. 농산물유통론은 농산물이 생산자를 떠난 이후 소비자에게 전달되기까지 발생하는 제반 활동을 연구하는 학문 분야로서 다양한 유통기관 및 유통활동에 대한 분석을 주 내용으로 한다. 특히 유통시스템 내에서의 다양한 의사결정 구조 분석 및 이들이 품질, 다양성, 유통비용 등에 미치는 영향 등을 분석하며, 농산물 유통은 다양한 유통기관과 활동이 관여되기 때문에 시스템적 관점이 필요하게 된다.

유통 기능을 담당하는 주체를 **유통기관**이라고 하며, 유통기관은 거래활동의 유무에 따라 **직접유통기관**과 **유통조성기관**으로 구분할 수 있다. 직접유통기관은 상품의 거래에 직접 참여하며, 생산자, 도소매업체, 소비자 등이 직접적으로 유통기능을 담당한다고 할 수 있다. 유통조성 기관으로는 거래활동에는 직접 참여하지 않지만 유통기능의 원활한 수행에 필요한 업체나 조직을 의미한다. 수송, 보관, 하역, 포장 기능을 원활히 하기 위해 수송업체, 창고업체, 하역노조 및 용역회사, 포장회사 등 다양한 전문 업체들이 농산물 유통에 관여하고 있다. 아울러 컨설팅업체, 은행, 보험회사 등도 유통과정에 참여하고 있으며, 등급과 표준의 설정과 관련하여 정부의 참여와 역할도 중요하다.

2 농산물 유통의 기능

농산물이 생산자로부터 최종소비자에로까지 전달되는 과정에서 유통이 수행하는 기능은 매우 다양하다. 농산물 유통의 기능은 크게 상적 기능, 물적 기능, 유통조성 기능으로 구분할 수 있다.

먼저 **상적 기능**은 거래기능으로서 상품소유권 이전에 관련된 제반 활동을 의미한다. 유통기관은 판매할 상품을 조달하는 **구매/수집**(buying/ assembling) 기능을 하고 머천다이징(상품 개발, 상품구색, 진열 등), 홍보판촉, 상품개발 등 **판매**(selling) 기능을 수행한다.

물적유통 기능은 상품의 이동 및 형태 변형과 관련된 활동으로서 수송, 보관, 하역, 포장, 유통가공을 포함한다. **수송**(transportation)은 운송기관을 활용하여 상품을 장소적으로 이동시키는 활동이다. **보관**(storage)은 저장시설을 이용하여 상품의 시간적 가용성을 변화시키는 활동이다. **하역**(loading and unloading)은 각종 수송기관에 화물을 싣고 부리는 것, 창고보관 화물의 입출고, 창고 내에서의 쌓기와 내리기 또는 그것에 부수하는 활동을 의미한다. **포장**(packaging)은 상품을 수송, 보관함에 있어서 가치 또는 상태를 보관하기 위해 적절한 재료, 용기 등을 물품에 가하는 활동이다. **유통가공**(processing)은 유통과정에서 발생하는 상품의 간단한 형태 변화를 의미한다. 예를 들어 농산물은 도정, 도축과 같은 간단한 유통 가공 과정을 거쳐 유통되게 된다.

유통조성 기능은 유통과정상 거래를 원활하게 도와주는 기능이다. 먼저 **표준화/등급화**(standardization/grading)는 거래의 단순화를 위해 품질 및 수량을 일정한 기준에 의해 표준화시키는 활동을 의미하며 품질관리 활동도 포함된다. 금융(financing) 기능은 상품의 구입과 판매간 시점 차이에 의해 발생하는 자본비용을 부담하는 것으로서 외상, 할부, 선도자금 제공 등이 해당된다. **위험부담**(risk bearing)은 상품의 유통과정 중에 발생하는 물적, 상적 위험을 부담하는 활동으로 유통기관들은 재고를 보유함으로써 가격하락, 진부화(decay) 등의 위험을 감수하며, 보험, 공제 등을 이용하여 위험을 분산시키기도 한다. **유통정보**(market information)는 상품 유통의 제기능을 원활히 수행하기 위한 정보의 수집 및 분산 활동을 의미한다. 유통정보 기능에는 상품 정보를 소비자에게 전달하는 커뮤니케이션(communication) 기능과 소비자 정보를 수집, 분산하는 조사(research) 기능을 포함된다.

3 농산물 유통론의 특수성

농산물 유통론은 주로 농식품 유통을 분석대상으로 하고 있어 일반 유통론과는 차별성과 독자성을 가지게 된다. 일반적으로 농식품은 사람에게 영양을 공급하는 음식물을 총칭하는 것으로 영양소를 한 가지 이상 함유하고 유해한 물질을 함유하는 않은 천연물이나 가공품을 말하며, 농식품은 생물체로서 공산품과는 다른 생물학적, 이화학적 특성을 가지게 된다.

농식품의 상품적 특성을 보면, 먼저 **부피와 중량성**을 들 수 있는데 일반적으로 농식품은 가치에 비해 부피가 크고 무거워 운반과 보관에 비용이 많이 발생한다. 둘째, **계절성**으로 농식품의 생산은 계절적이지만 소비는 연중 발생하여 보관의 중요성이 크며, 수확기에는 홍수 출하가 발생하여 가격이 하락하는 문제점을 보이고 있다. 셋째, **부패성**으로 품은 수분이 많아 저장성이 낮고 부패하거나 손상 용이하며, 보관 및 수송 중에 부패 방지를 위한 특수 시설이 필요하게 된다. 넷째로는 질과 양의 **불균일성**을 들 수 있으며, 농식품은 품질이나 크기가 균일하지 않기 때문에 표준화, 등급화가 곤란한 문제점이 있다. 다섯째, 용도의 **다양성**으로 식품은 상황에 따라 쉽게 용도를 변경할 수 있고 대체성이 큰 특성이 있다. 마지막으로 수요와 공급의 **비탄력성**으로 소득 변화에 따른 수요의 변화가 작고, 공급도 경지면적의 고정성으로 조절이 어려운 특성이 있다.

아울러 농산물 유통은 유통참여자가 일반 공산품과는 다른 특성을 가지고 있다. 농산물 유통에는 영세하고 소득이 낮은 농업인과 상인이 관여되기 때문에 일반 기업과는 다른 특수성이 존재하며, 소비 측면에서도 농식품은 소비자의 건강에 지대한 영향을 미치고 있다. 이 때문에 식품 및 농산물 유통에 대한 정부의 관여도가 높고 국가적 표준이 필요하게 된다.

결국 농산물 유통은 농산물의 상품적 특성과 농산물 유통을 둘러싼 사회경제적 환경의 특수성 때문에 일반 유통론과는 다른 독자성과 차별성을 가지고 있다. 농산물 유통론에서는 특히 도매시장과 같은 도매기구의 역할이 중요하고, 등급·규격 등 정부에 의한 표시제도 및 인증제도의 중요성이 공산품보다 크다.

○ 농산물 유통론이란 농산물이 생산자로부터 소비자에 이르기까지 전 과정을 다루는 학문 분야이다.

○ 유통이란 생산자와 소비자 간에 존재하는 장소적, 시간적, 소유권적, 품질적, 수량적 간격을 좁혀주는 교량과 같은 기능을 수행한다.

○ 유통활동은 크게 상적유통(상류), 물적유통(물류), 정보유통(정보류) 등 세 가지로 구분한다.

○ 상적 유통은 상품의 소유권 이전에 관련되는 것으로 소유권의 흐름은 생산자로부터 소비자로 흐른다.

○ 물적유통은 상품의 수송, 보관, 하역, 포장, 유통가공 등 물리적 이동에 관련된 것으로 물류의 흐름도 상류과 마찬가지로 생산자로부터 소비자에게로 흐른다.

○ 정보는 양방향으로 흐르는데 소비자 정보는 소비자로부터 생산자에게로, 상품 정보는 생산자로부터 소비자에게로 흐른다.

○ 직접 거래에 참여하는 유통기관을 직접유통기관이라 하고, 거래에 직접 참여하지 않지만 수송, 보관, 하역, 금융 등을 전문적으로 수행하는 기관을 유통조성 기관이라 한다.

○ 유통기관은 상품의 구매 및 판매, 수송, 보관, 하역, 포장, 유통가공, 표준화/등급화, 금융, 위험부담, 유통정보 등의 기능을 수행한다.

○ 농식품은 부피와 중량성, 계절성, 부패성, 질과 양의 불균질성, 용도의 다양성 등의 특성을 가지고 있다.

○ 농산물 유통론은 농식품의 특수성과 유통참여자의 영세성 등으로 일반 유통론 과는 차별화된 특성을 가지고 있다.

제 2 장 농산물 유통환경

1 소비구조

경제발전과 소득증대에 따라 국민들의 **식품소비형태**는 '물량'과 '영양'을 추구하는 양적인 소비 단계에서 오감을 만족시키는 '맛', '멋', '예술'의 질적인 단계로 확대 발전한다. 후진국 사회에서 국민들의 제일 관심은 기아로부터의 해방이기 때문에 최소한의 생명을 유지하기 위해 쌀, 보리, 밀 등 주곡 중심의 양적인 소비에 치중하였다. 이러한 양적인 식품소비형태가 후진국 상태에서 벗어나 개발도상국 또는 중진국에 들어서면서 소비자들은 건강을 생각하여 영양균형을 생각하고 입맛을 추구하는 질적인 소비로 변모하기 시작한다. 또한 경제가 선진국으로 발전하여 고도의 대중소비단계로 갈수록 국민들은 먹거리에 대해서도 품격을 따져 눈으로 보고 감각을 즐기는 '멋'을 추구하는 단계를 지나 '예술'적인 식품소비단계까지 이르게 된다.

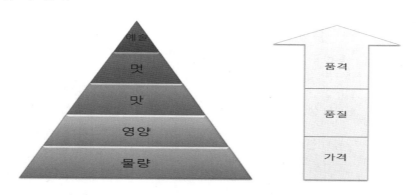

〈그림 2-1〉 경제발전과 소득증대에 따른 식품소비 추세

경제가 발전하여 국민소득이 증가하고 공업화, 도시화가 진전되고 주거생활, 문화생활, 사회생활, 식생활 등 국민들의 생활수준이 향상됨에 따라 **의식주 구조가**

변화되고 있다. 특히 최근 들어 국민생활이 국제화되고 농산물시장, 유통을 비롯한 서비스시장 등 시장개방이 대폭 확대되면서 소비자들의 **구매패턴**과 소비구조가 질적·양적으로 변하고 있다.

이러한 식생활 구조, 소비구조의 변화는 기본적으로 경제발전의 소산으로 볼 수 있다. 경제가 발전하고 도시화, 공업화가 진전되고 고도의 **대중소비사회**로 갈수록 농산물생산도 고도화되는 등 농업발전이 동시에 이루어지고 소비자들의 소비구조가 **다양화, 고급화, 개성화, 간편화, 안전화, 건강지향**으로 변모되고 있다. 이러한 소비구조의 변화는 농산물에 대한 선호도에 반영되고 구매패턴의 변화를 초래하여 농산물 유통구조에 영향을 미쳐 궁극적으로 농산물 생산구조의 재편을 가져오게 된다.

이와 같이 경제발전, 농업발전(생산), 소비, 유통(시장발전)이 상호 유기적인 관계를 가지며 발전하고 있으며, 농산물의 소비도 경제발전과 소득증가에 따라 생산, 저장이 용이한 곡류, 서류 등 **저위보전(低位保全) 식품**에서 채소, 과일, 육류 등 신선한 **고위보전(高位保全) 식품**, 가공식품, 편의식품, 건강식품으로 변화하고 있다.

〈표 2-1〉 경제발전에 따른 농산물 생산, 소비, 유통의 변화

구분	1단계	2단계	3단계
경제발전	후진국 경제 전통적인 농업사회	중진국 경제 공업화,도시화 전개	선진국 경제 고도 도시화, 공업화와 대중소비단계
농업발전	원시적 생산단계	준산업적 단계	산업화, 선진적 단계
시장발전	시장이전 단계	상품 비차별화, 분산 또는 집중시장 단계	상품 차별화, 집중 또는 분산시장 단계
식생활 목표	기아로부터의 해방	식단의 영양균형 추구	조리시간 단축과 가공, 편의, 건강식품 위주
소비구조	저위보전식품, 상품 차별 거의 없음.	고위보전식품, 상품 차별화 수준 낮음.	고위보전 및 가공조리편의품 위주, 고도의 상품 차별화

구분	1단계	2단계	3단계
유통기능 및 구조	전통적인 곡물거래 중심, 도소매 미분화, 대인 직접 현물거래	신선식품 도매시장 발달, 대량유통 확대, 표준화 불비, 수퍼마켓 및 연쇄점 증가	유통경로 다양화, 맞춤생산·맞춤유통, 중앙도매시장 중요도 감소, 도소매업 대형화, 소매−산지 계약거래, 직거래 확대
생산구조	주곡위주, 소량 다품목 생산, 천후의존적.	주곡자급, 신선식품 생산 확대, 대규모 상업농 개시, 생산기반 확충	신선·가공식품 생산집중, 지역특화, 표준화 상품 대량생산 연중 조달, cold chain system, 통명거래

국민의 1인당 식품 소비량 추세를 보면, 주곡인 쌀을 포함한 곡류는 80년대 이후 지속적인 감소를 보이고 있는 반면, 채소, 과일, 육류 소비는 지속적으로 증가하고 있다. 특히 쌀은 1970년 1인당 1년간 134kg을 소비하였으나 1990년 121kg, 2009년 81kg으로 계속 감소하고 있는 반면, 채소류는 1970년대 60kg에서 2009년 152kg으로, 과실류는 같은 기간동안 13kg 내외에서 47kg으로, 육류는 10kg 이하 수준에서 43kg으로 크게 증가하였다.

세계 주요국과 비교할 때, 우리 나라 국민은 과일, 육류, 우유 소비가 늘어나고는 있으나, 여전히 쌀과 채소 중심의 국가이다.

〈표 2-2〉 주요 식품류별 1인당 연간 소비량 변화

(단위 : kg)

구분	1970	1980	1990	2000	2005	2009
곡류 (그중 쌀)	216.1 / 133.8	185.0 / 132.9	175.4 / 120.8	166.8 / 97.9	150.5 / 83.2	139.3 / 81.3
채소류	65.6	120.6	132.6	165.9	145.5	152.5
과실류	12.0	16.2	29.0	39.1	44.7	47.7
육류	8.4	13.9	23.6	37.5	36.6	43.3

*자료 : 한국농촌경제연구원, 식품수급표, 각 년도.

한편 소비자들의 식품소비구조는 가공품과 외식에 대한 소비가 늘어나고 있으며, 고품질 안전농산물, 가정식 대체품이나 조리식품에 대한 선호도가 증가하고 있다. 자녀 없는 부부가구의 증가, 대가족의 해체 등 **핵가족화**가 빠르게 진행되고 있으며, 가구당 인원수가 1980년 4.6명에서 2010년에 2.8명으로 계속 감소하고 있다. 이러한 가족 구조의 변화는 외식, 가공 및 조리식품, 소포장 단위의 식품 구매를 증가시키게 된다. 또한 식단계획자이자 조리자인 여성의 경제활동 참가가 1980년대 이후 늘어나면서 식생활은 더욱 간소화를 지향하게 되었다.

소비자 가구의 식품비 지출구조를 살펴보면 신선식품의 연평균 소비증가율은 오히려 줄어드는 추세이나, **가공식품 소비**는 지속적으로 높은 증가 추세를 보여 가공식품 소비가 빠르게 증가하고 있다. 또다른 소비구조의 변화는 식생활의 **외식화 현상**이다. 1980년대 초까지만 하더라도 식생활의 대부분이 가정 내에서 이루어졌으나, 최근 외식의 비중이 빠르게 증가하고 있다.

또한 소득 증대에 따라 소비자의 건강에 대한 관심이 높아지고, 유전자 변형농산물(Genetically Modified Organism; GMO)의 유해성 논란, 미국, 일본 등에서 발생한 병원성 대장균 O-157 사건, 중국산 유제품 멜라민오염 파동, 전세계적으로 발생하는 광우병(Bovine Spongiform Encephalopathy; BSE) 발생 등으로 소비자들의 **식품안전성**에 대한 인식은 더욱 고조되고 있다.
특히 최근에는 소비자들의 삶의 질이 향상되고, 웰빙과 건강을 추구하게 됨으로써 안전한 농산물에 대한 관심이 크게 높아져 친환경 농산물의 생산과 소비가 급증하고 있다. 품질인증된 친환경농산물 생산량(출하량)은 소비자의 안전농산물 수요 증대에 힘입어 2000년 이후 2011년까지 연평균 43%의 높은 증가율을 보이고 있다.

이러한 소비자들의 소비구조의 변화는 농산물과 식품의 **구매패턴**에도 영향을 주어 구매 장소, 구매단위, 구매 형태 등에서 편의성 추구경향이 나타나고 있다.

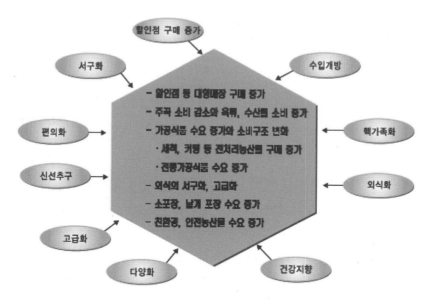

〈그림 2-2〉 소비자 선호 및 시장여건 변화와 따른 농산물 소비구조 변화

식품 구입장소의 경우 과거 재래시장 등이 대부분을 차지하였으나 쾌적한 쇼핑 환경과 다양한 상품을 일괄 구매할 수 있는 편리성 등으로 대형 할인점의 비중이 크게 증가하는 추세를 보이고 있다. 특히 젊은 세대가구의 대형할인매장 이용률이 높았다.

구매단위에 있어서도 **소포장화**가 이루어지고 있으며 포장 유통이 크게 증가하고 있다. 쌀의 경우 주로 거래되는 포장단위는 20kg과 10kg으로 조사되었는데 가족 수의 감소 및 쌀 소비 감소로 3kg, 5kg, 10kg 등 소포장 단위구매가 증가할 전망이다.

향후 식품 소비는 고급화, 다양화, 편의성, 건강추구 경향이 지속·강화될 것이며 식품 유통도 시장개방의 확대, 외식산업의 발전, 전자상거래 활성화 등으로 여건 변화가 예상된다. 이에 따라 농산물 소비는 고품질농산물, 친환경농산물, 선별·세척·소분포장 농산물, 김치 등 전통식품에 대한 수요가 증가할 것으로 전망된다.

2 생산구조와 기술환경

농산물 유통은 생산형태의 변화에 의해 영향을 받고 있으며, 반대로 생산에도 영향을 미치고 있다.

우리 나라 농업은 과거 1950년대와 1960년대만 해도 천후 의존성이 매우 강한 후진적인 생산환경하에서 영세한 소농구조하에 주곡위주의 소량다품목 생산으로 다분히 자급자족적인 농업생산이었다. 대부분의 국민들이 농업에 종사하여 공업이나 서비스업 등 다른 취업기회가 많지 않았으며 가족의 생존을 위해 농산물 생산에 전념하지 않으면 안되는 처지이고 생산기술의 개발보다는 기존의 전통적인 생산양식을 유지하는 보수적인 생산형태를 띄고 있었다.

그러나 1970년대 공업화를 주축으로 경제개발이 본격 추진되면서 비농업부문의 확대를 가져왔으며 농업생산양식에 상당한 변화를 초래하게 되었다. 공업화가 추진되는 과정에서 농업인구는 감소하였으며 다른 한편으로 국가적으로 식량의 자급을 위해 식량증산정책을 실시하게 되고 인구 감소를 생산의 기계화로 대체할 수 밖에 없었다.

경제개발과 국민소득의 증가와 공업화, 도시화는 농업생산을 자급자족농업에서 상품생산농업으로 전환시켰으며 농민의 의식구조도 크게 변하게 되었다. 이에 따라 1970년대초에는 전체 농산물 생산 중에서 55% 정도가 농촌에서 도시지역으로 이동되어 도시민들의 수요를 충족시켰으나, 2000년대에는 90% 이상의 농산물이 비농촌지역으로 이동하여 도시민들의 농산물 수요를 충족시키게 되었다.

농산물의 생산단위인 농가수도 1970년 248만호에서 2010년 118만호로 크게 감소하여 전체 가구수 비율이 7% 이하로 줄어들게 되었다. 이에 따라 농가호당 경지면적도 1ha 수준에서 1.5ha로 증가하였으며 그 중에서 대규모 농가의 출현도 늘어나게 되었다. 또한 영농회사법인과 영농조합법인 등에서 대규모의 영농활동을 하여 농업생산이 점진적으로 규모화, 체계화되기 시작하였으며, 생산 뿐만 아니라 산지유통에서도 생산자조직 단위의 대량규격상품의 공동출하가 확대되어 소비지 유통기구와 거래교섭력을 높이게 되었다.

더욱이 1990년대 후반 유통시장의 개방과 함께 소비지 유통이 혁신적으로 변하게 되어 대형유통업체들이 영세한 식료품점과 도매시장의 기능을 위축시켰으며 이들과 산지 직거래와 계약재배 등이 늘어나 산지에서 **'맞춤생산', '맞춤유통'**이 크게 늘어나게 되었다.

앞으로도 생산측면에서 많은 변화가 예상된다. 첫째, 시설원예작물의 생산시설 현대화 및 첨단화와 재배기술의 발달, 재배지역의 확산, 생육환경에 적합한 품종의 다양한 개발 등에 의한 국내 농산물의 공급능력 증가와 더불어 수입물량의 증가로 청과물을 중심으로 만성적인 공급과잉의 가능성이 커지고 있다. 외국농산물 수입증가는 국내 농산물시장 잠식, 소비 대체로 이어져 국내외 판매경쟁을 한층 심화시키리라는 것을 예측할 수 있다.

둘째, 판매를 위한 경쟁이 심화됨에 따라 생산의 전문화·단지화가 불가피하고, 상품 차별화를 위해 생산자단체를 중심으로 농산물의 표준규격화와 브랜드화가 급속히 도입될 전망이다. 특히 엄격하게 표준화된 상태에서 수입되는 수입농산물은 국내산 농수산물의 표준규격화를 크게 촉진시키는 역할을 할 것으로 보인다.

이에 따라 산지에서 수집상의 역할이 약화되고, **농산물 산지유통센터(APC), 미곡종합처리장(RPC), 축산물종합처리장(LPC)** 등 산지유통시설을 중심으로 한 품목별 생산자단체의 기능이 강화될 것이다. 또한 상품의 브랜드화가 확대됨에 따라 지역간 상품의 차별화·고품질화를 위한 지역간·생산자간의 경쟁이 가속될 전망이다. 이러한 변화는 생산부문 자체에 의한 변화보다는 유통환경을 비롯하여 생산환경을 둘러싸고 있는 외부환경의 변화에 의해 촉진되며, 여기에 적응하지 못할 경우에 생산자는 생존에 어려움을 겪게 될 것이다.

그리고 브랜드상품이 일반화될 경우 불공정 거래의 상관행은 크게 사라지고 신용거래를 바탕으로 한 통명거래가 일반화될 전망이다. 브랜드화하지 못하는 영세 생산자의 상품은 **통명거래**를 기본으로 하는 대량유통에 부적합하여 도매시장과 물류센터와 같은 대량유통 과정에서 배제되며, 도로변 판매와 같은 직거래를 통해 소량으로만 거래될 수 있을 것이다. 이와 같은 농수산물의 브랜드화는 통명거래의 확대, 유통 정보혁명의 진전, 유통의 능률화 추구 과정에서 불가피하게 전개될 상황이다.

셋째, 생산의 전문화는 상품가격 변화에 따른 생산농가의 위험부담을 가중시키며, 가격안정의 중요성을 증대시킬 것이다. 가격안정을 위해 생산자는 시설농업 등을 통한 생산 및 품질의 안정화와 계약재배 또는 거래약정 등을 통해 안정적 거래선 확보를 위한 유통업자와의 **수직적 통합**(Vertical Integration)을 도모해야 할 것이다. 또한 가격안정의 중요성이 증대되면 장차 생산 및 출하조정을 통한 가격안정을 위한 생산자단체의 역할이 더욱 중요해 질 것으로 보인다.

한편 농산물 유통과 관련하여 수송기술의 변화, 예냉 등 저장기술의 변화, 선별포장 기술의 변화, 정보화의 급진전 등 기술환경의 변화는 유통의 선진화에 크게 기여하고 있다.

첫째, 수송기술의 변화는 농산물 유통활동에서 농산물을 장소적으로 이동시킴으로써 장소효용을 제고시키는 기능을 수행한다. 농산물 재배단지에서 소비지까지 용이하게 농산물을 이동시키는 도로건설, 도로포장 등 사회간접자본 확충, 광폭차량, 콘테이너, 트레일러 등 대형수송차량의 증가, 상하차를 용이하게 하는 팰릿(pallet)수송, 지게차의 보급 확대 등 수송기술의 발달은 농산물의 신속한 대량수송을 가능하게 하고 물류효율을 높이는데 중요한 역할을 하고 있다.

둘째, **예냉**(precooling) 등 농산물 저장기술의 발전은 농산물유통에서 획기적인 변화를 가져오고 있다. 예냉기술은 국내에 도입된 지 수년밖에 안된 신기술로서 부패가 심한 청과물의 수확후 상품성 저하 및 부패로 인한 손실을 막을 뿐만 아니라 수확 직후 고품질의 신선도를 유지하기 위해 필수적인 **수확후 상품화기술**이다. 선진국의 경우 **큐어링(curing, 강제건조)**이나 예냉과 같은 철저한 품질관리기술로 상품성 저하와 수확후 손실을 크게 줄이고 있다.

우리 나라는 그동안 수확후 관리기술이 매우 낙후되어 농가단위에서 고품질의 농산물을 생산하고도 유통과정에 변질이 발생하여 막대한 경제적 손실을 받아 왔으며, 이러한 수확후 처리기술의 낙후성은 국내시장에서 수입농산물과의 경쟁력 뿐만 아니라 일본, 미국 등 세계시장에서 우리 농산물의 경쟁력을 상대적으로 떨어뜨리게 되었다.

마늘과 양파와 같은 양념채소류의 경우 국내 저온저장고의 절반 정도를 차지하고 있으나 수확후에 제대로 건조되지 않은 상태에서 저온저장고에 입고되어 곰팡이 번식과 부패로 인해 매년 20~30% 이상 폐기되고 있다. 또한 딸기, 토마토, 참외와 같은 과채류와 배추, 양배추, 상추, 시금치, 깻잎 등 엽채류는 수확 시 호흡열로 인해 내부 온도가 매우 높은 상태이기 때문에 예냉기술에 의해 수확후 냉기나 냉수로 호흡열을 제거하지 않으면 부패가 빨라질 수 밖에 없다.

또한 국내 농산물을 외국에 수출하기 위해서는 신선한 상태로 보름에서 한달 정도 해상운송되어야 하는데 산지에서 수확후 예냉처리나 큐어링(강제건조)를 하지 않으면 장기간 상품성을 유지하기 어렵다.

농산물유통에 변화를 주고 있는 기술환경 중에서 **정보화**의 급진전도 빼놓을 수 없다. 1960년대 이후 수차례의 경제개발계획의 추진과 새마을사업, 농촌주택개량사업 등 농촌사회개발정책의 수행으로 농촌에 전기보급이 완료되고, 이에 따라 TV, 라디오, 전화 등이 급속히 보급되었으며 최근에는 PC가 인터넷 확산과 함께 급속히 보급되고 있다.

또한 선도농민들, 농업기술센터, 산지유통센터 등에서 농산물 홈페이지가 개설되고 인터넷에 의한 전자상거래가 확산되고 있다. 이에 따라 농민들이 농산물 거래 정보를 신속히 접하게 되는 등 정보력이 크게 신장되고 있다.

3 농산물 시장개방 가속화

우루과이라운드(Uruguay Round, UR) 농산물협상 타결 이후 세계무역기구 (World Trade Organization, WTO) 체제에서 세계농업은 국제화가 진전되어 일부 농산물을 제외하고는 저율의 관세로 수입이 급격히 늘어나고 있다. 최근에 도하개발 어젠더(DohaDevelopment Agenda, DDA) 농산물협상은 UR협상보다 관세감축 수준이 훨씬 클 것으로 전망되고 있어 협상이 타결될 경우 시장개방이 더욱 급물살을 탈 것으로 예상되고 있다.그동안 WTO 체제 아래 시장개방 확대로 우리나라는 중국의 채소, 미국·칠레·뉴질랜드의 과일 등 농산물 수입이 증가하여 외국산과의 가격경쟁에서 밀리면서 국산 농산물 가격이 생산비 이하로 하락하는 등 가격 불안정과 폭락현상이 빈발하였다.

특히 중국으로부터 저가의 채소, 특용작물 등 수입이 급증하고 있어 한·중 FTA 등 중국과 시장개방이 확대될 경우 국내 생산기반이 크게 위협을 받게 될 것이다. 주품목인 고추, 마늘, 양파, 한약재 등의 수입이 계속 늘어나고 있으며, 최근 생강과 당근, 무, 배추 등 부패성이 높은 신선채소의 수입이 중국으로부터 크게 늘어나고 있다.

중국은 최근 국제경쟁력이 있는 채소와 과일 등 원예농산물 수출에 심혈을 기울이고 있다. 특히 주변국인 일본과 한국으로의 농산물 수출이 크게 늘어나고 있어 한국과 일본으로부터 세이프가드(safeguard, SG)가 발동되고 이에 대해 중국은 무역보복조치를 단행하는 등 한·중·일 3국 간 교역갈등이 심화되고 있다.

그 중에서 대표적인 품목이 채소이며, 과일과 과채류 등 열매과실은 과실파리로 인해 식물방역법상 수입금지 품목으로 분류되어 있어 아직까지 수입되지 않고 있다. 중국은 풍부한 농업노동력과 다양한 기후조건, 동부지역의 광활한 평야지 농토를 바탕으로 채소생산을 크게 늘려 일본과 한국에 집중적으로 수출하고 있다. 특히 고추, 마늘, 양파, 대파, 당근, 무 등 토지조방적이고 노동집약적인 노지채소를 한국과 일본에 대량수출하고 있다.

더욱이 농산물 수입이 급증하는 가장 큰 요인으로 고율의 양허관세를 부과하고 민간이 수입하는 신선 농산물보다 기본관세만 부과하는 냉동, 건조, 혼합조미료 형태의 반가공 또는 가공 농산물 수입이 급격히 늘고 있다. 고추의 경우 고율의 양허관세로 수입되는 건고추나 고춧가루보다 저율의 기본관세로 냉동고추, 혼합조미료, 기타소스 등 1차 가공 또는 냉동처리된 것이 많이 수입되고 있으며, 마늘의 경우도 냉동마늘, 초산조제마늘, 혼합조미료 등 저율관세 수입이 크게 늘고 있다.

UR 농산물협상에 이어 최근 진행중인 DDA 농업협상, **자유무역협정**(Free Trade Agreement; FTA) 체결은 향후 농산물시장 개방을 가속시켜 품목에 따라서 국내 생산기반이 급속히 약화되어 수입의존적인 농업이 될 수 있다. 특히 그동안 주로 **관세율쿼터**(Tariff Rate Quota; TRQ) 제도에 의해 수입량을 조절하던 고율관세 품목들(100% 이상 고율관세 품목 : 채소 36개, 과일 3개)이 DDA 농산물협상 농업위원회 특별회의의 의장 초안 수준에서 관세감축이 이루어진다면 개도국 지위를 인정받지 못할 경우 시간이 갈수록 많은 품목이 생산비 이하 수준에서 시장가격이 형성될 수 있어 수입 농산물에 의해 국내 시장이 크게 잠식될 가능성이 있다. DDA 협상과 농산물 수입증가가 국내 농업과 농산물 유통에 미치는 영향은 다음과 같다.

첫째, 지속적인 관세감축에 따른 저가 농산물 수입이 급증하여 정부의 농산물 수급과 가격조정 등 시장개입정책이 근본적으로 어렵게 될 것이다. 이에 따라 정부 주도의 재배면적 감축이나 최저가격보장 등 가격지지정책은 극히 제한적인 효과만 있어 시장개방을 고려한 정책으로 전환될 수밖에 없다.

둘째, 그동안 추진해 왔던 중앙정부 주도적인 품목보조정책은 국내 보조감축에 의해 일정 수준 제한되어 있기 때문에 생산자단체나 지자체에 의한 정책 집행이 불가피해지게 될 것이다.

셋째, 기존에는 주로 저관세의 냉동·가공 상태의 수입이 많았으나 DDA 협상으로 관세감축에 의해 저가격의 신선 농산물 수입이 급증할 경우 국산 농산물의 과 잉공급과 소비위축으로 가격하락이 지속될 것으로 예상된다.

넷째, 냉동품과 가공품 수입으로 국산 하품 및 등외품 소비를 대체함으로써 국산 품의 판로가 위축되고 품위 간 가격차가 확대될 것이다. 또한 민간 식품가공업체 들이 가공원료로 수입 농산물 사용을 확대함으로써 생산자조직의 산지 가공공장 이 민간 가공공장에 비해 훨씬 취약한 경쟁력을 보이게 되어 판로의 어려움과 부 실운영이 심화될 것이다.

마지막으로 수입 농산물의 포장, 디자인, 등급, 브랜드가 양호하여 국산 농산물의 상품성 제고 노력이 절대적으로 중요해질 것이며, 수입품과 국산품의 차별화가 무 엇보다 중요한 과제가 될 것으로 보인다.

○ 경제발전과 소득수준에 따라 국민들의 식품소비형태는 '물량'과 '영양'을 추구하는 양적인 소비에서 오감에 의해 '맛', '멋', '예술'의 질적인 단계로 발전한다.

○ 국민들의 생활수준이 향상됨에 따라 의식주 구조가 변화되고 있으며, 특히 최근 들어 시장개방이 대폭 확대되면서 소비자들의 구매패턴과 소비구조가 질적 · 양적으로 변하고 있다.

○ 경제발전, 농업발전(생산), 소비, 유통(시장발전)이 상호 유기적인 관계를 가지며 발전하고 있다.

○ 농산물의 소비는 경제발전과 소득증가에 따라 저위보전식품에서 고위보전식품, 가공식품, 편의식품, 건강식품으로 변화하고 있다.

○ 세계 주요국과 비교할 때, 우리 나라 국민들은 과일, 육류, 우유 소비가 늘어나고는 있으나 여전히 쌀과 채소 중심의 국가이다.

○ 소비자들의 식품소비구조는 가공품과 외식에 대한 소비가 늘어나고 있으며, 고품질 안전농산물, 가정식 대체품이나 조리식품에 대한 선호도가 증가하고 있다.

○ 소비자들의 소비구조의 변화는 농산물과 식품의 구매패턴에도 영향을 주어 편의성 추구경향이 나타나고 있다.

○ 향후 식품 소비는 고급화, 다양화, 편의성, 건강추구 경향이 지속 · 강화될 것이며 식품유통도 시장개방의 확대, 외식산업의 발전, 전자상거래 활성화 등으

로 여건 변화가 예상된다.

○ 농산물 소비는 고품질농산물, 친환경농산물, 선별·세척·소분포장 농산물, 전통식품에 대한 수요가 증가할 것으로 전망된다.

○ 경제개발과 국민소득의 증가와 공업화, 도시화는 농업생산을 자급자족농업에서 상품생산농업으로 전환시켰다.

○ 1990년대 후반 유통시장의 개방과 함께 소비지 유통이 혁신적으로 변화게 되어 대형유통업체들과 산지 직거래와 계약재배 등이 늘어나 산지에서 '맞춤생산', '맞춤유통'이 크게 늘어나게 되었다.

○ 농산물 유통과 관련하여 수송기술의 변화, 저장기술의 변화, 선별포장 기술의 변화, 기술환경의 변화는 유통의 선진화에 크게 기여하고 있다.

○ 최근 DDA 농산물협상은 관세감축 수준이 클 것으로 예상하고 있어 시장개방이 더욱 급물살을 탈 것으로 예상되고 있다.

제3장 농산물 유통경로 및 유통비용

1 농산물 유통경로

1.1 유통경로의 개념

유통경로(distribution channel)란 매매의 과정과 관련되는 유통기관 사이에 존재하는 관계 시스템으로 사회경제적 입장에서 생산물이 이전, 유통되어 가는 경로를 말한다. 예를 들어 쌀이 생산자로부터 최종 소비자에로 전달되는 과정을 우리는 쌀의 유통경로라 한다.

유통경로는 단계와 길이로 구분하여 설명할 수 있다. 유통단계란 (channel level) 제품 및 그 소유권이 이전될 때 관계하는 중간업자의 수를 말하며, 유통의 길이 (length)는 유통단계가 많을수록 길이가 길다고 할 수 있다.

(그림 3-1)에서는 0단계에서부터 3단계까지의 유통 경로 유형을 나타내고 있으며, 그 외 4, 5단계의 유통단계가 존재할 수도 있다. 0단계 유통경로란 중간 유통단계가 없는 것으로서 생산자와 소비자 간의 직거래(direct marketing)를 나타내고, 1단계 유통경로는 생산자와 소비자 중간에 소매상이 간여하는 유통경로이다. 2단계 경로는 생산자와 소비자 중간에 도매상, 소매상이, 3단계 경로에서는 도매상, 중매상, 소매상이 관여하게 된다.

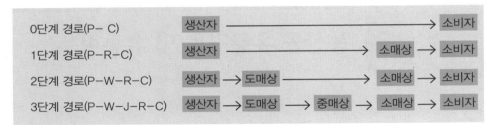

*주) P : 생산자, C : 소비자, R : 소매상, W : 도매상, J : 중매상

〈그림 3-1〉 유통경로의 유형

유통경로의 길이는 제품 특성 및 다양한 수요·공급특성에 의해 영향을 받고 있다. 일반적으로 제품 특성 측면에서 동질적일수록, 무게가 가벼울수록, 크기가 작을수록, 부패도가 낮을수록, 기술적으로 단순할수록 유통경로가 길어지는 경향을 보이고 있다. 수요 특성에서는 1회당 구매량이 작고, 구매빈도가 높고 규칙적이며, 고객수가 많을수록, 고객이 지역적으로 분산되어 있을수록 유통경로가 길어지고, 공급특성에서는 생산자의 수가 많고 지역적으로 분산되어 있을수록 유통경로가 길어지는 특성을 보인다(표 3-1).

〈표 3-1〉 유통경로 길이의 결정요인

구분	긴 유통경로	짧은 유통경로
제품특성	• 동질적 단위 • 경량품 • 작은 크기 • 비부패성 • 기술적으로 단순	• 이질적 단위 • 중량품 • 큰 크기 • 부패성 • 기술적으로 복잡
수요특성	• 단위 구매량 작음 • 구매빈도 높고 규칙적 • 고객수 많음 • 고객의 지역적 분산	• 단위구매량 큼 • 구매빈도 낮고 비규칙적 • 고객수 적음 • 고객의 지역적 집중
공급특성	• 생산자수 많음 • 지역적 분산생산	• 생산자수 적음 • 지역적 집중생산

1.2 농산물 유통경로의 변화

농산물의 경우는 보통 3단계 유통경로인 생산자 → 도매시장법인 → 중도매인 → 소매상 → 소비자의 유통경로를 취하고 있다. 일반적으로 농산물 유통경로는 공산품에 비해 긴 특성을 보이고 있다. 그 이유는 농산물의 상품적 특성이 기술적으로 복잡하지 않고, 수요 측면에서는 소매상이 영세하고 지역적으로 넓게 분포되어 있고 1회당 구매량이 크지 않고 규칙적이며, 마지막으로 공급측면에서도 많은 수의 영세 생산자들이 전국적으로 분포하고 있기 때문에 중간 유통기능이 필요하기 때문이다.

농산물 유통에서는 도매시장의 역할과 기능이 전통적으로 크다. 전국적으로 분산된 생산자와 소매상을 연결해주기 위한 수집, 분산 기능을 도매시장이 효율적으로 수행해 왔기 때문이다. 그러나 도매시장 유통은 다단계 유통구조로서 유통비용이 크게 발생하고 유통기관관의 조정과 통제가 어려운 문제점을 보이고 있다.

도매시장을 중심으로 한 **전통적인 유통경로**가 최근 대형유통업체 및 종합유통센터의 산지직거래, 전자상거래 등의 확대로 유통경로가 다원화되고 있다. 대형유통업체, 종합유통센터, 전자상거래, 산지유통센터 등을 통한 유통은 전통적인 도매시장 유통과는 질적으로 다른 특성을 가지고 있기 때문에 신유통시스템으로 개념화될 수 있다.

신유통시스템의 확산 결과로 21세기 농산물 유통경로는 (그림 3-2)과 같이 다원화되고 있다. 도매시장의 경우도 전통적인 도매시장법인 → 중도매인의 경로뿐 아니라 시장도매인(도매상) 경로도 새롭게 부각되고 있으며, 대형유통업체, 종합유통센터, 전자상거래(B2B, B2C) 등에 의한 도매시장외 거래도 새로운 유통경로로 부상하고 있다.

신유통시스템은 수직적유통경로의 특성을 가지고 있으며, 단순한 유통경로 변화 이상의 다양한 특징을 가진다. 신유통시스템의 특징은 경로, 주체, 상품, 거래방식, 물류, 정보 등 6가지 차원에서 설명될 수 있다(표 3-2).

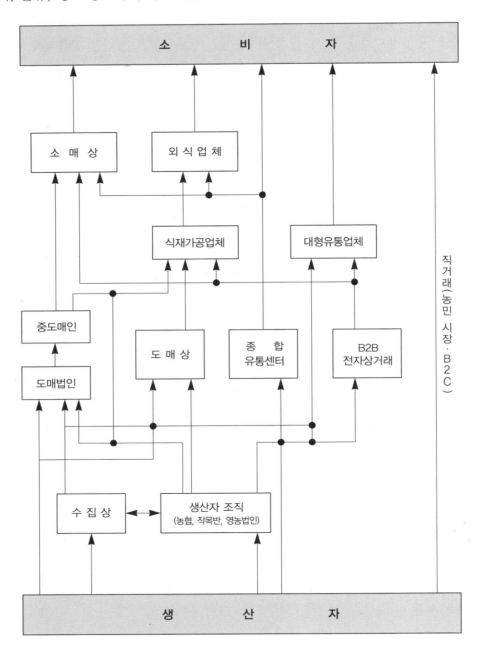

〈그림 3-2〉 21세기 농산물 유통경로

〈표 3-2〉 전통적 유통시스템과 신유통시스템의 비교

구분	전통적 유통시스템	신유통시스템
경로	• 경로구성원: 수집상, 도매시장, 재래시장 • 상호 독립적이며 일회성 거래	• 경로구성원 : 산지유통센터, 종합유통센터, 대형유통업체 • 수직적유통시스템: 장기적이고 전속적인 거래
주체	• 영세규모의 전근대적인 상인	• 대형유통업체, 산지유통조직
상품	• 비규격품 위주	• 표준, 규격품 위주 • 차별화되고 가공, 처리된 농식품 (수확후관리기술의 적용)
거래방식	• 현장에서의 경매 혹은 상대거래	• 예약상대거래, 통명거래
물류	• 수작업에 의한 하역	• 단위화물화(Unit Load System)에 의한 하역 기계화 • 포장, 파렛트, 물류기기 표준화에 의한 물류합리화
정보	• 사후적 정산 정보	• POS, EDI 등 유통정보화 • 인터넷쇼핑 등 전자상거래 활용

신유통시스템은 유통마진 절감, 가격 안정성 제고 등 긍정적인 효과를 보이고 있다. 종합유통센터 및 대형유통업체 경유시 유통단계 단축 및 물류합리화 등의 요인으로 유통마진이 절감된다. 대형유통업체의 경우 산지직구입시 가격을 일주일에 2회 정도 조정하고 구입물량을 사전에 예시함으로써 도매시장에 비해 생산자 수취가격의 안정성이 높다. 아울러 신유통시스템에서는 장기적 전속적 거래관계를 유지하기 때문에 도매시장의 전통적 유통시스템보다 거래비용(transaction cost)을 절감한다.

1.3 시장발전 단계에 따른 유통경로의 변화 전망

하버드대학의 Blattberg교수는 시장 발전 단계를 전시장단계, 차별화되지 않은 제품/분산된 시장, 차별화되지 않은 제품/집중된 시장, 차별화된 제품/집중된 시장, 차별화된 제품/집중된 시장의 5단계로 구분하고 있으며, 시장발전 단계에 따라 주된 유통경로 유형이 결정된다고 하였다(표 3-3).

〈표 3-3〉 시장발전단계별 마케팅의 역할

시장단계	마케팅의 주안점
전시장단계	• 자급자족
차별화되지 않은 제품 / 분산된 시장	• 구매자와 판매자의 확인
차별화되지 않은 제품 / 집중된 시장	• 효율적 유통, 시장에 의한 가격결정
차별화된 제품 / 집중된 시장	• 특화된 시장에서의 효율적 유통, 고객요구에 기초한 표적 마케팅, 브랜드 광고
차별화된 제품 / 분산된 시장	• 단위일방적에서 쌍방적 커뮤니케이션으로의 변환, 마케팅은 기업과 고객간의 정보흐름 관리

*자료: Blattberg, Robert C. 외(주우진외 역), "21세기 마케팅 정보혁명, 1996.

차별화되지 않은 제품/분산된 시장 단계에서는 물물교환 혹은 지역단위의 소규모 시장에서의 거래가 주된 유통경로였다. 우리 나라의 농산물유통은 5단계중 제3단계 "차별화되지 않은 제품/집중된 시장"에 있으나 유통환경의 변화에 따라 점차적으로 제4단계인 "차별화된 제품/집중된시장"으로 진화 중이다. 산지에서 수확후관리기술의 적용, 브랜드화 등이 진척됨에 따라 농산물도 차별화되고 하나의 제품으로서 성격을 갖기 시작하였다. 이들 차별화 제품은 특정의 표적 소비자를 대상으로 한 표적마케팅 활동을 수행하고, 소매업체에 대한 직접 납품 등 유통경로의 차별화를 모색하고 있다.

제3단계에서는 비차별품을 대량으로 신속하게 유통시키는데 있어 도매시장의 역할과 기능이 매우 컸으나, 제4단계에서는 표적시장을 위한 마케팅 활동이 수행되므로 불특정다수를 위한 도매시장의 역할과 기능이 저하되며 유통업체와의 직거래가 확대되고 있다.

최근 전자상거래의 발전으로 농산물에 있어서도 제5단계인 "차별화된 제품/분산된 시장"으로의 진화가 미약하나마 진행 중이다. IT의 발전으로 소비자들은 개별적으로 그들의 욕구와 선호를 표시할 수 있고 생산자는 그들에게 적합한 제품을 개발하여 제공이 가능하다. 이러한 환경 하에서 마케팅의 역할은 생산자와 소비자 간의 관계를 관리하는 것이 중요하다. 농산물 전자상거래(B2C)에 있어서도 효

율성보다는 소비자와 생산자간의 커뮤니케이션이 보다 중요한 성공요인이 되며, 실제로도 저렴한 가격보다 소비자와의 관계 혹은 유대감 형성이 보다 중요한 성공요인으로 대두되고 있다.

시장 발전단계로 볼 때, 농산물 유통도 집중화된 시장으로부터 점차 차별화되고 분산화되는 방향으로 전환되고 있다. 유통단계간 수직적조정(vertical coordination) 관점에서 보면 전통적인 현물시장(spot market) 위주의 거래가 점차 계약거래(contracts), 수직적 통합(vertical integration) 등으로 전환될 것으로 전망된다. 예를 들어 대형유통업체들은 도매시장에서의 거래 위주에서 도매단계의 통합을 통한 산지 직구입을 증가시키고 있다. 특히 친환경농산물, 유기농산물 등 산지 확인이 필요한 품목은 시장구입보다 계약생산 등을 선호한다. 계약거래, 수직적통합 등은 일회성의 현물시장 거래보다 인근 유통단계간의 조정과 통제가 용이하게 되어 효율적으로 된다. 미국의 경우 육계, 우유, 계란, 가공용 채소, 일반 채소류, 오렌지류 등은 계약거래, 수직적 통합의 비율이 전체 유통량의 50%를 상회하는 것으로 알려져 있다(Henderson, 1994).

2 유통마진 및 유통비용

2.1 유통마진과 마크업(markup)

가. 유통마진(비용)

농산물 유통에 있어서 비용을 이해하기 위해서는 **유통마진**과 **마크업**의 차이점을 이해해야 한다. 먼저 **유통마진(비용)율**은 유통과정 중 감모분을 공제한 실제 판매액 대비 유통비용으로 정의되며, 유통마진율은 판매액에서 구입액을 뺀 것으로 판매액으로 나누어서 구해진다. 다시 말해 유통마진은 유통과정에서 발생하는 모든 유통비용, 즉 가공, 포장, 수송, 보관 등 물류비용, 점포임대비용, 중간상인들의 이윤, 감모 등 손실에 따른 비용 등이 모두 포함된 개념이다.

$$유통마진율 = \frac{판매액 - 구입액}{판매액}$$

유통마진율에 영향을 주는 요인에는 가공도 및 저장여부, 상품의 부패성 정도, 계절적 요인, 수송 비용, 상품 가치 대비 부피 등이 있다. 즉, 가공도가 높거나 저장을 오래하는 품목은 그렇지 않은 품목에 비해 유통마진율이 높고, 수송거리가 멀거나 상품가치 대비 부피가 큰 상품도 유통마진율 상대적으로 높게 된다. 물론 중간 상인들의 이윤이 과다한 경우도 유통마진율을 높이게 되나, 앞에서 설명한 것처럼 유통마진이 유통과정 중에 발생한 모든 비용을 포함하는 것이기 때문에 상인들의 이윤만이 유통마진을 설명하는 것은 아니다. 따라서 유통마진을 논함에 있어서는 유통마진의 이러한 특성을 정확히 이해해야 할 것이다.

나. 마크업

일정기간내 총판매액과 총구입액 관점에서 계산된 유통마진과 달리, 마크업이란 1단위에 대한 판매가격과 구입가격의 차이를 의미한다. 따라서 마크업율에서는 감모 등이 반영되지 않고 판매된 것에 대한 판매가격과 구입가격의 차이를 비율로서 나타낸 것이다.

$$마크업율 = \frac{판매가 - 구입가}{판매가}$$

마크업의 계산에 있어 최초마크업율과 실제 마크업율을 비교, 분석하는 것이 중요하다. 최초마크업율은 당초 팔고자 한 가격을 중심으로 계산된 마크업율이고, 실제마크업율이란 원판매가(original retail price)에서 할인을 공제한 실제 판매가(sales retail price)를 기준으로 마크업율을 계산한 것이다(표 3-4). 따라서 최초마크업율의 계산식은 최초마크업율 = (판관비+이익+할인액)/(판매가+할인액)이고, 실제마크업율은 실제마크업율 = (판관비+이익)/(판매가)으로 나타낼 수 있다. 최초마크업율에 비해 실제마크업이 크게 낮으면 유통업체가 제 값을 받지 못하고 가격을 할인해 주기 때문에 채산성이 악화됨을 의미한다. 따라서 경영을 잘하는 업체일수록 당초 달성하고자 하는 최초마크업율과 실제마크업율의 차이가 크지 않게 된다.

〈표 3-4〉 마크업 계산 예

원판매가	102,000
할인	2,000
실제 판매	100,000
매입가	80,000
실제 마크업 실제 마크업율	20,000 = 20,000 / 100,000 = 20.0%
최초 마크업 실제 마크업율	22,000 = 22,000 / 102,000 = 21.6%

2.2 품목별 유통비용

우리 나라에서는 국가 전체의 식품유통비용(food marketing bill)을 추계되지 않고 있으나 품목별 유통비용은 농수산물유통공사에 의해 매년 조사되고 있다. 조사 품목수는 쌀, 대두 등 식량작물 6종, 배추, 무 등 엽근채류 8종, 수박, 참외 등 과채류 6종, 고축, 마늘 등 조미채소류 9종, 사과, 배 등 과일류 8종, 쇠고기, 돼지고기 등 축산물 4종 해서 총 28품목 41종류이다(표 3-5).

〈표 3-5〉 유통비용 조사 품목수

종류	품목
식량작물(6종)	쌀, 대두, 감자(봄, 고랭지, 가을), 고구마
엽근채류(8종)	배추(봄, 고랭지, 가을), 무(봄, 고랭지, 가을), 상추, 당근
과채류(6종)	수박, 참외, 오이, 딸기, 토마토(일반, 방울)
조미채소류(9종)	풋고추, 건고추, 마늘(난지형, 한지형, 저장), 양파(일반,저장), 대파, 생강
과일류(8종)	사과(일반, 저장), 배(일반, 저장), 단감, 포도, 감귤, 복숭아
축산부류(4종)	쇠고기, 돼지고기, 닭고기, 계란

*자료: 농수산물유통공사

가. 유통 단계별, 내용별 유통마진율

유통마진율은 풍흉에 의한 판매가에 의해 큰 영향을 받기 때문에 연도별 일정한 추세를 발견하기 어렵다. 농수산물유통공사의 조사에 의하면 농산물 전체의 유통 마진율은 2012년 현재 43.9%인 것으로 나타났다. 유통단계별 유통마진율은 출하 9.1%, 도매 12.1%, 소매 22.7%로 소매단계의 유통마진율이 가장 높다. 비목별로는 노동비, 운송비와 같은 직접비용 14.1%, 임대료와 같은 간접비용 14.9%, 유통참여자들의 이윤 14.9%로 직접비용의 비율이 높은 특성이 있다(표 3-6).

유통마진율은 유통마진의 크기 뿐 아니라 분모인 판매가액의 크기에 의해 결정되기 때문에 유통마진율의 변화로서 유통효율성을 분석하기 어렵다. 농산물의 경우 시기별, 연도별로 판매가의 변동폭이 크기 때문에 유통마진율을 연도별로 상호 비교하기 곤란하다. 더욱이 농수산물유통공사의 유통마진 조사는 조사품목 및 조사시기, 조사지역 등이 연도별로 약간씩 다르기 때문에 유통마진율의 연도별 변화추이 분석도 어렵다. 일반적으로 유통마진율이 높으면 생산자 수취가격이 높아지고 소비자 판매가격이 낮아질 가능성이 크나 반드시 그렇지 않을 수가 있으므로 수치 해석에 주의를 기울여야 한다. 예를 들어 유통마진율이 높아도 소비자에게 높은 가격을 받을 수 있으면 생산자 수취가격은 높아질 수 있다. 다시 말해 생산자들이 예냉과 같은 신기술을 도입하면 유통비용이 증가하지만, 부가가치를 높이게 되어 높은 가격을 받을 수 있게 된다. 이러한 경우 비록 유통마진율이 높아졌지만 생산자수취가격은 이전보다 높아질 수 있다. 물론 소비자에게 높은 가격을 받기 위해서는 유통과정에서 다양한 편익을 제공해야 할 것이다.

아울러 유통마진은 유통과정에 추가되는 서비스를 포함하기 때문에 단순히 유통마진의 크기 및 마진율만으로 유통효율성을 평가할 수 없는 한계가 있다. 최근에 농식품의 상품성을 높이고 품질향상을 위해 다양한 수확후관리기술, 예를 들어 선별, 예냉, 저온저장, 저온수송 등이 유통과정에 추가되며, 이러한 기술을 적용하기 위해서는 유통비용이 추가된다.

〈표 3-6〉 유통단계별, 비목별 유통마진율

〈단위 : %〉

		1998	2000	2002	2004	2006	2008	2010	2012
유통비용율		52.2	40.6	45.0	40.8	44.0	44.5	42.3	43.9
단계별	출하	12.5	9.3	10.3	8.3	11.7	10.3	11.1	9.1
	도매	13.2	9.9	10.2	9.1	9.1	9.6	7.9	12.1
	소매	26.5	21.4	24.5	23.4	23.2	24.6	23.3	22.7
내용별	직접 비용	18.7	15.3	14.6	13.7	14.2	14.1	12.9	14.1
	간접 비용	13.0	13.0	15.0	14.3	14.1	16.7	15.6	14.9
	이윤	20.5	12.3	15.4	12.8	15.7	13.7	13.8	14.9

*주) 직접비: • 포장비, 하역비, 수송비, 상장수수료, 감모비 등
　　　　　• 간접비: 임대료, 인건비, 제세공과금, 감가상각비 등
　　　　　• 이윤: 유통비용에서 직접비와 간접비를 공제한 상인 이윤
*자료 : 농수산물유통공사

나. 부류별 유통마진율

품목별로 유통마진율을 보면 엽근채류, 서류, 조미채소류가 높고 축산물, 곡류가 낮은 편이다. 2012년 식량 작물 전체의 유통마진율은 43.9%이며, 그 중 쌀이 20.8%이다. 엽근채류 전체의 유통마진율은 66.3%이며, 품목별로는 가을배추 66.3%, 가을무 63.7%이다. 과채류 전체는 50.3%이며, 그 중 수박 36.7%, 오이 44.5%, 딸기 40.1% 등이다. 조미채소류 전체는 46.6%이며, 그 중 건고추 20.6%, 난지형마늘 52.8%, 대파 69.2% 등이다. 과일류 전체는 50.3%이며, 사과 42.9%, 배 46.8% 등이다. 화훼류 전체는 53.1%, 축산물 전체는 47%이다. 축산물 중 소고기 45.2%, 돼지고기 43.3%, 닭고기 56.7%, 계란 46.8% 등이다. 품목별 유통마진율을 비교하면 밭떼기 비율이 높은 품목일수록 상인들이 위험에 대한 보수를 취하기 때문에 유통마진율이 높고, 저장기간이 길수록 비용 추가에 의해 유통마진율이 높아지는 특성이 있다.

다. 경로별 유통비용율

종합유통센터나 대형유통업체 물류센터를 경유하는 경우 유통비용률은 일반적으

로 도매시장 경유시 보다 낮은 것으로 조사되었다(표 3-7). 농수산물 종합유통센터는 도매시장 유통의 관리사무소, 도매법인, 중도매인의 역할을 통합함으로써 유통경로를 단축시키고 유통비용을 절감하고 있다. 종합유통센터의 유통경로는 생산자(단체) → 산지유통센터(산지유통시설) → 종합유통센터 → 소매점 → 소비자의 4단계로 기존 유통경로보다 2단계 이상 단축되며, 종합유통센터가 도매시장 법인과 중도매인의 역할을 통합하여 수행하고 있다.

농수산물유통공사에서 도매시장 경로와 물류센터 경로의 유통비용을 동시에 조사한 20개 품목의 경우, 도매시장을 경유하여 판매할 경우 평균 유통비용이 52.2%인 반면, 종합유통센터 출하 시는 45.5%로 6.7%포인트 정도 유통비용이 감소된 것으로 나타났다.

〈표 3-7〉 도매시장 경로와 종합유통센터 경로 간 유통비용 차이 (2012년)

단위 : %

품목	조사지역	도매시장 경유시 유통비용(A)	종합유통센터 경유시 유통비용(B)	A-B
봄감자	보성	66.7	64.4	2.3
고랭지 배추	태백	72.2	62.4	9.8
봄 무	고창	68.9	51.9	17.0
고랭지 무	평창	73.3	55.6	17.7
수박	함안*	37.6	24.8	12.8
참외	성주	44.8	34.9	9.9
방울토마토	부여	54.3	30.9	23.4
딸기	논산	41.7	36.0	5.7
한지형 마늘	의성	44.7	50.0	−5.3
대파	진도	70.4	56.0	14.4
오이	부여*	43.1	33.8	9.3
저장사과	영주	57.1	53.4	3.7
사과	영주	42.0	44.4	−2.4

품목	조사지역	도매시장 경유시 유통비용(A)	종합유통센터 경유시 유통비용(B)	A-B
저장배	천안	57.3	51.5	5.8
배	천안	45.8	40.7	5.1
포도	영동*	40.6	39.1	1.5
감귤	서귀포	51.9	45.1	6.8
단감	진주	50.4	54.8	−4.4
복숭아	음성	37.4	32.2	5.2
쇠고기	횡성	44.6	48.8	−4.2
평균		52.2	45.5	6.7

*주 : 쇠고기 유통업체는 생산자단체의 직영점임
*자료 : 농수산물유통공사, 「주요 농산물 조사 결과 종합분석」, 2012

라. 외국과의 농산물 유통마진율 비교

유통마진율은 가공도, 유통서비스 수준 등에 의해 결정되기 때문에 유통마진율의 단순한 비교로 유통의 효율성을 비교하기는 곤란하다. 일반적으로 선진국일수록 유통과정에서 다양한 서비스가 추가되기 때문에 유통마진율이 커지는 경향을 보인다. 예를 들어 한국과 일본의 동일 품목에 있어서 유통마진율을 비교하면 한국 54.6%, 일본 60.2%로 우리가 낮은 것으로 조사되었다. 비교 대상 품목은 당근, 오이, 토마토, 양파, 복숭아, 포도, 수박, 풋고추이다. 한국과 미국을 비교해도 한국 53.9%, 미국 74.9%로 한국이 낮았다. 이 경우 비교대상 품목은 상추, 감자, 토마토, 당근, 사과, 포도, 복숭아, 딸기이다(농수산물유통공사, 2007).

○ 유통경로(distribution)란 매매의 과정과 관련되는 유통기관 사이에 존재하는 관계 시스템으로 사회경제적 입장에서 생산물이 이전, 유통되어 가는 경로를 말한다.

○ 유통단계(channel level)란 제품 및 그 소유권이 이전될 때 관계하는 중간업자의 수를 말하며, 유통의 길이(length)는 유통단계가 많을수록 길이가 길다고 할 수 있다.

○ 유통경로의 길이는 제품 특성 및 다양한 수요 · 공급 특성에 의해 영향을 받고 있다.

○ 농산물의 경우는 보통 3단계 유통경로인 생산자 → 도매시장법인 → 중도매인 → 소매상 → 소비자의 유통경로를 취하고 있다.

○ 도매시장을 중심으로 한 전통적인 유통경로가 최근 대형유통업체 및 종합유통업체의 산지직거래, 전자상거래 등의 확대로 유통경로가 다원화되고 있다.

○ 유통마진은 유통과정중 감모분을 공제한 실제 판매액 대비 유통비용으로 정의되며, 유통마진율은 판매액에서 구입액을 뺀 것으로 판매액으로 나누어서 구한다.

○ 유통마진율에 영향을 주는 요인에는 가공도 및 저장여부, 상품의 부패성 정도, 계절적 요인, 수송 비용, 상품 가치 대비 부피 등이 있다

○ 마크업이란 1단위에 대한 판매가격과 구입가격의 차이를 의미하며, 마크업율은 판매된 것에 대한 판매가격과 구입가격의 차이를 비율로서 나타낸다.

제4장 소매 유통

1 소매상의 기능

소매상은 제조업체 → 도매상 → 소매상 → 소비자로 구성되는 전통적인 유통경로 상의 마지막 단계에 위치하고 있다. 소매상은 최종소비자와 직접 접촉한다는 점에서 제조업체와 도매상의 판매성과에 큰 영향을 미치고 있다. 소매상이 소비자에게 제공하는 기능은 다음과 같다.

첫째, 소매상은 소비자가 요구하는 상품구색을 제공한다. 소매상은 여러 공급업자들로부터 상품과 서비스를 제공받아 다양한 상품구색[1]을 갖춤으로써 소비자들에게 상품선택에 소요되는 비용과 시간을 절감할 수 있게 하고 선택의 폭을 넓혀준다. 소매상이 소비자에게 제공하는 상품 구색의 폭과 깊이는 개별 소매상의 전략에 따라 달라진다. 일반적으로 전문점은 상품구색의 폭이 좁은 대신에 깊이가 있고 편의점의 상품구색은 폭이 넓은 대신에 깊이는 거의 없는 편이다. 백화점 같은 경우는 구색의 폭도 넓고 깊이도 깊은 편이다.

둘째, 소매상은 소비자에게 필요한 정보를 제공한다. 소매상의 소매광고, 판매원 서비스, 점포 디스플레이 등을 통해 고객에게 상품 관련정보를 제공하여 소비자들의 상품구매를 돕게 된다.

---

1) 상품구색의 폭은 소매점이 취급하는 상품 종류의 다양성을 말한다. 예를 들어 백화점은 식품은 물론 의류, 패션 잡화, 가구, 가전제품, 스포츠용품 등 다양한 상품을 취급하기 때문에 상품구색의 폭이 넓다고 한다. 반면 전자 제품만을 취급하는 전문점은 전자제품만을 취급하기 때문에 상품구색의 폭이 좁다고 한다. 하지만 전자제품 전문점은 전자제품 내에서 종류의 수가 많기 때문에 상품구색의 깊이는 깊다.

셋째, 소매상은 자체의 신용정책을 통하여 소비자의 금융부담을 덜어주는 금융 기능을 수행한다. 즉, 소매상은 제조업체 대신 소비자와의 거래에서 발생하는 여러 유형의 비용을 부담한다든지 고객에게 신용이나 할부로 판매하는 등의 기능을 수행한다.

넷째, 소매상은 소비자에게 애프터서비스의 제공과 상품의 배달, 설치, 사용방법의 교육 등과 같은 서비스를 제공한다. 소매업태들 간의 경쟁 격화에 따라 소매상이 제공하는 양질의 서비스가 특정의 상품 및 점포를 선택하는 데 있어 결정적인 역할을 하는 경우가 많다. 일반적으로 상품 설치에 전문적인 기술을 필요로 하거나 고가 또는 크기가 큰 상품들의 경우에는 이러한 부가 서비스가 소비자의 점포 선택에 매우 중요한 역할을 하고 있다.

2 소매점의 소유 형태별 구분

소매업은 소유형태별로 독립 점포, 체인 스토어, 생산자 소유 소매점, 소비자 소유 소매점(생협, 소비자 협동조합)의 네 가지로 구분된다. **독립점포**는 문자 그대로 독립적인 점주에 의해 소유, 운영되는 점포이며, **체인스토어**는 복수의 점포망을 중앙본부의 통제 하에 운영하는 조직체로 중앙집적 관리방법과 표준화, 통일된 시스템을 가진다. **생산자 소유** 점포는 농협 하나로마트와 같이 생산자들이 직접 소유하고 운영하는 소매점포를 말하며, 소비자 소유 소매점은 소비자협동조합 점포와 같이 소비자들이 직접 소유하고 운영하는 소매점포이다. 이중 체인 스토어는 선진국일수록 비중이 높아 미국의 경우 일반상품의 93%, 식품의 60%를 차지하고 있다. 우리 나라에서도 대기업이 유통에 참여하면서 체인스토어의 비중이 커지고 있다.

체인스토어에는 다음의 네 가지 형태가 있다.

1) 회사형(corporate system)

회사형 체인스토어는 특정 체인스토어를 한 회사가 직접 소유하여 운영하는 형태이다. 예를 들어 E-마트, 롯데마트 등은 본사가 다수의 점포를 소유하고 단일의 경영시스템에 의해 중앙집중식으로 운영한다. 회사형 체인스토어는 한 경로의 구성원이 다른 경로의 구성원을 소유하여 운영하기도 한다. 생산업체가 판매부분을 통합(forward vertical integration)하거나, 유통업체가 생산부문을 통합(backward vertical integration)하는 방식이다. 예를 들면 자동차 제조회사가 직영 영업소를 운영하는 것 혹은 유통업체가 자체 상표 상품(PB, Private Brand)을 생산하기 위해 생산에 참여하는 경우가 해당된다.

2) 프랜차이즈형

프랜차이즈형 체인스토어는 중앙본부나 모회사가 지역의 가맹점에게 특정지역에서 일정기간 동안 영업할 수 있는 특권과 각종 지원을 해 주고 그 대가로 로열티를 받는 시스템을 말한다. 프랜차이즈 본부는 혁신적 신사업이나 특수 전문직 사업을 창업하며 가맹점의 신규참여를 유도한다. 계약 대상은 상품 뿐 아니라 서비스, 제조 및 마케팅 노하우를 포함하며, 가맹점은 자본에 의해 재산권을 확립하므로 사업추진에 대한 의욕이 높다. 프랜차이즈 패키지는 본부가 가맹점에게 주는 권리이자 가맹점이 본부에 대해 갖는 의무이다.

프랜차이즈는 사업 성공률이 높은 것이 장점이다. 프랜차이즈 본부는 사업과 경영능력을 동시에 보유하고 있으며 가맹점은 자본은 보유하고 있으나 사업 능력이 취약하다. 따라서 이 두 가지가 결합하여 사업의 성공확률을 높이는 것이다.

3) 자발적 체인(voluntary chain)

정식계약이 없이 상품의 공급 관계로 체인 관계를 형성하는 것이다. 예를 들어 소매상들인 별다른 계약없이 도매상으로부터 상품을 장기간 공급 받는 경우 자발적 체인이 형성되는 것이다. 실제 많은 수의 선진국 도매회사들이 자발적 체인에 의해 소매상을 조직화하고 있다.

4) 조합형 체인(retailer cooperatives)

소매점들이 자발적으로 조합을 결성하여 조합이 상품 구매와 같은 도매기능을 수행하고 체인스토어 형태로 점포를 운영하는 형태이다. 우리 나라에서는 중소 슈퍼마켓들이 자발적으로 조직한 수퍼마켓협동조합이 대표적인 사례로 협동조합에 가입한 점포들은 코사 마트와 같은 상호명으로 운영 방식을 통일하고 상품의 공동구매 등의 활동을 수행하고 있다.

3 농산물 소매 업태

1.1 업태의 개념

소매상의 형태는 흔히 업태(format)라고 하며, 업태는 상품구성, 가격대, 입지, 점포규모, 판매방식, 영업방식, 서비스 수준과 같은 소매믹스(retail mix)를 종합적으로 고려하여 구분하게 된다. 소매점에서 업태라는 개념은 최근에 도입된 것이다. 예전에는 상품의 공급이 수요에 비해 턱없이 부족해 제조업체들은 상품을 만들기만 하면 쉽게 팔수 있었기 때문에 판매에 그다지 신경을 쓰지 않았다. 따라서 당시의 소매상은 제조업자 편의 위주로 영업을 하였으며, 신발가게, 옷가게, 생선가게 등 업종별 소매상이 주된 형태였다.

그러나 최근 공급이 수요를 초과하고 상품 판매에 경쟁이 심화되면서 소매상 형태가 소비자의 편의 추구하는 방향으로 발전하게 되었다. 소비자들이 원하는 일괄구매[2](one-stop shopping)를 충족시키기 위해 백화점 등 종합점이 발전하게 되었고, 저가격을 선호하는 소비자들을 위해 할인점이라는 신업태가 도입되게 되었다. 더욱이 최근에는 소비자들의 기호가 다양화됨에 따라 이에 맞춘 다양한 업태

---

2) 일괄구매(one-stop shopping)이란 소비자가 필요한 상품을 한 장소에서 일괄하여 구매하는 것을 말한다. 백화점과 같은 종합점포는 다양한 상품구색을 보유하고 있어 소비자들이 원하는 상품을 한 곳에서 제공할 수 있게 된다. 일괄쇼핑은 시간이 부족한 현대의 소비자들에게 커다란 편익을 제공하고 있다.

가 새로이 개발되고 있으며, 기존의 업태도 환경변화에 부응하여 지속적으로 그 형태가 변화되고 있다.

최근 우리 나라에도 구멍가게, 재래시장과 같은 기존 업태 뿐 아니라 백화점, 슈퍼마켓, 할인점, 전자상거래와 같은 신업태의 도입이 확대되고 있다. 우리 나라에서 영업하고 있는 주요 소매업태의 특징을 개략적으로 소개하면 다음과 같다.

1.2 업태별 분류

1) 농축산물 전문소매점

농축산물 전문소매점은 주택지역에 위치하면서 쌀, 과일, 채소, 축산물을 판매하는 소규모 판매점이다. 영업시간이 긴 반면, 가격은 대형마트에 비해 비싸게 판매되는 것이 일반적이다. 대부분의 농축산물 전문소매점들은 매장면적이 30평 미만이고 점포주가 직접 경영하는 생계유지형이 주를 이룬다.

2) 전통시장

전통시장은 대규모점포의 요건 충족여부에 따라 등록시장과 인정시장으로 구분된다. 전통시장은 건축법상 용도별 건축물의 종류로 보면 판매시설 중 소매시장에 해당한다. 그리고 국토의 계획 및 이용에 관한 법률에 따르면 기반시설 중 유통ㆍ공급시설의 하나로 분류하고 있다.

전통시장은 개별 점포단위에서의 소매업태로 구분하기 어려우나 구멍가게들의 집합체라고 할 수 있다. 일반적으로 전통시장은 영세한 규모의 구멍가게와 노점상 등이 집합적으로 혼재된 공간으로 정의될 수 있다. 우리나라에서 전통시장은 쌀, 생선이나 야채 등의 식품은 물론 의류나 잡화 등의 일상 생활용품에서부터 전기, 가구 등의 내구재들에 이르기까지 다양한 상품구색을 갖추고 있다. 또한 전통시장은 이들 상품을 비교적 저렴한 가격에 판매하여 지금까지 서민생활에서 중요한 기능과 역할을 수행해 왔다.

그러나 전통시장도 과일ㆍ채소 소매점과 마찬가지로 소비자의 기호변화와 신업태 발전에 따라 영업부진이 계속되고 있다. 전통시장 대부분의 점포들은 재무구조가 취약하다. 또한 반 이상의 점포가 임대점포로 자본력이 부족하고 상인의식이 낮은 편이다.

최근 전반적인 환경은 노점상의 난립과 과밀점포, 대형할인마트 등 신업태로의 소비자 이탈 등으로 시장별 매출액이 계속 줄고 있는 실정이다. 2013년도 현재 우리 나라의 전통시장 수는 1,502개소에 총 점포수는 210,433개, 시장당 일평균매출액은 4,271만원인 것으로 집계되었다. 전통시장 일평균매출액은 2008년과 비교하여 −20.3%가 감소하였고, 같은 기간 점포수는 4.5%가 증가하였다. 전통시장 내에서 농수축산물을 취급하는 점포는 농산물이 11.2%, 수산물 8.6%, 축산물 6.2% 등으로 높은 비율을 차지하고 있다.

정부는 중소기업청을 중심으로 전통시장의 재개발사업과 환경개선사업을 활발히 추진하고 있으나 시장구성원 간의 이해관계가 다르고 상인들의 조직화 수준도 미비하여 기대한 만큼의 성과를 보이고 있지는 못한 실정이다.

3) 백화점

백화점은 의류, 가정용 설비용품, 신변잡화류 등의 각종 사품을 부문별로 구성하여 일괄구매를 할 수 있도록 한 업태이다. 서구의 백화점이 패션에 관련된 상품을 주로 취급하는 데 비해 국내 백화점들은 의류, 가전, 가구, 생필품, 신변잡화류 부문 이외에 슈퍼마켓과 식당가까지 포함하고 있는 것이 특이한 점이다. 특히 식품부문과 식당가, 문화센터 등은 소비자를 끌어 모으는 집객효과 측면에서 중요한 역할을 수행하고 있다.

백화점이 소비자에게 제공할 수 있는 가장 큰 편익은 많은 수의 상품계열과 다양한 상품구색, 편리한 입지, 쾌적한 쇼핑공간 등이다. 또한 소비자에게 백화점에서의 구매가 사회적 지위와 관련된 만족을 줄 수 있다는 점도 백화점이 가지고 있는 장점이기도 하다. 예를 들어, 소비자가 동대문 시장에서 의류를 구입하지 않고 백화점에서 구입하는 이유는 상품에 대한 높은 신뢰성, 철저한 애프터서비스 이외에 사회적 지위에 대한 심리적인 만족감을 줄 수 있다는 점 때문일 것이다.

국내 백화점들은 중산층을 주고객으로 하고 있고 매출의 40%정도가 세일 기간에 발생하고 있는 특징을 가지고 있다. 백화점들은 정가제 실시와, 반품 및 철저한 애프터서비스, 신용판매제도 확립 등으로 우리 나라 유통근대화에 기여해 왔다. 특히 고급상품의 판로로서 역할을 수행함으로써 제조업체들의 성장을 측면에서 지원하기도 하였다. 그러나 백화점들은 독자적으로 상품을 매입해서 판매하기보다는 제조업체들에게 매장을 임대해주는 형태로 영업하는 것이 일반적이다. 이 때문에 백화점과 입점 업체간에 수수료 수준을 둘러싸고 갈등관계가 조성되기도 한다.

미국, 유럽, 일본 등 선진국에서는 백화점이 쇠퇴기에 접어들어 상당수가 도산하고 소수의 업체로 집중화되는 등 구조조정을 겪고 있다. 우리 나라도 대형마트와 같은 새로운 소매업태가 발전하면서 백화점의 성장세가 둔화되었으나 최근 경제의 양극화, 외국 관광객 증가 등의 요인으로 매출액이 다시 신장하고 있다. 아울러 중소 백화점업체가 대거 도산되면서 일부 대형업체의 시장점유율이 급속히 높아지는 등 구조변화도 발생하고 있다.
2013년 백화점 총 매출액은 29조 8천억 원이다. 백화점 매출액 중 식품의 비중은 10.1%인 것으로 조사되었다(유통업체연감).

4) 슈퍼마켓

슈퍼마켓은 주택가에 입지하여 식료품, 세탁용품, 가정용품 등 생활필수품을 중점적으로 취급하는 소매점이다. 점포의 규모가 구멍가게에 비해 크고, 셀프서비스를 특징으로 한다. 또한 슈퍼마켓은 **판매시점**(point of sale, POS)[3]**관리시스템** 등 유통정보기술을 채용하고 있는 등 근대적인 소매업태이다.

---

3) POS란 상품에 부착된 바코드를 광학스캐너로 읽어 품목별 판매 상황에 관련된 자료를 판매시점에서 수집하여 분석하는 정보화 기기로서 이를 사용함으로써 점포운영의 생산성을 높이고 상품을 소비자 기호에 적합하도록 구성할 수 있게 하는 정보시스템이다.

구멍가게 위주의 소매업 구조에서 슈퍼마켓이란 새로운 형태의 소매상이 생겨날 수 있었던 이유는 사회 경제적 변화로서 설명할 수 있다. 자동차와 냉장고 보급의 확대는 소비자로 하여금 1회 대량구매가 가능하게 만들었고, 아파트 단지가 확산되면서 대형 점포를 확보할 수 있었다. 아울러 제조업체가 다양한 상품의 생산 확대도 한 원인이 되었다. 이러한 배경하에 슈퍼마켓은 셀프서비스에 의한 쇼핑을 도입함으로써 저렴한 가격을 실현할 수 있었다. 아울러 슈퍼마켓은 여러 개의 점포를 하나의 업체가 경영하는 체인 형태로 운영되고 있다.

수퍼마켓은 백화점, 대형마트에 비해 기업화가 미진했으나 최근 대형마트업체들이 수퍼마켓을 대거 출점하면서 기업화가 가속화되고 있다. 지역형 중소수퍼마켓와 구분하기 위해 기업형 수퍼마켓을 흔히 **SSM**(SuperSupermarket)이라고 부르기도 한다. 2012년 현재 기업형 SSM 점포수는 총 1,280개소이며, 매출액은 26조 4천억원으로 전년도 대비 4.1%가 증가했다. 수퍼마켓에서 신선 농수산물의 매출 비중은 22.2%인 것으로 조사되었다(유통업체연감). 수퍼마켓의 부문별 매출을 보면 신선 농수산물 40%, 가공식품 40%, 즉석조리 4%, 비식품 16% 등이다(유통업체연감).

5) 대형마트(할인점)

대형마트는 저가 대량판매의 영업방식을 토대로 하여 유명 제조업체 상표를 일반상점보다 항상 저렴한 가격으로 판매하는 소매상을 말한다. 대형마트의 특징은 첫째 항상 저렴한 가격에 판매하며, 둘째 유명상표를 판매하며, 셋째 불량품이나 재고가 아니라 정상적인 상품을 싸게 판매한다는 것이다.

대형마트가 저가격을 강력한 경쟁도구로 활용할 수 있기 위해서는 비용상의 우위를 달성하여야 한다. 대형마트는 체인화를 통한 대량구매를 실현함으로써 상품의 구매비용을 타업태에 비해 낮추고 있다. 아울러 지가가 저렴한 지역을 입지로 사용하고 건물 및 내부장식에 대한 투자를 최소화하여 점포개설비용을 절감하고 있다. 점포운영 측면에서는 서비스를 최소화하여 인력을 절감함으로써 비용을 줄이고 있다. 또한 유통업체상표(PB, Prvate Brand)를 도입하여 상품의 가격을 낮추고 적절한 상품구색으로 재고비용을 절감하고 있다[4].

한국에서 대형마트는 크게 수퍼센터(혹은 하이퍼마켓), 회원제 창고형 매장(MWC, Membership Wholesale Club)형으로 구분되나, 주력 업태는 식품의 취급 비중이 높은 하이퍼마켓(Hypermarket)/수퍼센터(Supercenter)형이다. 우리의 대형마트에서는 식품이 매우 중요한 품목이며, 구미에서 발달된 비식품 위주의 대형마트는 발달되어 있지 않다.

대형마트 업계의 총매출액은 '98년 5조원, 2000년 10조 5천억 원, 2005년 23조 7천억 원, 2007년 28조 2천억 원, 2008년 29조 9천억 원, 2009년 31조 5천억 원, 2010년 33조 7천억 원, 2011년 36조 8천억 원, 2012년 38조 7천억 원, 2013년 38조 6천억 원으로 증가하였다. 대형마트에서는 식품이 전체매출의 52.5%를 차지하고 있다. 세부 품목별로는 농산물 10.8%, 축산물 5.9%, 수산물 3.6%, 가공식품 21.5%, 즉석조리식품 10.7% 등이다(유통업체연감).

초기의 대형마트는 2,000~3,000평의 매장 규모였으나, 최근 매장면적이 4,000~5,000평 규모로 확대되는 추세에 있다. 지역별로 대형마트 분포를 보면, 주로 신도시 지역 혹은 신개발 지역에 집중되는 경향을 보이고 있다. 지방 도시의 대형마트도 신개발 지역에 입지하는 특징이 있다. 대형마트의 입지가 신개발 지역에 밀집하는 이유는 도심 및 구시가지 지역에서 대형마트 규모에 적합한 부지가 많지 않고 지가가 비싸기 때문이다.

---

4) 유통업체상표(PB, Private Brand)란 제조업체 상표에 대비되는 것으로서 유통업체가 판매하는 상품에 자기 상표를 부착하는 것을 말한다. 유통업체상표를 부착한 상품은 제조업체 상표 상품보다 일반적으로 가격이 저렴하고, 마진율이 높은 특징이 있어 할인점에서 선호되고 있다. 유통업체는 자체에서 상품을 개발함으로써 불필요한 광고, 판촉 비용을 절감할 수 있고, 이에 따라 상품의 가격을 낮출 수 있게 된다.

1996년 유통시장 개방이후 외국 유통업체들이 대형마트 업태로 한국에 진출하였다. 1996년 유통시장 개방과 더불어 국내에 진출한 외국계 유통업체는 Carrefour와 Makro였으며, '98년 이후 Wal-Mart (Makro점포 인수), Tesco(삼성의 Home Plus 인수), Costco Wholesale (Price Club 점포 인수) 등이 진출하였다. 그러나 까르푸와 월마트는 한국 시장에서의 현지화 실패로 2006년 점포를 매각하고 철수하였다. 현재 외국계 업체의 비중이 크지 않은 편이나 이들은 우리나라에서 대형마트 업태의 발달에 큰 기여를 했다. 국내 업체와의 경쟁을 통해 국내 업체들의 경쟁력을 향상시켰으며, 매장 하드웨어, 서비스 등 선진 경영기법을 국내 업체들에게 전파하기도 했다.

현재 대형마트 업계를 주도하고 있는 '빅3'는 신세계 E-Mart, Tesco의 홈플러스, 롯데쇼핑의 롯데마트이다. 대형마트들은 점포 신설을 추진하고 있지만 지역사회의 재래시장 및 중소형 업체와의 마찰이 심화되어 지방자치단체에서는 교통영향평가, 건축심의 등의 방법으로 점포 출점을 규제하고 일부에서는 출점 저지 반대 시위 등이 이루어지고 있다. 대형마트와 지역사회와의 갈등을 해결하는 것이 중요한 사회적 문제로 대두되고 있으며 대형마트의 점포 확대가 쉽지만은 않을 것으로 예상된다. 국내에서의 점포 개설 제한으로 최근 들어 일부 대형마트 업체들은 중국, 베트남 등에 해외 점포를 개설하고 있다.

대형마트는 최근 시장이 포화되고 영업 방식이 백화점에 근접하면서 저가의 메리트를 소비자에게 주지 못하고 있으며, 최근 코스트코 홀세일(Costco Wholesale)와 같은 창고형 할인매장이 인기를 끌고 있다. **회원제 창고형 할인매장**(MWC, Membership Wholessale Club)은 소비자에게 일정한 회비를 받고 회원인 고객에게만 30~50% 할인된 가격으로 정상품을 판매하는 유통업태이다. 취급 품목은 가공식품·잡화·가정용품·가구·전자제품 등 3~4천 품목에 불과하며 인기상품 위주의 상품구색을 보이고 있다. 판매가는 거의 마진이 없이 설정하고 고객의 연회비에서 이익을 내는 영업전략을 취하고 있다. 또한 매장은 거대한 창고형으로 실내장식은 거의 없으며 상품을 포장박스채로 혹은 묶음으로 판매하여 운영경비를 최소화하고 있다.

카테고리 킬러는 특정 품목에 특화된 전문 할인점이다. 우리 나라에서는 아직 제대로 발달되어 있지 못하지만, 미국, 유럽 등 선진국에서는 컴퓨터, 스포츠용품, 건축자재, 완구, 가전제품, 사무용품 등에서 특정 품목에 전문화된 할인점이 각광을 받고 있다. 카테고리 킬러는 특정 제품계열에서 전문점과 같은 깊은 상품구색을 갖추고 매우 저렴하게 판매하는 것이 원칙이다. 카테고리 킬러는 대량구매와 대량판매 그리고 낮은 비용으로 저렴한 상품가격을 제시하고 있다.

아웃렛은 제조업체 혹은 유통업체가 기존 상품 혹은 재고품을 초염가로 판매하는 소매형태이다. 아웃렛은 주로 의류상품에서 발달되어 있으며, 서울의 변두리와 분당, 일산 등 신도시에 아웃렛 밀집지역이 자생적으로 발생하고 있다. 이들 아웃렛에서는 각종 재고의류를 60~80%까지 할인된 가격으로 판매하여 가격파괴를 선도하고 있다. 아웃렛 운영의 목적은 현금회전에 압박을 주는 재고의 원활한 처리에 있어 큰 폭의 할인된 가격으로 판매하고 있다. 하지만 재고품이 아닌 정상품을 일정의 할인된 가격으로 판매하는 일반 할인점과는 운영 방식에서 약간의 차이가 있다.

6) 편의점

편의점은 상대적으로 소규모 매장으로 인구 밀집지역에 위치해서 24시간 영업을 하는 최근에 발달된 신업태이다. 상품구성에서는 재고회전이 빠른 식료품과 편의품, 문방구 등 한정된 제품계열을 취급한다. 즉 편의점은 연중무휴 24시간 업이라는 시간의 편리성, 접근이 용이한 지역에 위치하는 공간의 편의성, 다품종·소량의 유명상표를 주로 취급하는 상품의 편의성을 특징으로 하고 있다. 편의점의 입지로는 주로 아파트단지 등 주택밀집지역이나 유동인구 및 야간활동인구가 많은 지역이다. 가격에 있어서 편의점은 슈퍼마켓보다 다소 높은 가격을 유지한다. 그 이유는 편의점이 타업태에 비해 높은 위치적 효용과 시간상의 효용을 제공하여 비용이 높기 때문이다.

2013년 편의점 매출액은 12조 8천억 원으로 전년도 대비 9.4%가 증가했다. 최근에는 편의점을 통한 농산물 판매가 급증하면서 편의점이 농산물 유통의 틈새시장으로 자리 잡고 있다. 편의점에서 농산물 판매가 급증하는 것은 소비자들의 구매 경향이 변했기 때문이다. 싱글족과 한 자녀 가구 수가 증가하면서 가구당 농산물 소비량이 감소했고 농산물 1회 구매량도 감소세를 보임에 따라 소비자들은 자연스럽게 소포장 상품 구매를 선호하게 되는 것이다.

7) 무점포소매상

최근 들어 점포를 보유하지 않는 무점포 판매가 급속히 발전하고 있다. **무점포 소매상**은 비교적 최근에 도입되고 있는 소매업태이지만 교통난, 맞벌이 등으로 쇼핑할 시간적 여유가 없는 소비자들에게는 시간을 절약해 줘 시간의 효용을 제공해 주는 이점이 있다. 또한 소매업자 입장에서는 점포를 보유하지 않으므로 점포비용을 절감할 수 있고 입지조건에 관계없이 고객에게 접근할 수 있는 이점이 있다. 무점포 소매상으로는 자동판매기, 방문판매, 통신판매, TV홈쇼핑, 전자상거래 등이 있다. 2013년 무점포소매상 전체 시장규모는 전년대비 11.0% 성장한 49조 6천억원이다.

① 자동판매기(vending machine)
자동판매기는 24시간 판매와 셀프서비스를 하며 파손가능성이 적은 일용품을 주로 판매하고 있다.

② 방문판매(sales person/network marketing)
영업사원을 이용한 **방문판매**는 가장 오래된 역사를 가진 무점포형 소매업이다. 방문판매는 판매원이 직접 고객을 방문하여 얼굴을 마주 보면서 상품 설명을 하기 때문에 설득력이 강한 이점이 있다. 그러나 방문판매는 인건비 상승, 높은 마진율, 취업주부의 증가, 교통체증 등의 요인으로 성장이 제약되는 실정이다.최근에는 방문판매 유형 중 소비자와 판매상을 겸하는 다단계 판매(multi-level marketing)가 증가하고 있다. **다단계판매**란 상품을 사용해 본 소비자가 그 상품의 우수성을 인정하여 스스로의 의사로 판매원이 되고 그 상품을 주위에 권해서 새로이 형성된 소비자가 다시 판매원으로 전환되는 과정

이 무한히 반복되는 판매기법이다. 주로 구매빈도가 높은 일상 용품을 판매하며, 판매원들은 하위 판매원의 판매실적에 따라 수당이 차등적으로 지급된다. 이에 따라 판매원들은 하위판매원들을 확보하기 위해 적극적인 노력을 경주하게 되며, 그 결과 판매원의 수가 증가하게 된다. 그러나 최근 무리한 다단계 판매 활동으로 인해 사회적 문제를 야기하고 있다.

③ 통신판매(catalog home—shopping)

통신판매란 공급업자가 광고매체를 통하여 판매하고자 하는 상품 또는 서비스에 대한 정보를 제공하고, 고객으로부터 전화, 팩스, 편지 등의 통신수단을 통해 주문을 받는 무점포판매 형태이다. 소비자에게는 주문한 상품을 우편 혹은 택배 편을 이용하거나 자기가 직접 전달한다. 통신판매에서 전통적으로 이용된 광고매체는 우편 카탈로그였으나 최근에는 전화, TV, 인터넷 등의 중요성이 커지고 있다. 특히 전화로 상품정보 제공 및 주문하는 것을 텔레마케팅이라 한다. 통신판매에서 성공의 관건은 표적고객의 선정과 고객리스트 수집 그리고 적절한 상품의 선정을 들 수 있다. 통신판매에서 취급하는 상품은 변질 가능성이 있는 식료품 이외의 모든 상품이 가능하나 일반적으로 표준화, 규격화 된 상품이 주류를 이루고 있다. 우리나라에서 통신판매는 백화점과 같은 유통업체 및 우체국 등이 주도하고 있으며, 최근에는 신용카드 회사들과 전문 통신판매업체의 발달이 가속화되고 있다. 특히 우편통신판매는 생산자, 생산자 단체 및 유통업체들이 기존의 판매방식을 보완하는 수단으로 많이 활용되고 있다.

④ TV 홈쇼핑(TV home—shopping)

TV 홈쇼핑은 TV를 통해 상품구매를 유도하는 소매방식으로, 크게 직접반응광고(informercial)를 이용한 주문방식과 홈쇼핑채널을 이용한 주문방식으로 나누어진다. 국내 TV홈쇼핑은 케이블TV가 시작된 1995년에 본격적으로 도입되었다. TV 홈쇼핑은 짧은 기간에도 불구하고 케이블TV 가입자 수의 지속적 증가, 상품구색의 확대 등의 요인으로 매출이 급증하고 있다. 특히 홈쇼핑은 상품을 TV 프로그램과 같은 형식으로 소개함에 따라 소비자들에게 현장감과 생동감을 주고, 집안에서 편리하게 주문할 수 있다는 점에서 장점을 가지고 있다.

⑤ 전자상거래(Electronic Commerce)

전자상거래란 인터넷이라는 매체를 통해 가상공간에서 이루어지는 모든 경제적 교환행위 및 이를 지원하는 활동으로 정의될 수 있는데, 인터넷마케팅 혹은 사이버마케팅이라고도 한다. 광의의 전자상거래는 전자문서교환, 인터넷, PC통신, 전자우편, 통신망 등을 이용하여 네트워크상에서 이루어지는 모든 교환 및 거래활동으로 이해될 수 있다.

2012년 사이버쇼핑몰 전체 시장규모는 2011년보다 17.6% 성장한 38조 9천억 원 규모이다. 식음료 및 농수산물의 매출액은 3조원 정도에 이르러 전체 사이버쇼핑몰 시장규모의 10.2%에 달하고 있다. 식음료 및 농수산물의 전년대비 매출액 증가율은 각각 30.5%, 20.4%로 타 상품군에 비해 높은 성장률을 보이고 있다. 향후 규격화된 식음료품 이외에 원물상태의 농수산물이 주산지에서 표준화 규격화 등 상품화가 진전되고 신선 농수산물에 대한 포장기술의 발전, 인터넷 뱅킹 등의 결제시스템 안전망 확충 등에 힘입어 지속적인 꾸준하게 성장해 나갈 것으로 전망된다.

4 **대형유통업체 판매 및 구매 특성**

4.1 **농산물 판매의 새로운 동향**

대형유통유통체들의 농산물 판매 특성을 보면, 먼저 전처리 및 소포장 농산물의 선호도가 높아지고 있음을 알 수 있다. 유통업체들은 비용절감 차원에서 점포내 전처리 및 소분포장 작업을 최소화시키고 있으며, 당근, 무, 고구마 등은 산지에서 세척한 상품의 판매 비율이 높아지고 있다. 아울러 미리 커트된 샐러드와 같은 간편채소의 판매도 확대되고 있다.

첫째, 소비자들의 식품안전성에 대한 염려가 커지면서 식품의 안전성에 대한 관리가 강화되고 있다. 대형유통업체들은 안전성이 확보된 특정지역과의 거래를 선호하고 있으며 품질인증품의 판매가 확대되고 있다. 특히 식품안전성은 유통업체간 치열한 경쟁 속에서 차별화 전략의 일환으로 앞으로도 그 중요성이 더욱 커질 것으로 예상된다.

둘째, 유통업체들은 다양한 소비자 니즈를 충족시키기 위해 고품질 상품과 저품질 상품 판매의 이원화 전략을 하고 있다. 저렴한 세일 상품 및 고품질 상품을 한 매장에서 취급하기도 하는 등 상품의 다양성을 높이고 있다. 일반적으로 백화점은 고품질 상품의 판매를 확대되고 있으며, 특히 품질고급화 차원에서 유기농산물, 저농약농산물의 판매가 추진되고 있다. 반면 가격경쟁력 확보차원에서 할인점은 중저가의 기획상품의 판매를 확대하고 있다. 그러나 우리 나라 소비자들은 기본적으로 고품질의 농산물을 선호하기 때문에 할인점에서도 품질을 도외시한 저가 전략을 펼치지지는 않고 있다.

셋째, 유통업체들은 소비자 만족도를 높이기 위해 신선식품의 경우에도 고객이 상품에 만족하지 못하는 경우 교환, 환불해주는 리콜제도를 운영하고 있다.

4.2 농산물 구매시 고려 요소

대형유통업체가 농산물을 구매할 때 고려하는 요소는 우선 품질 및 가격의 합리적인 조화를 추구한다는 점이다. 유통업체들은 일정 품질 이상의 농산물을 적정한 가격에 구매하고자 한다.

첫째, 농산물의 안전성 확보이며, 이는 소비자들의 식품안전성에 대한 염려가 커지기 때문이다. 아울러 유통업체들은 제조물책임법 등이 시행됨에 따라 식중독 사고 대비가 필요하며, 이에 따라 상품 검사 기능을 강화시키고 있다. 식품 안전성을 강화시키기 위해 유통업체들은 유기농산물 등 친환경농산물의 개발이 적극적으로 추진하고 있다.

둘째, 유통업체들은 거래의 안정성을 추구하고 있다. 거래 업체의 잦은 변경이나 지나친 저가 위주의 구매를 지양해야 하며, 출하 규모가 크고 안정적인 공급자를 요구하고 있다. 이처럼 공급자의 전문화, 규모화, 효율화로 품질 및 안전성의 보장과 비용절감을 이끌어내야 한다.

마지막으로 유통업체들은 경쟁력을 확보하기 위해 도매시장 구매, 산지비축구매, 산지포전구매, 농가계약재배 등 다양한 거래 방식을 도입하고 있다. 특히 유통업체들은 도매시장에 일방적으로 의존하지 않고 가격 및 품질 경쟁력을 확보하기 위해 다양한 구매 방식을 채용하고 있다.

4.3 대형유통업체의 구매체계

대형유통업체는 **전문 바이어**를 두고 구매활동을 하고 있으며, 농수축산물은 본사에서 일괄하여 구매 후 물류센터를 통해 각 점포에 배송하고 있다.

A업체의 경우 농수축산물 구매는 본사에서 일괄구매 후 물류센터를 통해 각 점포에 배송하고 있다. 구매담당부서는 농축수산물부분, 일상가공품부분, 패션사업부분으로 구분하며, 점포별로 개별구매가 아닌 본사의 바이어에 의한 일괄 구매를 하고 있다. 농축수산물 구매는 구매체계는 크게 3가지로 산지구매, 도매시장에서의 구매, 수수료매장으로 구분하며, 바이어들이 산지에 상주하면서 계획에 의한 직접구매를 위주로 하고 있다.

청과물의 경우 도매시장거래와 산지거래를 조화시키고 있다. 과일은 도매시장 구입 50%, 산지구입 50%로 균형을 이루고 있으나 앞으로 산지구입을 증가시킬 계획이다. 채소는 도매시장 구입 30%, 산지구입 70%이며 이 비율을 유지할 계획이다. 산지 구입시 거래처로는 과일의 경우 농협 40%, 영농법인 40%, 계약재배 20%이며, 채소의 경우 농협 20%, 영농조합법인 50%, 계약재배 30%이다.

데이터 웨어하우스 시스템을 활용하여 매출, 손익, 단품관리 등 각종 정보를 분석하고 지역별, 상황별로 관리해 차별화된 상품과 서비스 제공하고 있다.

B업체도 농수축산물 구매는 본사에서 일괄구매 후 물류센터를 통해 각 점포에 배

송하고 있다. 구매는 계획구매원칙에 의해 바이어들이 계약재배를 원칙으로 하고 있어 급발주에 의한 구매는 극히 적다. 이 업체의 농수축산물 구매체계는 크게 4 가지 방식으로 농협, 영농조합, 산지벤더, 도매시장으로 이루어진다. 각각의 비중은 농협 35%, 영농조합 35%, 산지벤더 26%, 도매시장 4%이다. 도매시장에서는 주로 수산물과 축산물의 구매가 이루어진다. 과일의 경우 100% 산지에서 구입하고, 채소의 경우 도매시장 30%, 산지 70%의 비율로 구입하고 있으며 이러한 비율을 앞으로도 유지시킬 계획이다.

4.4 산지직거래 현황

대형소매업체들은 **수직적 통합**(vertical integration)의 관점에서 도매기능을 점차 내부화하고 있다. 최근 수퍼마켓, 백화점, 할인점과 같은 대형소매업체들은 산지에서 직접 농산물을 조달하는 자체 도매기능을 강화하고 있다. 체인화된 업체들은 물류합리화를 도모하기 위해 자체에서 물류센터를 보유하고 있으며, 도매시장 및 산지에서 구입된 농산물들을 물류센터에 집하하여 개별 점포로 분산시키고 있다.

대형업체들은 취급물량이 확대됨에 따라 산지에서 차량단위로 구입 가능하게 되는 등 산지직구입의 경제성이 높아지고 있으며, 양질 상품의 다량 확보 및 유통비용 절감 측면에서 산지개발을 더욱 확대해 나갈 계획이다(표 4-1). 청과물의 경우도 대형할인점의 산지 직거래가 증가하고 있으며, 이는 도매기능의 내부화(통합) 현상으로 이해할 수 있다.

〈표 4-1〉 대형마트의 산지직거래 비율의 변화추이 〈단위 ; %〉

구분	1999	2002	2003	2005
과일류	35.4	47.5	46.3	61.3
채소류	21.9	37.5	41.7	51.3

*자료 : 김동환 외, 1999, 김동환 외 2002, 농수산물유통공사, 2003, 서성천, 김병률, 2005

대형유통업체는 매출규모가 클수록 산지직구입의 비중이 커지고 있으며, 그 이유는 산지에서의 구매금액이 클수록 구매 비용이 절감되고 차량단위 수송으로 물류비를 절감하기 때문이다. 대형체인들은 구입물량이 크기 때문에 도매시장가격에 영향을 미치고 있으며, 이들 업체들은 산지직구입을 통해 구입처를 다변화함으로써 도매시장 중도매인에 대한 과도한 의존도를 줄이려 하고 있다.

대형소매업체의 산지직구입 경로는 산지수집상, 농가직구입, 영농조합법인, 농협, 작목반, 공판장, 계약재배의 순을 보이고 있다. 일부 업체들은 도매시장내 중도매인의 산지조달 네트워크를 이용하여 산지직구입을 추진하기도 한다.

산지수집상은 업체가 요구하는 규격의 상품을 기동력 있게 조달할 수 있으며 가격 등에서 협상의 여지가 큰 장점을 가지고 있다. 농가로부터의 직구입은 유통단계 축소로 가격메리트가 있으나 일정규격의 물량을 대량으로 확보하기 어려운 문제점이 있다. 생산자조직과의 직거래는 상대적으로 활성화되어 있지 않으며 특히 농협과의 거래가 매우 미미하다. 리스크 부담의 문제, 농가의 계약의식 미비 등의 이유로 계약재배는 적극적으로 추진하고 있지 않다.

가격은 주로 도매시장 가격을 참조하여 결정하며, 대부분 도매시장 경락가격 제반수수료를 공제하고 약간의 인센티브를 가산한 수준에서 결정된다. 대금결제는 업체별 지급기준에 따라 지급하며, 대체로 도매시장보다 늦는 편이다. 수확작업, 선별, 포장, 수송은 대부분 출하자가 담당하며, 가격도 도착도 기준으로 설정된다. 산지직구입품에 대한 검품은 자체 물류센터 혹은 매장에서 담당하고 있으며, 하자품 발생시에는 반송하거나 자체에서 처리한 후 가격을 조정하는 경우가 있다.

산지에 대한 정보는 기존거래처, 도매시장 중도매인, 유통업체간 정보교환, 바이어의 현장 방문 등을 통해 취득하며 행정계통이나 농협 등을 통하는 경우는 극히 적다. 대부분의 업체들은 일반바이어가 산지개발 업무도 함께 수행하고 있으며, 산지 전문 바이어를 둔 업체는 극히 소수이다.

최근에는 대형유통업체가 산지유통센터 운영에 참여하는 등 산지와의 계열화를 추진하고 있다. 롯데는 농업회사법인 ㈜에치유아이, 한화는 ㈜그린투모로우, 대상은 ㈜아그로닉스를 설립하여 농산물 수집 및 구매를 담당하는 산지유통조직을 설립하였다. E-마트는 축산물 가공과 포장을 담당하는 미트센터와 저장성 농산물(감자, 고구마, 마늘, 양파 및 사과)의 자체 저장, 소포장을 위한 유통센터를 자체에서 운영하고 있다.

4.5 산지직거래의 장단점 및 향후 전망

도매시장 구입은 상품구색이 풍부하고 구매가 편리한 장점이 있으나 가격이 높고 변동이 심하며, 선도가 떨어지는 것으로 평가하고 있다. 이에 반해 산지직구입은 가격메리트가 있고 신선도를 유지할 수 있으며, 명절과 같은 시기에 물량을 대량으로 확보할 있는 장점이 있다. 아울러 안전성 관리 측면에서 산지를 직접 확인할 수 있어 추적이 가능한 이점도 있다. 산지직구입의 단점으로는 상품구색 취약, 규격화 미비로 품질의 편차가 심한 점, 구매물량을 정확히 예측할 수 없는 점 등이 지적되고 있다(표 4-2).

〈표 4-2〉 구입경로별 장단점

구입방식	장점	단점
도매시장	풍부한 상품구색 풍부한 물량 구매의 신속성 구매의 편리성 행사대응 용이 시차구매 가능	높은 가격 가격 변동이 심함 중도매인의 불공정 거래 선도 저하 경매로 배송시간 지체
산지구입	낮은 가격 높은 품질 및 선도 유지 대량 물량 확보 용이 기업이미지 제고 효과적인 안전성 관리	상품구색이 떨어짐 규격화 미비 수집비용과다 가격협상의 어려움 구매물량 예측 곤란 정보획득의 곤란

앞으로 대형소매업체들은 대부분 산지직거래를 확대할 계획이며, 주로 과일, 배추, 무, 감자와 같이 구입물량이 크고 계절적으로 대량 출하되는 품목을 확대할 계획이다. 앞으로 업체당 점포수가 증가하게 되면 품목당 구매물량이 커지게 되고 산지직거래의 경제성이 높아지게 될 것이기 때문이다.

대형유통업체의 구입경로별 만족도는 산지직구입이 가격 측면에서 유리하나 기타 항목에서는 도매시장 구입의 만족도가 높은 것으로 조사되었다. 산지직구입이 유리한 점은 가격이 저렴하고, 안정성이 높은 반면, 도매시장 구입이 우수한 항목은 가격 조정의 용이성, 품질의 균질성, 물량의 풍부성, 행사 대응능력, 구매의 편리성, 반품의 용이성, 주문처리의 용이성, 긴급 주문 대응능력, 직원들의 전문성 및 협조성 등이며, 종합적인 만족도에서도 도매시장 구입이 산지직구입보다 아직은 유리한 것으로 보고 되고 있다.

결국 산지출하조직의 입장에서는 기존 도매시장 이외에 종합유통센터, 대형소매업체 등과의 직거래가 중요한 출하경로로 대두되며 이에 대한 대응책 마련이 시급하다. 특히 산지유통조직은 경쟁력있는 가격으로 대형유통업체에 농산물을 공급할뿐더러 도매시장에 비해 서비스 수준이 떨어지는 품질의 균질성, 구색의 다양성, 배송처리 능력, 행사 대응 능력, 하자품 처리 능력 등의 항목에서 경쟁력을 높여야 할 것이다.

5 대형유통업체의 시장 지배력 및 규제 현황

주요 대형마트의 점포 수 증가로 대형마트 시장에서의 집중도가 상승하고 있다. 대형마트 시장에서 4대 업체의 집중도(Concentration Ratio)는 1995년 25%에서 2010년 87%로 급증하였다. 대형마트 시장이 소수의 업체로 집중됨에 따라 시장지배력 문제가 발생하고 있다. 대형마트 업체들은 잦은 세일 및 PB(Private Brand) 상품 강요, 저가 납품 강요, 판촉비·물류비 전가, 부당 반품 등 시장에서 우월적인 지위를 활용하여 산지 공급업체를 압박하고 있다. 특히 대형유통업체들은 PB 위주의 전략으로 산지브랜드 성장을 저해하고 있다. PB의 비중은 대형마트 45%, 슈퍼마켓 14.2% 등이다(김동환 외, 2008).

설문조사 결과 대형유통업체와 거래시 12.5%의 산지유통조직이 과도한 요구를 받은 경험이 있다고 응답하였다. 대형유통업체의 불공정 행위는 할인행사 및 저가 납품 강요, 계약변경, 판촉사원 요구, 비용전가, 부당 감액 등이다.

대형유통업체의 시장지배력과 불공정 행위를 규제하기 위해 국회는 2011년 10월 대형마트, 백화점, TV홈쇼핑 등 대형유통업체의 정당한 사유 없는 상품대금 감액, 반품과 같은 불공정행위를 규제하고 대형 유통업체와 중소납품업체 사이의 동반성장 문화를 확산시키는 내용을 주요 골자로 하는 「대규모유통업에서의 거래 공정화에 관한 법률」(이하 "대규모유통업법")을 본회의에서 의결하였다. 이 법의 규제 대상은 소매업종 매출액 1,000억 원 이상 또는 매장면적이 3,000㎡ 이상인 점포를 영업에 사용하는 대규모 유통업자로 백화점, 대형마트(SSM 포함), TV홈 쇼핑, 편의점, 대형 서점, 전자전문점, 인터넷쇼핑몰(오픈마켓 사업자 제외) 등이다. 규제 내용은 서면미교부로 인한 피해 방지, 상품판매대금의 지급기한 신설, 판촉비용 분담, 판촉사원 파견, 매장 설비비용 보상 관련 기준을 정비하였다. 또한 상품대금 감액, 상품 수령 지체, 반품, 배타적거래 강요, 경영정보 제공 요구, 경제적 이익 제공 요구, 상품권 구입 요구 등 각종 이익제공 강요와 같은 각종 불 공정거래행위를 구체화·명확화하였다. 경쟁제한적 요소가 강하거나(배타적거래 강요, 경영정보 제공 요구) 악질적인 행위(보복조치, 시정조치불이행)는 벌칙 규정을 마련하였다.

공정거래 규제 강화와 더불어 정부는 유통산업발전법 및 지자체 조례에 의해 대형 유통업체 출점에 대한 규제를 강화하고 있다. '유통산업발전법'에서는 재래시장으로부터 반경 500m 이내를 '전통산업 보존구역'으로 지정하고 각 지자체가 조례를 제정, 이 구역 안에서는 기업형 수퍼마켓(SSM)의 입점을 제한하고 있다. 아울러 2012년부터 지방자치단체장은 건전한 유통질서 확립, 근로자의 건강권 및 대규모점포 등과 중소유통업의 상생발전을 위하여 필요하다고 인정하는 경우 대규모

점포 중 대통령령으로 정하는 것과 준 대규모점포에 대하여 영업시간 제한을 명하거나 의무휴업일을 지정하여 의무휴업을 명할 수 있다. 오전 0~10시까지의 범위에서 영업시간을 제한할 수 있으며 매월 2일 대형마트 및 SSM에 대한 의무휴업일을 지정 실시하고 있다. 그러나 연간 총매출액 중「농수산물 유통 및 가격안정에 관한 법률」에 따른 농수산물의 매출액 비중이 55% 이상인 대규모점포 등으로서 해당 지방자치단체의 조례로 정하는 대규모점포 등은 휴무제 대상에서 제외한다. 또한 '대·중소기업 상생협력 촉진법'에서는 대형마트 및 기업형 수퍼마켓 등에 대한 사업조정제를 도입하고 있다. 사업조정제란 상생법에 의해 사업조정을 신청하는 방식으로 대기업의 사회진출로 해당 업종의 상당수 중소기업이 수요 감소 등의 요인으로 경영 안정에 현저하게 나쁜 영향을 미치거나 미칠 우려가 있는 경우 일정기간 사업의 인수·개시·확장을 연기하거나 사업 축소를 권고해 대형마트, 기업형 수퍼마켓 등 대형유통업체의 입점을 제한하는 제도이다. 2010년 8월에 중소기업청은 상생법 시행령 제27조에 기업형 수퍼마켓에 대한 사업조정 권한을 지자체가 갖도록 관련 고시에 '음식료품 위주 종합소매점'을 추가 개정하였다. 2010년 11월 통과된 상생법에서는 프랜차이즈 형태의 기업형 수퍼마켓도 대기업의 지분이 51% 이상이면 사업 조정 대상으로 추가하였다.

대형유통업체에 대한 다양한 출점 규제와 더불어 정부는 중소유통에 대해서 나들가게 지원사업 등을 추진하고 있다. 지원대상은 슈퍼마켓 등 신청대상 업태로서 매장면적 300㎡ 이하인 소매점포이며, 지원사항은 육성자금지원, 간판교체, 상품(재)배열 지원, POS 등 정보시스템 구축지원, 상권분석·상품기획 등 점포종합지도, 점포주 교육지원 등이다.

6 외식 및 식자재 유통업

전체식품소비지출 중 외식비 지출이 46%에 달해 농산물 유통에 있어서 외식의 중요성이 매우 커지고 있다. 우리 나라의 외식업 규모는 2011년 현재 74조원이나 대부분 생계형으로 소규모 식당 위주이다. 기업형 외식시장은 전체 규모가 약 3

조원 정도로 아직 미미하나 소득 수준 향상으로 시장 규모가 지속적으로 확대될 전망이다. 기업형 외식 시장은 패밀리레스토랑, 패스트푸드, 단체 급식 등으로 구분된다. 단체급식은 학교, 회사, 공장 등에서 식사를 제공하는 외식업으로 자체에서 급식을 준비하는 형태와 전문업체에 위탁하는 형태로 구분할 수 있다. 단체급식의 주요 업체는 아워홈, 삼성에버랜드, CJ 프레쉬웨이, 신세계푸드시스템, 푸드머스 등이다.

외식 및 식자재유통업체서 취급하는 농산물은 백화점, 할인점, 수퍼마켓과 같은 유통업체와 달리 품질보다는 저가격을 선호하는데 이는 낮은 식단가, 소비자의 품질식별 능력 부족 등의 요인에 있다.

외식 및 식자재유통업체의 농산물 구매 특성으로는 첫째, 센트럴키친 운영으로 맛의 통일을 위해 식자재 질을 일정하게 유지하고 있다. 둘째, 계절별, 메뉴별 신규 식자재의 지속적 개발이 요구되고 있다. 셋째, 낮은 식단가와 소비자의 원산지 식별 능력 부족 등의 이유로 수입 식자재 사용이 증대하고 있다. 넷째, 본사에 의한 중앙집중 구매와 업장 구매의 조화를 추구하고 있다.

최근에는 업장에서의 노동력 절감, 쓰레기 문제 때문에 산지에서 일정부분 가공하는 전처리 농산물에 대한 수요가 증대되고 있다.

O 소매상은 상품구색 제공, 정보 제공, 금융기능 수행, 서비스 제공하는 기능을
   하고 있다.

O 업태(format)는 소매상의 형태라고 하며, 상품구성, 가격대, 입지, 점포규모,
   판매방식, 영업방식, 서비스 수준과 같은 소매믹스(retail mix)를 종합적으로
   고려하여 구분하게 된다.

O 구멍가게는 우리 나라에서 전통적인 업태이고, 소매업의 대부분을 차지하고
   있으며, 주택지역에 위치하면서 식료품을 중심으로 한 생활용품을 주로 취급
   하고 있다.

O 재래시장은 개별 점포단위에서의 소매업태로 구분하기 어려우나 구멍가게들
   의 집합체로서 이해할 수 있다.

O 백화점은 의류, 가정용 설비용품, 신변잡화류 등의 각종 상품을 부문별로 구성
   하여 일괄구매를 할 수 있도록 한 업태이다.

O 슈퍼마켓은 주택가에 입지하여 식료품, 세탁용품, 가정용품 등 생활필수품을
   중점적으로 취급하는 소매점이다.

O 전문점은 취급하는 제품계열이 한정되어 있으나 해당 제품계열 내에서는 매우
   다양한 품목들을 취급한다.

O 편의점은 상대적으로 소규모 매장으로 인구 밀집지역에 위치해서 24시간 영업
   을 하는 최근에 발달된 신업태이다.

○ 할인점은 대량판매의 영업방식을 토대로 하여 유명제조업체상표를 일반 상점보다 항상 저렴한 가격으로 판매하는 소매상을 말한다.

○ 할인점의 유형은 하이퍼마켓(hypermarket), 수퍼센터(supercenter), 회원제 창고형 도소매점(MWC, Membership Wholesale Club), 카테고리 킬러(CK, Category Killer), 아웃렛(Outlet) 등으로 구분해 볼 수 있다.

○ 무점포 소매상은 비교적 최근에 도입되고 있는 소매 업태로 자동판매기, 방문판매, 통신판매, TV홈쇼핑, 전자상거래 등이 있다.

○ 우리 나라의 소매업은 최근 백화점, 슈퍼마켓, 할인점과 같은 대형점이 발달하면서 급속히 대형화, 체인화되고 있다.

○ 최근 수퍼마켓, 백화점, 할인점 등 대형유통업체가 농산물 유통에서 차지하는 비중이 급증하고 있다.

○ 대형유통업체들의 농산물 판매 특성을 보면 전처리 및 소포장 농산물 선호, 식품의 안전성 관리 강화, 고품질 상품 및 저품질 상품 판매의 이원화 전략, 소비자 만족도 제고를 들 수 있다.

○ 대형유통업체가 농산물 구매시 고려 요소는 품질 및 가격의 합리적인 조화, 농산물의 안전성 확보, 거래의 안정성 추구, 다양한 거래 방식 도입하고 있다.

○ 대형유통업체의 불공정 행위는 할인행사 및 저가 납품 강요, 계약변경, 판촉사원 요구, 비용전가, 부당 감액 등이다.

○ 외식 및 식자재유통업에서 취급하는 농산물은 유통업체와 달리 품질보다는 저가격을 선호하는데 이는 낮은 식단가, 소비자의 품질식별 능력 부족 등의 요인에 있다.

○ 외식 및 식자재유통업체의 농산물 구매 특성으로는 식자재 질의 일정한 유지, 계절별·메뉴별 신규 식자재의 지속적 개발 요구, 수입 식자재 사용 증대, 중앙집중 구매와 업장 직접 구매의 조화 등이 나타나고 있다.

제5장 도매 유통

1 도매상의 기능

1.1 도매상의 기능

도매상은 제조업체로부터 상품을 조달하여 이를 소매상 혹은 다른 도매상에게 판매하는 유통기관이다. 도매상의 기능은 매우 다양하지만 가장 중요한 기능은 수집과 분산이라고 볼 수 있다. 즉, 다수의 제조업자들로부터 상품을 구매하여 이를 소매업자에게 분배하는 기능을 수행하고 있다. 그러나 이러한 수집, 분산 기능은 제조업자나 소매상에 의해서도 수행될 수 있다. 특히, 지리적으로 협소하고 제조업자의 유통지배력이 강력한 국내 유통산업의 경우 이러한 현상이 현저하다고 볼 수 있다. 근자에 들어 대형할인점이나 편의점의 비중이 커지고 체인화 되면서 이들 점포의 본부가 도매상 기능을 대신하고 일부 생필품 제조업체가 자체의 물류기능을 강화함으로써 도매상의 입지가 좁아지고 있다.

외국의 경우에는 전통적으로 상품의 수집·분산과 물류를 담당하는 대형도매상이 활성화되어 있다. 이와는 달리 우리 나라에는 특정 제조업체의 상품만을 취급하는 소규모의 전속도매상만이 존재하며, 수집기능이 부족하고 규모의 영세성을 벗어나지 못하고 있다.

그럼에도 불구하고 도매상은 유통경로 상에서 발생하는 소유권이전, 물류, 촉진, 금융, 위험부담, 협상, 주문, 지불활동 등의 기능을 수행함으로써 유통 생산성 향상에 기여하고 있다. 도매상은 제조업자와 소매상의 중간에 위치하면서 다양한 가치 있는 기능을 수행하고 있다.

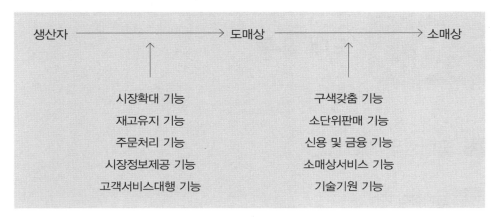

생산자 ⟶ 도매상 ⟶ 소매상

시장확대 기능
재고유지 기능
주문처리 기능
시장정보제공 기능
고객서비스대행 기능

구색갖춤 기능
소단위판매 기능
신용 및 금융 기능
소매상서비스 기능
기술기원 기능

〈그림 5-1〉 도매상의 기능

가. 제조업자를 위한 도매상의 기능

제조업자를 위한 도매상의 기능으로서는 시장확대 기능, 재고유지 기능, 주문처리 기능, 시장정보제공 기능, 고객서비스 대행 기능 등이 있다.

(1) 시장확대 기능

일반적으로 제조업자의 시장은 광범위한 지역에 산재하고 있는 다수의 고객으로 구성되어 있다. 고객이 제조업자의 상품을 필요로 할 때 쉽게 구매할 수 있도록 제조업자는 합리적인 비용으로 필요한 시장을 유지하기 위해 도매상을 활용하게 된다. 또한 도매상을 사용하여 많은 수의 소매상 고객을 접촉한다면 제조업자의 비용은 상당히 절약할 수 있게 된다. 이는 제조업자의 판매원이 적은 수의 도매상만을 접촉하면 되기 때문이다.

(2) 재고유지 기능

도매상들은 일반적으로 그들에게 제공되는 제조업자 제품의 일정부분을 재고로서 보유하게 된다. 그렇게 함으로써 도매상들은 막대한 재고보유에 따른 제조업자의 재무적 부담과 위험을 감소시켜주게 된다. 또한 안정된 판로를 제공해주기 때문에 제조업자는 보다 확실한 생산계획을 세울 수 있게 된다.

(3) 주문처리 기능

대다수의 소매상들은 상품을 대량으로 구매하기가 어렵다. 따라서 제조업자는 자신의 생산규모에 관계없이 수많은 소매상들로부터 소량 주문을 받게 되어 주문 처리에 비용이 많이 들게 된다. 제조업자들이 소수의 집중화된 도매상을 상대하게 되면 주문 물량이 커지고 주문회수가 줄기 때문에 주문처리 비용을 감소시킬 수 있다.

(4) 시장정보제공 기능

일반적으로 도매상들은 지리적으로 고객들과 가깝고 다양한 고객정보를 확보하고 있다. 따라서 도매상들은 제조업자들보다 고객들의 상품이나 서비스에 대한 요구에 관하여 파악하기가 쉽다. 이와 같은 정보는 제조업자에게 전달되어 제조업자의제품계획, 가격결정, 경쟁적 마케팅전략 수립에 유용한 정보가 된다.

(5) 고객서비스대행 기능

도매상에서 상품을 구입하는 소매상들은 상품구매 이외에 다양한 유형의 서비스제공을 기대하고 있다. 소매상들은 상품의 교환, 반환, 설치, 보수, 기술적 조언 등을 필요로 하고 있고 제조업자가 이와 같은 서비스를 다수의 소매상에게 제공하는 것은 막대한 비용과 비효율을 초래하게 된다. 따라서 제조업자의 입장에서는 도매상들이 소매상들에게 이와 같은 서비스의 제공을 대행 또는 보조하도록 하는 것이 생산성을 향상시키는 방안이 된다.

나. 소매상을 위해 도매상이 수행하는 기능

소매상을 위해 도매상이 수행하는 기능으로는 구색갖춤 기능, 소단위판매 기능, 신용 및 금융 기능, 소매상서비스 기능, 기술지원 기능 등이 있다.

(1) 구색갖춤 기능

도매상은 다수의 제조업체로부터 상품을 제공받아 다양한 상품구색을 갖춤으로써 소매상의 주문업무를 단순화시킬 수 있다. 따라서 소매상은 다수의 제조업자들에게 직접 주문을 하는 대신에 그들이 필요로 하는 상품구색을 보유한 소수의 전문화된 도매상에게 주문을 할 수 있다.

(2) 소단위판매 기능

대규모 소매상을 제외한 중ㆍ소규모의 소매상들은 대부분 소량의 상품만을 주문한다. 그러나 제조업자의 입장에서는 많은 수의 소매상으로부터 소량씩의 주문을 직접 받는 것이 비경제적이기 때문에 대부분 일회 주문량의 최소단위를 제한하게 된다. 그러나 도매상들은 소매상들의 소량 주문에 응해주기 때문에 제조업자와 소매상 양자의 욕구를 만족시켜줄 수 있다.

(3) 신용 및 금융 기능

도매업자는 소매상에게 두 가지 방법으로 금융지원을 할 수 있다. 첫째, 외상판매를 확대함으로써 소매상들이 구매대금을 지불하기 전에 상품을 구매할 수 있는 기회를 제공한다. 둘째, 소매상들이 필요로 하는 많은 품목들을 보관하고 이용가능성을 증가시켜주는 기능을 수행함으로써 소매상들의 재고부담을 감소시켜 준다.

(4) 소매상서비스 기능

소매상들은 상품의 구매처로부터 배달, 수리, 보증 등 다양한 유형의 서비스를 요구하게 된다. 도매상들은 이 같은 서비스를 제공함으로써 소매상들의 노력과 비용을 절감시켜 준다.

(5) 기술지원 기능

많은 상품들은 상품사용에 대한 기술적 지원과 조언 이외에 상품 판매에 대한 조언을 필요로 한다. 이 경우 도매상은 숙련된 판매원을 통해 소매상에게 기술적 및 사업적 지원을 제공한다.

2.2 도매상의 유형

도매상에는 다양한 유형이 존재하고 있으며 일반적으로 제조업자 도매상, 상인 도매상, 대리인 및 중개인(브로커) 등으로 분류된다. 도매상과 대리인, 중개인의 차이점은 도매상이 상품의 소유권을 보유하는데 반해, 대리인·중개인은 상품을 소유하지 않고 단지 거래를 성사시키는 기능만을 하는데 있다.

가. 제조업자 도매상

제조업자 도매상은 독립적인 도매상이 아니라 제조업자에 의해 운영되는 도매상을 의미한다. 이와 같은 유형의 도매상으로는 제조업자의 판매지점이나 판매사무소를 들 수 있다.

제조업자는 재고통제와 판매 및 촉진관리를 향상시킬 목적으로 자신 소유의 판매지점이나 사무소를 설치하게 된다. 판매지점은 재고를 보유하고 있으며 목재업과 자동차장비 및 부품산업에서 흔히 이용된다. 판매사무소는 재고를 보유하지 않으며 건조상품과 실용잡화류 산업에서 자주 이용되고 있다.

나. 상인 도매상(merchant)

상인 도매상은 자신들이 취급하는 상품의 소유권을 보유하고 제조업체 또는 소매상과는 관련 없는 독립된 사업체로서, 가장 전형적인 형태의 도매상이다. 상인 도매상은 완전서비스 도매상과 한정서비스 도매상으로 대별된다.

(1) 완전서비스 도매상(full-line wholesale merchant)

완전서비스 도매상은 유통경로 상에서 물적소유, 촉진, 협상, 금융, 위험부담, 주문, 지불 등 거의 모든 활동을 수행한다. 또한 재고유지, 판매원의 이용, 신용제공, 배달, 경영지도와 같은 종합적인 서비스를 소매상에게 제공하기도 한다. 일반적으로 완전서비스 도매상은 광범위한 소매상들로 구성된 식료품이나 약품산업에서 많이 볼 수 있다. 특히 슈퍼마켓이나 편의점에서 판매되는 상품을 종합적으로 조달하여 배송해주는 종합도매상이 이러한 유형에 속한다.

(2) 한정서비스 도매상(limited-line wholesale merchant)

한정서비스 도매상은 그들의 고객에게 소수의 한정된 서비스만을 제공하는 유형의 도매상이다. 즉 완전서비스 도매상은 유통경로에서 수행되는 대부분의 도매상기능을 수행하고 있지만 한정서비스 도매상은 이들 기능 중 일부만을 수행한다. 한정서비스 도매상에는 현금거래 도매상, 트럭도매상, 직송매상, 진열도매상 등이 있다.

현금거래 도매상은 회전이 빠른 한정된 계열의 상품만을 소규모의 소매상에게 현금지불을 조언으로 판매를 하며 배달은 하지 않는다. 예를 들어 농수산물 소매업자가 도매상에 직접 가서 현금지불을 하고 소량의 농수산물을 구매하는 경우가 있는데 이러한 도매상이 현금거래 도매상이다.

트럭도매상은 트럭중개상이라고도 하며 주로 판매와 배달기능을 중심으로 영업한다. 이들은 식료품을 중심으로 한 부패성이 강한 한정된 제품계열을 취급한다. 주로 슈퍼마켓, 소규모 채소상인, 병원, 음식점, 호텔 등을 순회하면서 현금판매를 한다.

직송도매상은 주로 석탄, 목재, 중장비 등의 산업에서 발견할 수 있는 도매상 유형이다. 이들은 고객으로부터 주문을 접수하면 거래 조건에 적합한 제조업자를 찾게 되며, 상품은 제조업자로부터 고객에게 직접 운송된다. 이들은 재고를 가지고 있지 않으며 주문을 접수한 이후에서부터 상품의 배달까지만 위험을 부담하게 되므로 일반적으로 저렴한 비용으로 판매 가능하게 된다.

진열도매상은 주로 비식료품 분야인 잡화 및 의약품 소매상을 대상으로 영업한다. 진열도매상은 점포까지 상품을 배송해 주고 배달원이 상품을 선반에 진열하는 역할까지 수행한다. 진열도매상은 위탁판매를 하므로 상품의 소유권을 보유하고 최종소비자에게 판매된 상품에 한해서만 소매상에게 대금을 청구한다. 따라서 진열도매상은 배달, 선반진열, 재고유지, 금융 등의 다양한 서비스를 소매상에게 제공하게 된다.

다. 대리인 및 중개인(브로커)

대리인과 중개인(브로커)은 거래되는 상품에 대한 소유권을 보유하지 않는다. 단지 상품의 거래를 촉진시키는 역할만을 수행하고 있는 점에서 상인도매상과 차이가 난다. 이들 역시 상인도매상과 같이 취급하는 계열이나 고객의 유형에 따라 전문화된 분야에서 활동하게 된다. 이들의 주 기능은 상품매매를 용이하게 하고 그에 대한 대가로 일반적으로 판매가격의 2~6% 정도의 수수료를 받는 것이다.

(1) 대리인

대리인은 일시적인 거래가 아니라 장기적이고 지속적인 거래를 위해 구매자나 판매자 한 쪽을 대표한다. 대리인은 제조업자 혹은 판매인을 대리하거나, 구매인을 대리하여 특정 상품의 판매나 구매를 도와주는 역할을 한다.

(2) 중개인(브로커)

중개인의 주 기능은 구매자와 판매자 사이에서 거래협상을 도와주는 데 있다. 중개상은 재고를 보유하지 않고 금융에 관여하지도 않으며 따라서 거래에 대한 위험을 부담하지 않게 된다. 즉 그들은 구매자와 판매자 사이에서 거래를 촉진시키는 역할만을 할 뿐이다. 브로커는 그들을 고용한 측으로부터 일정액의 보수를 받는다.

2 농산물 도매시장

2.1 도매시장의 운영방식

가. 도매시장의 필요성 및 기능

(1) 도매시장의 필요성

농산물 유통에서는 도매시장의 비중이 큰데 이유는 채소, 과일과 같은 청과물은 부패하기 쉽고 저장성이 약하며, 산지가 전국 각지에 분산되어 있기 때문이다. 아울러 소매상이 영세하며 다양한 상품구색을 요구하고 있다. 따라서 다양한 종류의 농산물을 한 장소에 집결하여 거래를 신속하게 수행하고 공정하게 가격을 결정하며 대금정산이 신속히 이루어지는 도매시장이 필요하게 된다.

(2) 도매시장의 기능

수 집	다양한 품목을 풍부한 구색으로 집하
가격형성	경매를 통하여 수급을 반영하여 신속하고 공정하게 가격을 발견함.
분 산	다수의 소매업자 등에게 신속히 분배
결 제	판매대금을 신속하고 확실하게 결제
정 보	수급과 가격에 관한 정보를 수집하여 전달

나. 도매시장의 기구

(1) 시장개설자(관리자) : 도매시장관리공사, 관리사무소

시설의 정비 및 유지관리를 하며 업무의 허가 및 거래의 공정성 감시한다. 시장관리기구의 기능으로는 농수산물도매시장의 관리 및 운영, 유통업무 종사자에 대한 지도 감독, 도매시장의 거래질서 확립, 농수산물 유통구조 근대화 사업 등이 있다.

(2) 도매시장법인

생산자로부터 위탁되어진 상품을 경매 및 기타방법으로 중도매인(매참인)에게 판매하고 일정의 수수료를 취한다. 도매시장법인의 기능에는 첫째, 산지개발 및 수집, 둘째, 경매주관 및 정산, 셋째, 선대자금 및 외상 제공하는 금융기능, 경매결과의 보고 및 전파하는 유통정보기능이 있다.

〈표 5-1〉 가락동도매시장 도매법인 현황

구분	도매법인
청과	서울청과, 농협공판장, 중앙청과, 동화청과, 한국청과, 대아청과
수산	강동수산, 수협공판장, 서울건해
축산, 양곡	축협공판장, 농협공판장, 대한양곡

(3) 중도매인

도매법인이 주관하는 경매에 참여하여 물품을 구입하고 마진을 부쳐 소매상에게 판매하며 경우에 따라서는 하매인(앞자리상) 등을 통해 소매상에게 판매한다. 중도매인의 기능에는 분산 및 가격을 제시하는 평가 이외에 일부 중도매인은 상장예외품목을 중심으로 분산 활동과 더불어 산지 수집활동도 수행하고 있다.

(4) 매매참가인

중도매인과 함께 경매에 참여하여 물품을 구입하는 백화점, 할인점, 대량수요자 등 실수요자를 말한다.

(5) 관련사업자

농산물 거래에 참여하는 직접 참여하는 도매시장법인, 중도매인, 매참인 이외에 도매시장에는 운송업자, 하역노조, 식당, 약국, 은행 등이 있고, 정부기관으로는 잔류농약검사를 수행하는 보건환경연구원 등이 있다.

(6) 직판상

중도매인들로부터 상품을 구입하여 도매시장 내에서 일반소비자를 대상으로 판매(소매)를 한다.

(7) 소매상

백화점, 할인점, 슈퍼마켓, 단체급식업, 구멍가게 등 도매시장 중도매인으로부

터 물품을 구입하는 업자를 말한다. 백화점, 할인점, 단체급식업자 등 대형수
요자들은 도매시장 내에 구매사무소를 운영하고 있다.

다. 도매시장 유통체계

(1) 유통체계

도매시장 유통체계를 보면, 생산자가 직접 혹은 수집상을 통해 도매시장법인
에 농산물을 출하하게 되고, 도매시장법인은 경매 및 정가수의매매 방식을 통
해 위탁된 농산물을 중도매인에 배분하며 중도매인은 거래하는 소매상에 농산
물을 배송하게 된다(그림 5-2).

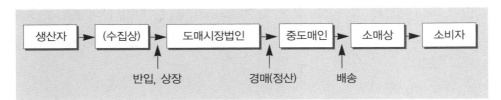

〈그림 5-2〉 농수산물 도매시장 유통체계

(2) 시간대별 과정

반입 및 경매준비는 저녁 6시~10시에 하며, 경매는 저녁 10시부터 일반적으
로 신선도 유지가 중요한 엽채류의 경매를 가장 먼저 시작하고 다음으로 일반
과채류, 과실류의 순으로 진행된다. 배송은 경락된 상품은 현장에서 도매되거
나 중도매인 점포에 옮겨져 계속 판매된다.

(3) 경매방법과 경매절차

도매시장에서는 기본적으로 상장경매를 기본적인 거래제도로 규정하고 있으
나 일부 품목에 대해서는 상장 예외를 인정한다. 2000년 농안법 개정이후에는
시장도매인(도매상)제도도 도입되었다.

경매의 종류는 수지식, 전자식, 기계식(시계식)으로 구분하거나 하향식(네덜란
드식), 상향식(영국식)으로 구분하기도 한다. 경매 방식으로는 이동식, 고정식(

꽃), 차상경매(무, 배추, 알타리무, 양배추 등) 등으로 나눌 수 있다.
경매 절차는 다음과 같다.

① 농산물을 시장내에 반입한다.

② 하차 및 선별은 하역노조원이 표준송품장에 의거해 물품을 확인하면서 하차하고 품목별, 출하주별, 등급별로 구분하여 판매장에 적재한다.

③ 판매원표 작성은 경매사가 판매원표에 일련번호, 생산자명, 품명, 수량 등을 기재한다.

④ 견본품 발췌는 고정식 판매품의 경우 경매에 사용될 견본품을 출하자별, 등급별로 발췌하여 경매장으로 운반한다.

⑤ 호창, 경락, 기록은 호창수가 경매번호, 생산자, 등급, 수량 등을 호창하면, 중도매인이 수기로 응찰금액을 표시하고 경매사는 최고가격 제시자에게 경락 시킨다.

⑥ 낙찰서 발부는 경매사보(기록수)가 경락단가와 낙찰자 번호를 판매원표에 기재하고 낙찰서를 작성하여 중도매인에게 건네 준다.

⑦ 상품인도는 하역노조원이 어느 출하주의 농산물이 어느 중도매인에게 경락 되었는지 건별로 기록하고 낙찰된 농산물을 해당 중도매인 점포로 배송한다.

⑧ 정산은 경매가 끝나면 경매사가 표준송품장과 판매원표를 합철하여 경리과로 보낸 후 출하조합에 경락상황을 팩스로 전송한다(만일 가격이 특별히 낮아 출하자가 경락을 취소하면 다음날 재 상장하기도 함). 경리과에서는 출하 농협별로 경락대금을 즉시 송금처리하고, 송금 받은 농협은 즉시 출하주별로 통장에 입금한다.

(4) 상장수수료와 출하장려금

도매시장에 출하하는 출하자는 도매법인에 일정의 상장수수료를 지불해야 한다. 상장수수료는 시장별로 약간의 차이는 있으나 판매액의 4~7% 수준으로 가락동도매시장의 경우 4%이다. 도매법인은 상장수수료 중 일부를 시장사용료 및 출하장려금 등으로 지불한다. 가락동도매시장의 경우 판매액의 0.5%를 도매시장 사용료로 관리공사에 지급한다. 출하자에 대한 출하장려금은 0.6~1.2%의 범위 내에서 출하실적이나 품질인증여부에 따라 지불하며, 중도매인에게도 수수료의 일부를 판매장려금으로 지급하고 있다.

(5) 표준송품장의 작성

도매시장에 출하할 경우 출하농산물의 내역을 기입하는 표준송품장을 작성하는 것이 유리하다. 판매원표 작성의 근거로 기재사항을 정확히 기재하여야만 업무착오를 없애고 대금정산도 신속히 이루어진다.

2.2 농산물 도매시장 현황 및 전망

가. 도매시장 현황

1) 도매시장 유형

농수산물 도매시장은 개설자에 따라 크게 도매시장, 공판장, 유사도매시장으로 구분될 수 있다. 도매시장은 「농수산물유통 및 가격안정에 관한 법률」에 의거하여 시장의 개설 및 허가를 받아 동법의 적용을 받으며 영업을 하고 있는 법정도매시장과, 「유통산업발전법」에 의해 시장허가를 받아 도매영업을 하고 있는 일반도매시장이 있다. 법정도매시장은 다시 중앙도매시장과 지방도매시장으로 구분된다. 중앙도매시장은 국고지원으로 개설된 도매시장 가운데 특별시와 광역시에 소재하는 것과 기타 농림수산부령으로 정하는 시장이 있으며, 지방도매시장은 중앙도매시장 이외에 각 지방에 개설되어 있는 시장을 말한다. 법정도매시장 가운데 정부와 지방자치단체가 공공 투자하여 시에서 개설하고 관리하는 시장을 공영도매시장이라 하며, 민간이 자기의 투자로 부지확보 및 건설을 하고, 특별시, 광역시, 도로부터 개설 허가를 받아 운영하는 도매시장을 민영도매시장이라 한다.

농수산물 공판장은 농업협동조합과 그 중앙회가 공익상 필요하다고 인정하는 법인으로서 시도지사의 허가를 얻어 개설하고, 공판장은 도매시장과 같은 거래 관계자를 두며 도매시장의 여러 가지 규정을 적용한다.

유사 도매시장은 정확한 개념이 확립되어 있지 않으나 일반적으로 농수산물 도매 거래를 위하여 농안법 제12조에 따라 개설한 법정 도매시장 이외의 시장을 말한다. 유사 도매시장은 시장으로서 형태를 갖추고 도매거래를 하고 있지만 법적으로 도매시장의 명칭을 사용할 수 없고, 농안법에 규정된 각종 보고의무가 없어 농림수산부나 지방자치단체의 감독으로부터 벗어나 있는 시장을 말한다.

2013년말 현재 공영도매시장 33개소, 일반법정도매시장 12개소, 민영도매시장 3개소가 운영 중에 있다. 농안법상 분류로 중앙도매시장 11개소, 지방도매시장 34개소, 민영도매시장 3개소가 있다.

〈표 5-2〉 도매시장 종류별 현황(2013년)

구분	계	투자주체별 분류			농안법상 분류		
		공영	일반법정	민영	중앙	지방	민수
시장수	48	33	12	3	11	34	3

*주 : 중앙도매시장은 서울가락, 부산엄궁, 부산국제수산, 대구북부, 인천구월, 인천삼산, 광주각화, 대전오정, 대전노은, 울산, 노량진수산 등이다.
*자료 : 농수산물유통공사, 『2013년도 농수산물도매시장통계연보』, 2014.

나. 도매시장 거래량 현황 및 전망

1) 도매시장 거래 물량 추이

농수산물 도매시장 거래물량은 2004년 6,484천 톤에서 2013년 7,467천 톤으로 연평균 1.6% 증가하였다. 도매시장 거래물량의 약 93%가 공영도매시장을 통해 거래가 이루어지고 있다. 공영도매시장의 거래물량은 연평균 1.8% 증가하였으나 일반법정도매시장은 3.6% 감소하고, 민영도매시장은 연평균 10.3% 증가하였다.

도매시장 거래금액은 2004년 83,070억 원에서 2013년 129,456억 원으로 연평균 5.1% 증가하였다. 공영도매시장과 민영도매시장의 거래금액은 각각 연평균 5.6%, 34.0% 증가하였으나 일반법정 도매시장은 각각 연평균 3.4% 감소하였다.

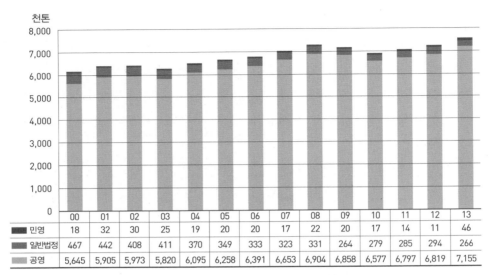

자료: 농수산물유통공사, 『2013년도 농수산물도매시장통계연보』, 2014

〈그림 5-3〉 농수산물 도매시장의 거래물량 추이

도매시장 전체로는 시장 수 확대로 거래 물량이 증가하고 있으나 기존 시장은 대형유통업체의 시장 이탈로 물량이 정체 내지 감소하고 있다. 가락시장의 경우 2013년 거래 물량은 청과 231.3만 톤, 수산 10.0만 톤, 축산 6.4만톤이다.

2) 도매시장 거래량 전망

수직적 조정의 관점에서 볼 때 소비지 대량 수요처가 산지와의 계약을 통한 직거래, 계약생산, 생산단계의 통합 등을 통한 거래 물량을 증가시킴에 따라 도매시장의 비중과 위상이 저하되고 있다.

유통환경의 변화와 유통진화단계로 볼 때 우리 나라에서도 농수산물 도매시장은 과거 위상에 비해 점차 그 중요성이 감소할 전망이다. 이는 농산물 거래 형태가 집중화된 현물 시장에서 분산화되고 통제가능한 시장으로 변화하면서 도매시장 거래가 계약에 의한 산지직거래, 계약생산, 수직적통합 등의 형태로 변화되고 있기 때문이다.

결국 농수산물 도매시장은 중장기적으로 경유 물량의 감소로 위상과 역할이 점차 위축될 것으로 보이나 앞으로 상당기간 농산물유통에 있어서 중추적인 기능은 지속적으로 수행할 전망이다. 특히 수집·분산, 가격결정, 상품구색, 비규격품 처리, 시장정보 등에 있어서는 도매시장이 여전히 중요한 기능을 수행할 전망이다. 우리의 농산물 생산·출하여건과 소매상 구조가 단시일 내에 변하지 않을 것으로 전망되기 때문에 앞으로도 상당기간 그 중요성이 유지될 것으로 예상되나 대규모 규격출하 여건이 갖추어진 산지와 대형수요처간의 직거래 물량이 증가할 전망이다. 또한 파렛트 출하품과 표준규격 상품의 도매시장 이탈이 가속화되고, 중장기적으로 도매시장은 비규격품 위주로 도시지역 영세 소매상(외식업체 포함)을 주요 고객으로 하는 것으로 재편될 전망이다.

미국, 유럽 등 선진국도 대형유통업체가 성장하고 청과물수입이 증가하면서 도매시장의 비중이 감소하고 있다. 미국의 경우 청과물 유통물량중 도매시장 경유율은 30%에 지나지 않고 유럽도 40~50%에 불과하다. 일본은 도매시장 경유율이 미국이나 유럽에 비해 높아 채소 83%, 과일 63%에 이르고 있으나 일본에서도 도매시장 경유율은 감소하고 있다.

2.3 도매시장의 운영상 문제점

첫째, 공영도매시장이 수요보다 과다하게 건설되어 일부 시장의 운영이 활성화되지 못하고 있다. 절대 거래 금액 면에서는 부산엄궁, 대구북부, 광주각화, 구리 시장을 제외하고는 대부분의 시장이 가락시장 거래금액의 10%에도 미치지 못하고 있다. 중소도시의 신설 도매시장(대전노은, 강릉, 포항, 창원 등)은 평당 거래금액이 가락시장의 10%에도 미치지 못해 운영이 극히 부진한 실정이다.

둘째, 산지와의 이해가 상충하고 있다. 도매시장의 실질적인 주체가 영세규모의 중도매인들로서 이들의 전근대적인 상행위로 인하여 산지의 표준규격화, 물류개선 등 유통개혁노력이 수용되지 않고 있다.

셋째, 여러 가지 제도개혁에도 불구하고 비효율 고비용 구조를 타파하지 못해 유통마진이 종합유통센터, 대형유통업체 등 경합적 유통경로에 비해 높은 문제점을 보이고 있다.

넷째, 도매시장 시설과 장비가 물류표준화 및 기술발전 추이를 고려하지 않고 도입되어 산지의 예냉, 물류개선 등의 노력을 저해하고 있다.

다섯째, 도매시장내 하역이 기계화되지 못해 하역효율이 떨어지고 있다. 가락동 도매시장과 양재동 종합유통센터의 하역효율을 비교하면, 가락시장이 약 30%정도 낮다.

여섯째, 다양한 제도개혁과 운영혁신에도 불구하고 상인들의 불공정 행위가 지속되고 있다. 상장거래와 상장예외거래 등 거래제도의 혼재로 시장질서 확립이 어려운 실정이며, 일부 시장의 경우 기록상장 등 불법행위가 잔존하고 있다.

일곱째, 중도매인의 규모가 영세하여 물류개선을 저해하고 있으며, 규모의 경제에 따른 이득을 실현하지 못하고 있다. 아직도 많은 수의 영세규모 중도매인들은 경영합리화를 통하기보다 물량마진, 후려치기, 재선별 등 불공정행위를 통해 이윤을 확보하려고 하고 있다. 연간 매출액이 5억 미만인 중도매인이 전체의 45%인 반면 연간 매출액이 30억을 넘는 중도매인은 전체의 5.2%에 불과하다.

여덟째, 도매시장 개설자인 지자체는 관리자로서 전문성이 떨어지고 시장질서 확립 등 시장의 관리, 감독을 철저히 하지 않는 경우가 많이 있다. 특히 가락동 도매시장의 경우 유통개혁대책의 수립과 시행에도 불구하고 시장질서가 오히려 더 문란해졌다는 평가도 있다.

2.4 도매시장 발전 방향

가. 운영효율화(비용절감)

비용절감을 위한 운영효율화 방안으로는 첫째, 물류체계를 개선하기 위해서는 하역기계화 체계를 구축하고, 표준하역비 제도의 현실적인 추진이 필요하며, 냉장유통체계(콜드체인) 구축을 위한 시설도 보완해야 한다.

둘째, 법인 및 중도매인의 구조조정으로 시장 참여자의 규모화가 필요하다.

셋째, 경매제 이외에 효율성 높은 거래제도를 확대하고, 도매상 제도의 경우 출하주 보호장치 등 보완책 마련 후 신중한 도입으로 거래 제도를 개선토록 한다.

넷째, 법인 및 중도매인의 운영효율화를 위한 영업규제를 완화해야 한다. 예를 들어 겸영사업을 확대 등 규제를 완화해야 한다.

다섯째, 법인 및 중도매인의 정보화에 의한 효율성을 제고하며, 전자상거래 대응체계를 구축하여 정보화에 앞장 서야 한다.

나. 기능보완(서비스확대)

첫째, 유통업체의 휴일 매출 확대에 따른 도매시장 휴장일을 조정하여 현행 토요일에서 일요일로의 조정이 요구된다.

둘째, 보관 기능을 확대하여 재고의 일시적 보유에 의한 수급조절을 통해 가격안정화를 꾀하여야 한다.

셋째, 잔류농약검사 등 안전성관리를 함으로써 안전성검사 기능을 확대해야 한다.

넷째, 농산물 취급 요령 교육 등 농산물 취급 노하우 축적에 따른 소매상 영업을 지원하도록 한다.

다섯째, 상품개발 방향, 소비자 기호와 같은 정보 제공 등으로 산지의 상품화를 지원하는 등 산지 지도 기능이 필요하다.

여섯째, 가격, 거래물량, 반입물량 등 유통정보의 정확도 개선 및 효율적인 전파로 인해 유통정보의 유용성을 높여야 한다.

일곱째, 별도 매장 설치 등 친환경농산물에 대한 우대책을 강구하도록 해야 한다.

라. 공정성 강화

첫째, 중도매인 경영실태를 조사하고 정보보고를 의무화하여 경영의 투명성을 제고해야 한다.

둘째, 전자경매시 사후 가격 조정에 따른 투명성을 확보하고, 상장예외 품목의 거래투명성을 제고하여 공정성을 강화해야 한다.

셋째, 시장 감독 기능을 강화하여 개설자가 도매시장법인, 중도매인의 불공정 행위를 강력히 감독해야 한다.

마. 인력육성

중도매인에 대한 경영 및 마케팅 교육을 강화하며, 노령 중도매인의 경영권 이양 촉진방안을 모색하고 후계자를 육성하여 중도매인의 세대교체를 원활히 도모해야 한다.

바. 시장질서 확립

첫째, 유사도매시장을 정비하여 공영도매시장 입주 상인과 공정한 경쟁을 유도하고, 유사도매시장은 민영도매시장화하여 제도권으로 흡수하는 것이 바람직하다.

둘째, 쓰레기 처리 및 비허가 상인을 단속하여 시장 환경을 개선토록 한다.

셋째, 선진국 도매시장에서와 같이 출입카드제를 실시하고 반출입 시간을 제한하여 도소매 분리를 추진하는 것이 바람직하다.

3 농산물 종합유통센터

3.1 종합유통센터의 개념

우리 나라에서 농산물 물류센터는 물류흐름의 다원화라는 측면에서 도매시장의 대안으로 추진되어 왔기 때문에 단순한 물류기능만이 아니라 농산물의 도매기능이라는 상적 기능이 강조되어 왔다.

서구 물류센터의 사례에서 알 수 있듯이 도매기관으로서 물류센터가 성공하기 위해서는 가맹점을 다수 확보하여 집배송 기능을 활성화시켜야 한다. 서구의 경우 소매점체인 또는 도매상이 물류센터를 건립한 것과는 달리, 우리는 생산자단체가 물류센터를 건립, 소매점을 조직화하는 전방통합(forward integration)형이다. 또한 아직 직영점 및 가맹점이 충분하게 확보되지 않은 상태에서는 다양한 형태의 도매활동이 불가피하다. 집배송에 의한 도매물류사업과 더불어 현장판매와 현금무배달형 도매활동 필요하다. 농협이 운영하는 농협유통센터는 일본의 집배센터와 유사한 형태이나, 도매뿐 아니라 소매를 적극적으로 수행하고 있다(표 5-3).

도소매라는 상적기능과 함께 다양한 물류기능을 수행하는 우리의 농수산물 종합유통센터는 농수산물의 출하경로를 다원화 하고 유통비용을 절감시키기 위해 농수산물의 수집·포장·가공·보관·수송·판매 및 그 정보처리 등 농수산물의 물류활동에 필요한 시설과 이와 관련된 업무시설을 갖춘 사업장으로 정의될 수 있다.

〈표 5-3〉 물류센터의 유형별 특성

구분	체인본부형	도매회사형	현금무배달형	집배센터형	한국농협형
운영주체	슈퍼마켓 및 할인점 체인본부	도매회사	도매회사	생산자단체	생산자단체
대표업체	Kroger, Safeway	SuperValu, Sysco	Metro, Jetro	일본 전농 집배센터	농협유통
통합방형	후방통합형	전후방통합형	비통합형	전방통합형	전방통합형
판매유형	집배송	집배송	현장판매	집배송 + 현장판매	집배송 + 현장판매 + 직판(소매)
기능	물류기능위주 (상적기능은 본부에서 수행)	물류기능위주 (상적기능은 본부에서 수행)	물류기능 + 상적기능	물류기능 + 상적(도매) 기능	물류기능 + 상적(도매) 기능

종합유통센터의 도매활동은 일본 집배센터와 마찬가지로 기존 도매시장의 경매방식과 달리 예약상대거래 체제로 이루어지고 있다. 원래 물류센터는 도매 위주로 운영되지만 우리의 종합유통센터에서는 소매가 중요한 기능을 수행하고 있다. 종합유통센터가 소매기능을 하는데 대해 비판적 시각도 있으나 현 단계에서 도매업의 사업기반이 취약하기 때문에 도매활성화에 장시간이 소요될 전망이므로 소매는 도매기능을 보완하는 측면에서 중요하다. 종합유통센터에서의 소매기능은 유통단계 축소에 의한 직거래 형태라는 점에서 생산자와 소비자들에게 유통비용 절감의 혜택을 곧 바로 환원하고 있다.

3.2 종합유통센터의 역할과 기능

가. 역할

종합유통센터는 단순한 수집, 분산 기능 뿐 아니라 다양한 상적, 물적 기능을 수행하는 신유통의 주체로서 도매시장과는 차별화되는 역할을 수행하고 있다. 구체적으로는 첫째, 경매제도의 불안정성을 극복하는 거래제도 및 가격결정 방식을 도입한다. 둘째, 유통정보를 효과적으로 수집하여 생산자에게 전달한다. 셋째, 신상품을 개발하는 등 생산을 리드한다. 넷째, 물류체계 개선을 통한 물류합리화를 도모한다. 다섯째, 포장, 가공 등 부가가치를 창출한다. 또한 종합유통센터는 기존 도매시장과는 다른 형태의 물류시스템으로 농산물 유통경로를 다원화함으로써 생산농가의 출하선택의 폭을 넓혀 안정적인 상품 공급과 계획적인 생산을 유도하고 농산물의 원활한 수급조절과 판매 처리 능력을 확대시킨다(표 5-4).

〈표 5-4〉 도매 시장과 종합유통센터의 차이점

구분	종합유통센터	공영도매시장	비고
1. 개설 · 관리 · 운영	개설자가 관리 · 운영	개설자 : 시 관리 : 관리공사 운영 : 지정도매인	개설 · 관리 · 운영의 일원화
2. 도매 유통단계	개설자가 지정도매법인 및 중도매인의 역할 수행 1단계	개설자(관리공사) 도매시장법인, 중도매인, 매참인, 앞자리등 3~4단계	유통단계 축소
3. 출하규격 – 하역방법	대포장 또는 소포장 기계화 작업	대포장 또는 산물수작업 (하역노조)	물류의 효율화 및 쓰레기 방지
4. 출하물량	사전발주 원칙	제한없음	출하자 제한
5.가격결정	예약수의거래	경매원칙	생산자 · 소비자 납득수준 결정
6. 판매처	직영점,수퍼체인 등 회원	제한없음	
7. 취급품목	가공식품, 양곡, 생필품까지 확대	1차 농 · 수 · 축산물	소매점 원스톱 쇼핑가능
8. 상품화 기능	단순가공, 소포장 실시	상품화 기능 없음	소비자 수요 부응
9. 유통정보	PC, FAX 또는 온라인 EDI, VAN	전화 또는 대중매체	
10. 공급방법	Cash & Carry원칙 선택에 의한 배송가능	구입자 책임 배송	

---

5) 농수산물유통 및 가격안정에 관한 법률 제2조8항

생산자와 소비자가 직결된 형태로 중간상인을 배제하고 유통경로를 단축함으로써 유통비용을 절감하여 수취가격제고와 소비지의 가격안정에 기여한다. 이처럼 종합유통센터가 도매시장법인과 중도매인의 역할을 통합 수행함으로써 유통단계가 2단계 이상 단축된다. 마지막으로 예약상대거래방식의 도입으로 산지 및 유통업체가 직면하는 가격변동 리스크를 완화시키는 역할을 한다.

나. 기능

수집 분산	청과물은 생산자, 포장센터, 간이집하장 등 생산지로부터 예약수의 거래에 의하여 수집하고 가공식품의 경우 가공공장으로부터 주문을 통하여 수집함과 동시에 소매상, 대량 수요처 등 수요자에게 적정한 가격으로 물량을 분산시킴
보관 · 저장	수집된 상품을 배송하기 전까지 보관하고 신선도가 유지되는 상품에 대해서는 판매 전까지 상품성이 유지되도록 저장함으로써 수급 변동에 따른 가격의 변동폭을 완화함.
소포장 및 유통가공	고객의 편리성 지향 등 수요자의 다양한 기호에 맞춰 부분육 가공, 곡류의 정선, 배합 등의 기능을 수행함.
정보처리	생산자의 희망가격, 수급동향, 시황을 감안한 예약수의 거래방식을 도입, 적절한 범위 내에서 가격을 결정함으로써 농산물의 안정적인 공급을 할 수 있도록 함.
직판	도매 후 남는 잔품 등을 일반소비자들에게 소매형태로 판매

다. 종합유통센터의 유통체계

농산물 종합유통센터의 유통체계는 1단계 신청(주문), 2단계 발주, 3단계 출하, 4단계 배송 및 현장판매 단계로 구분할 수 있다(그림 5-4).

1단계인 주문은 주요 거래처(고객)에서 각종 정보시스템을 통하여 주문을 받는다. 장기적으로는 직영점 또는 가맹점의 경우 판매실적이 종합유통센터 호스트 컴퓨터에 자동 보고되어 판매량에 대한 정보를 원활히 입수함으로써 필요 물량을 자동으로 공급할 수 있도록 한다.

2단계인 발주는 가맹점 및 주거래처에서 주문한 물량을 참조하여 필요한 물량을 생산자 또는 출하단체, 포장센터, 청과물종합처리장, 미곡종합처리장, 가공공장에 주문한다.

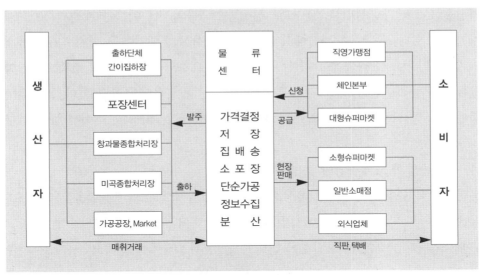

〈그림 5-4〉 종합유통센터의 유통체계

3단계인 출하(입하)는 주문 받은 물량을 생산자 또는 출하단체, 산지유통센터, 미곡종합처리장, 가공공장에서 종합유통센터로 직송한다.

4단계인 배송 및 현장 판매는 종합유통센터에서 거래 소매점으로부터 주문 받은 물량을 배송하거나 현장에서 상인들에게 판매한다. 아울러 직판장을 통해 일반 소비자에게도 소매로 판매한다.

3.3 종합유통센터 운영 현황 및 성과

가. 운영 현황

1998년부터 시작된 정부의 종합유통센터 건립사업은 2013년 총 18개소가 건립되었으며, 이중 지방자치단체 등이 설립하여 민간에 경영을 위탁한 공공유형이 10개소, 농수협 등 민간유형이 8개소이다. 이 중 농협이 14개소를 운영하고 있다.

운영이 정상화된 13개 종합유통센터의 2013년 총매출액은 2조 9천억원 수준이다. 종합유통센터의 매출은 도매 39.3%, 소매 60.7%의 비중으로 구성되어 있으며, 부류별 매출비중은 양곡 8.7%, 청과류 20.4%, 축산물 20.3%, 수산물 9.4%,

특산물 1.2%, 가공생필품 40.1%로 신선농수산물의 비중이 전체매출의 70.7%를 차지하고 있다. 종합유통센터에서 취급하는 농산물의 대부분은 산지 직구매를 하고 있으나, 특수한 가공을 요하는 구색상품, 수요자의 긴급발주 및 소량으로 인한 물류비용이 과다한 극히 일부품목은 도매시장 등에서 조달하고 있다. 도매시장 등에서 구입하는 주요 품목으로는 삶은 나물, 깐 생강, 해초류, 버섯류 등이 있다.

나. 농협중앙회 도매사업단 운영 현황

농협중앙회가 운영하는 종합유통센터 등은 개별적으로 도매사업을 추진해오다 2006년 이후 도매사업이 도매사업단으로 통합되어 오늘에 이르고 있다.

도매사업단은 소매점에서 발주를 받아 이를 산지조직에 주문하고, 산지조직에서는 도매사업단으로 주문된 상품을 배송하는 일반적인 물류체계를 가지고 있다. 그러나 산지에서 소매점으로 배송하는 방식은 일반 대형유통업체와 달리 직송·루트배송·통합배송의 3가지 방식에 따라 상품이 배송되고 있다.

직송은 차량단위로 산지에서 소매점으로 직배송되는 것으로 주로 거래물량이 많은 성수기 품목에 적용되고 있다. 또한 근교 생산품 중에서도 선도 유지가 필요한 경우도 직송으로 배송되고 있다.

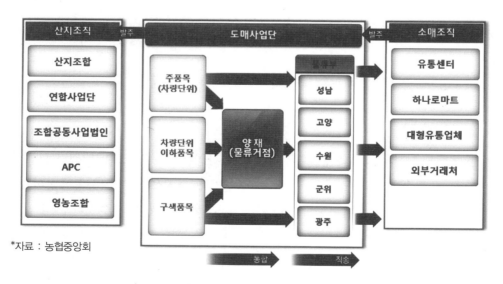

〈그림 5-5〉 농협중앙회 도매사업단 사업방식

루트배송은 소매점별 입고량이 차량단위 이하일 경우 산지에서 2개 이상의 소매점으로 순환 배송하는 방법이다. 그러나 최근 양재센터로의 통합배송이 강화되면서 루트배송 물량은 감소추세를 보이고 있다.

통합배송은 2008년부터 강화되고 있는 배송방법으로, 취급물량이 적어 직송 또는 루트배송이 어려운 품목을 중심으로 거점 물류센터를 통해 각 소매점으로 배송되는 방법으로 현재 통합배송의 거점 물류센터 역할은 양재에서 담당하고 있다. 도매사업단의 청과물도매사업 실적은 2008년 3,253억원에서 2013년 6,786억원으로 크게 성장하였다.

〈표 5-5〉 농협중앙회 도매사업단 사업실적(2008~2013)

단위 : 억원

구분	2008	2009	2010	2011	2012	2013
매 출 액	3,253	4,627	5,709	5,747	6,622	6,786

*자료 : 농협중앙회

2013년 도매사업단 청과물도매사업 실적을 부류별로 살펴보면[6], 과일류가 전체 실적의 34.7%인 89,858톤을 차지하였고, 채소류는 63.8%인 165,290톤, 특작류는 3,949톤으로 1.5%를 차지하였다. 매출액 기준으로는 과일류의 비중이 49.5%, 채소류는 55.7%를 차지하였다.

도매사업단의 주요 판매처는 유통센터가 전체의 65.5%인 3,742억원을 차지하고 있으며, 다음으로 지역농협 하나로마트가 11.3%인 646억원, 중앙회 직영마트가 9.9%인 564억원, 현장판매는 6.3%인 357억원을 차지하고 있다.

농협계통 판매장의 비중은 2013년 88.6%로 농협중앙회 청과물도매사업이 주로 농협 계통점 위주로 편중되어 있음을 알 수 있다.

---

6) 농협중앙회 청과물도매사업의 판매경로 및 물량분석을 위해 2010년 실적 자료를 이용하였다.

다. 운영 성과

첫째, 종합유통센터는 도매시장과는 다른 새로운 유통체계를 구축하여 농산물 유
통경로 다원화와 유통효율화에 기여하고 있다. 종합유통센터 경유시 유통단계는
생산자 → 산지출하조직 → 종합유통센터 → (소매상) → 소비자로 2~3단계에 불
과하나 도매시장 경유시는 생산자 → 산지출하조직 → 도매시장법인 → 중도매인
→ (하매인) → 소매상 → 소비자로 4~5단계로 종합유통센터 유통경로가 2~3단
계 단축된다(그림 5-6).

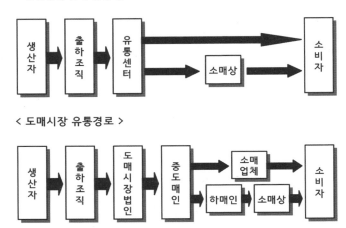

〈그림 5-6〉 종합유통센터와 도매시장의 유통경로 비교

아울러 종합유통센터는 도매시장관리사무소, 도매시장법인, 중도매인의 역할을
통합하여 수행하며, 직판의 경우는 소매까지 통합하기 때문에 효율성이 높은 유
통경로이다.

둘째, 표준규격품 출하유도 및 물류체계 개선 촉진 등 산지유통개선에 기여하고
있다. 규격포장품 출하율은 과일 75~95%, 채소 65~90% 되며, 파렛트 출하율은
과일 50~70%, 채소 15~20% 된다.

셋째, 유통경로 단축과 유통의 물적 효율성 제고에 따른 유통비용 절감으로 생산자 및 소비자 이익을 증대한다. 종합유통센터의 농산물 가격은 대형할인점에 비해 평균적으로 약 7.3% 저렴하고, 백화점과 수퍼마켓에 비해서는 각각 10.0%, 10.2% 저렴한 것으로 조사되었다(김동환 외, 2002).

넷째, 소비자 정보의 신속한 수집과 다양한 행사를 통한 도농교류를 활성화한다. 직판 병행으로 소비자 기호의 즉각적인 파악하며, 예냉품, 신규격품 등 차별화된 신상품을 판매한다.

3.4 종합유통센터 운영상 문제점

가. 도매물류사업 부진

종합유통센터가 소매 위주로 운영되어 도매물류사업이 부진하다. 도매물류사업이 부진한 이유는 다음과 같다(표 5-6).

〈표 5-6〉 종합유통센터에서 도매사업이 부진한 이유

내부적 역량문제	외부적 환경문제
• 전문인력 부족, 대체인력 수급 곤란 • 센터에 따라서는 도매물류 작업장이 협소하여 도매물류가 제약되기도 함. • 투자 의사결정이 경직되어 필요시 설치 및 설비가 미비된 경우도 있음.	• 세금계산서 발급으로 매출 노출 • 채권관리의 경직성으로 중소업체는 담보 내에서만 외상거래하며, 현장도매의 경우에 현금 거래만 허용
• 바이어에 대한 인센티브 부족 　(평가제도 미흡) • 거래처별로 상이한 상품 규격 및 포장규격 요구로 대응 곤란 • 수입품 미취급으로 상품구색 취약 • 도매시장에 비해 고가격으로 경쟁력 취약 • 관내 위주의 농산물 조달로 상품력 취약	• 소매 때문에 대형유통업체들이 농협유통센터를 경쟁상대로 인식하여 구매 회피 • 계통점(회원조합 하나로마트)도 유통센터 구입 회피(바이어 구매회피, 중도매인의 신축적인 영업으로 유통센터 경쟁력 저하) • 일반 유통업체가 특정 품위만 요구 • 잦은 세일로 가격할인요구 • 유통업체가 기존 거래처를 고수하는 경향

나. 입지여건 등을 반영한 운영차별화 미흡

천안, 전주, 군위 등 대도시에 입지하지 않고 산지에 입지한 종합유통센터들은 소매와 도매 모두가 활성화되어 있지 않아 매출이 부진하며, 장기적으로 운영부실의 가능성이 크다. 또한 산지형 유통센터들은 소매가 부진함에도 불구하고 도소매 혼합형 운영방식을 추구하는 문제점을 보이고 있으며, 도매활성화를 위한 구체적인 방안도 미흡한 실정이다.

다. 가격결정의 독자성 및 예약거래 체계 미구축

물량 부족으로 가격결정의 주도력을 확보하지 못하고 가락동도매시장에 의존하고 있다. 종합유통센터의 가격은 가락동도매시장 가격을 기준으로 약간 높은 수준에서 결정하고 약간 시차를 두고 조정하고 있으나 독자적으로 안정적인 가격을 생산자들에게 제시하고 있지 못하고 있다.

종합유통센터는 도매시장과 달리 예약거래로 생산자들에게 안정성을 주어야 하나 발주의 리드타임이 점차 짧아지는 등 문제점을 보이고 있다. 당초 계획한 물량 및 가격에 대한 예약상대 거래체제가 실질적으로는 제대로 구축되지 못하고 있다.

라. 유통센터간 통합 및 조정 기능 취약

농협 계열 종합유통센터 운영이 자회사, 중앙회 분사 등으로 다원화되어 경영의 통합성과 센터간 업무 조정이 어렵다. 자회사도 농협유통, 농협충북유통, 농협대구경북유통, 농협대전유통 등으로 분산화되어 시너지 효과 발휘 미흡하다. 이에 반해 E-Mart, Lotte Mart, 홈플러스 등은 전국적으로 수십개의 매장을 단일 경영시스템으로 운영함으로써 규모의 경제성과 통합의 효과를 발휘하고 있다.

마. 정보시스템 활용 미흡

도매거래처와 산지출하조직과의 전산수발주(EDI) 시스템의 활용이 미진하다. 아울러 종합유통센터가 정보화를 통해 산지출하조직과의 연계성을 강화하고 운영 효율성을 높여야하나 정보화가 미흡하다. 특히 최근 논의가 활발한 SCM(Supply

Chain Management) 도입에 관한 연구 검토가 필요하다. 소매 측면에서도 Data Warehouse, CRM 등 첨단 유통정보시스템 활용에 의한 소비자 기호변화 분석 및 관련 정보의 전파가 미흡하다.

3.5 종합유통센터 발전방향

가. 도매물류사업 활성화

농산물 종합유통센터가 농산물유통의 중추적인 기능을 담당하기 위해서는 현재보다 도매기능이 활성화되어야 한다. 소매업체간 경쟁이 심화되면서 앞으로 대부분의 유통센터에서 소매매출이 정체될 것으로 예상되며, 농협유통사업의 지속적인 성장을 위해서는 도매매출의 확대가 필수적이다. 종합유통센터 개설 이후 소매 위주로 영업하여 수익 기반을 갖추고 있기 때문에 지금부터라도 도매 확대에 주력해야 한다. 산지 출하자들의 구입 물량확대에 대한 요구도 도매매출 확대를 통해 달성이 가능해야 한다. 아울러 출하자에 대해서도 기존 도매시장 유통경로와는 차별화된 편익을 제공해야 한다.

나. 유통센터간 통합·조정 기능 강화

종합유통센터가 운영효율을 높이고 소기의 정책목표를 달성하기 위해서는 유통센터간의 통합 및 조정 기능이 필수적이다. 구미의 대형유통업체들은 수백개에서 수천개의 점포를 단일 경영체에서 운영하며, 우리 나라의 E-Mart, 삼성 Tesco, 까르푸 등도 수십개의 점포를 체인스토어 방식으로 운영하고 있다.

종합유통센터 사업방식이 생산자단체형, 공공유형 등으로 다양하여 운영주체의 단일화가 곤란한 측면이 있지만, 소유권을 단일화하지 않더라도 체인오퍼레이션[7] (chain operation) 시스템의 도입이 필요하다.

---

7) 체인오퍼레이션이란 다수의 점포를 단일 경영으로 통합하여 운영을 표준화시키고 규모의 경제성을 도모하여 저비용 운영체계(low cost operation)를 구축하는 것이다.

다. 가격 안정화 및 실질적인 예약상대거래 체계 구축

출하자 및 소매업체 모두 가격불안정성의 문제점을 크게 인식하고 있어 가격안정화 대책이 필요하다. 아울러 출하자에게는 실질적인 예약거래 체제를 구축하여 경영의 안정성을 도모시켜야 한다.

라. 산지형 종합유통센터의 운영활성화

대도시 배후상권을 가지고 있지 않은 산지형 종합유통센터의 운영활성화 방안 모색이 필요하다. 이들 유통센터들은 소매가 활성화되지 않아 센터 운영 전반이 부실화되어 운영 활성화 방안 마련이 시급하다.

마. 유통정보화 및 전자상거래 추진

단순한 운영관리 시스템뿐 아니라 광범위한 데이터분석을 수행할 수 있는 Data Warehouse 구축 및 CRM, SCM 등 첨단 유통정보시스템 구축이 필요하다.

○ 도매상은 제조업체로부터 상품을 조달하여 이를 소매상 혹은 다른 도매상에게 판매하는 유통기관이다.

○ 도매상은 유통경로 상에서 발생하는 소유권이전, 물류, 촉진, 금융, 위험부담, 협상, 주문, 지불활동 등의 기능을 수행하고 있다.

○ 제조업자를 위한 도매상의 기능으로서는 시장확대, 재고유지, 주문처리, 시장 정보제공, 고객서비스 대행 등 기능이 있다.

○ 소매상을 위해 도매상이 수행하는 기능으로는 구색갖춤, 소단위판매, 신용 및 금융, 소매상서비스, 기술지원 등 기능이 있다.

○ 도매상의 유형에는 일반적으로 제조업자 도매상, 상인 도매상(merchant), 대리인 및 중개인(브로커)등으로 분류된다.

○ 도매시장은 수집, 가격형성, 분산, 결제, 정보 등 기능을 하고 있다.

○ 도매시장의 기구는 시장개설자(관리자), 도매시장법인, 중도매인, 매매참가인, 관련사업자, 직판상, 소매상으로 구성되어 있다.

○ 도매시장의 유통체계는 생산자가 직접 혹은 수집상을 통해 도매시장법인에 농산물을 출하하게 되고, 도매시장법인은 경매를 통해 위탁된 농산물을 중도매인에 배분하여 중도매인을 거래하는 소매상에 농산물을 배송하게 된다.

○ 농수산물 도매시장은 개설자에 따라 크게 도매시장, 공판장, 유사도매시장으로 구분될 수 있다.

○ 도매시장은 법정도매시장과 일반도매시장이 있으며, 법정도매시장은 다시 중앙도매시장과 지방도매시장으로 구분할 수 있다.

○ 도매시장의 운영상 문제점으로는 공영도매시장의 과다한 건설, 산지와의 이해상충, 비효율 고비용 구조, 물류표준화 및 기술발전을 고려하지 않은 시설과 장비 도입, 하역의 기계화 미비, 상인들의 불공정한 행위, 중도매인의 영세한 규모, 개설자의 전문성 부족 및 시장의 관리와 감독 소홀 등을 들 수 있다.

○ 도매시장의 발전을 위해서는 운영효율화(비용절감), 기능보완(서비스확대), 공정성 강화, 인력육성, 시장질서 확립 등이 요구되고 있다.

○ 농수산물 종합유통센터는 농수산물의 수집·포장·가공·보관·수송·판매 및 그 정보처리 등 농수산물의 물류활동에 필요한 시설과 이와 관련된 업무시설을 갖춘 사업장으로 정의할 수 있다.

○ 종합유통센터는 경매제도의 불안정성을 극복하는 거래제도 및 가격결정 방식 도입, 유통정보를 효과적으로 수집하여 생산자에게 전달, 생산 리드, 물류합리화 도모, 포장, 가공 등 부가가치 창출, 농산물 유통경로의 다원화 등 역할을 수행하고 있다.

○ 종합유통센터의 기능은 수집·분산, 보관·저장, 소포장 및 유통가공, 정보처리, 직판 등을 하고 있다.

제6장 산지 유통

1 산지유통기능

농산물 유통은 농산물을 생산하는 농민의 손을 떠나는 시점(출발지, 산지)과 최종소비자들이 구매하는 시점(종착지, 소비지) 사이에 존재하는 시간적, 공간적, 물리적 간격 또는 장애물들을 수많은 매개자들과 시설, 수단들이 개입하여 해결하는 과정 또는 절차(process)이다.

농산물 유통은 생산과 소비 사이의 간격을 중간유통 주체의 유통기능을 통해 해결하면서 소비자들의 욕구를 충족하여 효용(utility)을 증대시키기 때문에 **유통은 생산적이다(Marketing is productive).** 즉, 중간유통주체의 유통기능은 장소적, 시간적, 형태적, 소유권적 효용을 증대시키기 때문에 생산적이다. 경제학자들은 생산을 효용창출로 정의하는데 이는 유용한 재화와 서비스를 만드는 과정에서 효용이 발생하기 때문이다. 생산과정에서 창출되는 효용이 바로 **형태효용, 장소효용, 시간효용**, 그리고 **소유효용**이다.

농산물 유통단계를 산지유통, 도매유통, 소매유통으로 구분할 때, 산지유통은 농산물 유통과정의 출발점으로 생산농민과 생산자단체, 산지유통인(수집상)들이 농산물을 생산하여 선별포장, 표준등급화, 가공, 저장, 운송, 거래(교환), 금융 및 위험부담, 정보제공 등 다양한 기능을 효율적으로 수행한다. 산지유통주체들이 산지에서 이러한 유통기능을 수행하므로써 효용을 창출해 내기 때문에 농산물 유통에서 산지유통은 유통의 출발점으로 중요한 위치를 차지하고 있다.

1.1 농산물의 1차교환 기능

농산물은 파종하기 이전, 파종 후 수확 전, 또는 수확 직후 논밭이나(포전, 圃田) 농가가 수확하여 창고에서 보관 중에 생산농가와 산지유통인(수집상), 생산농가와 농협이나 영농조합 등 생산자단체 사이에 1차적인 거래(first handling)가 이루어진다. 일반적으로 산지에서 생산농가로부터 농산물을 구입하거나 판매위탁을 받는 유통주체를 **1차 거래자(first handler)**라 한다. **산지**(shipping-point)에서 농산물을 수집하는 상인이라 하여 **수집상(shipper)**라고도 일컫는다.

산지에서 생산자, 생산자단체, 산지유통인 등 거래상대자 간에 이루어지는 거래방식에는 포전거래, 계약거래, 정전거래, 산지공판(산지공동판매) 등이 있다. **포전거래(圃田去來)**는 흔히 밭떼기거래 또는 **입도선매(立稻先賣)**라고도 하며, 무, 배추, 당근, 양배추, 대파, 양파 등 주로 채소에서 많이 이루어진다. 사과, 배, 감귤 등 과일에서도 과수원에 과일이 달려 있는 상태에서 산지유통인들이 과수원을 순회하며 농민들과 거래하여 수확작업을 산지유통인이 직접 하기도 한다. 과일의 경우 과거에는 포전거래가 많았으나 현재는 제주도 감귤의 경우 절반 정도가 포전거래되고 있고 사과, 배, 단감 등은 10%대의 포전거래율을 보이고 있다. 수박, 참외는 하우스에서 심겨진 상태로 산지유통인에게 거래되는 비율이 높은데(수박은 80~90%) 하우스 단위로 거래되기 때문에 통상 하우스 동떼기라고도 한다.

정전거래(庭前去來)는 문전거래 또는 창고거래하고도 하며, 고추, 마늘, 양파, 과일 같은 품목은 농가에서 수확한 농산물을 농가 창고에 보관한 후 산지 순회수집하는 산지유통인에게 판매하는 거래방법이다. 고추, 마늘, 양파는 대부분 농가들이 수확하여 수확한 밭이나 농가 건조시설에서 건조한 후 판매하고 있으며, 사과, 배, 감귤, 단감 등 과일농가는 과수원 채로 포전거래도 하지만 수확하여 저온저장고에 저장한 후 필요에 따라 산지유통인에게 판매하거나 출하하고 있다.

계약재배는 생산농민이 농협, 도매상, 소매상, 가공업체, 급식업체 등 구매계약자와 파종 전에 판로, 품질, 규격, 투입재 또는 재배관리 등 조건을 붙혀 구두나 서면으로 재배를 계약하는 상품소유권 이전 계약이다. **계약영농**(contract farming) 또는 **생산계약**(production contract)이라 할 수 있으며, **수직적 통합**(vertical integration) 중에서 **계약통합**(contract integration)에 속한다. 가축의 경우에는 사육계약이 된다. 현재 우리나라의 육계(브로일러), 양돈 분야에서 사육농가와 계열화업체(가공업체, 협동조합 등) 사이에 **수직계열화**가 크게 증가하고 있는데 이 수직계열화가 생산계약 형태의 **수직적 통합**이다.

생산농가가 계약자와 계약하는 형태에는 세가지 정도가 있다. 첫째, 가장 초보적인 계약으로서 **판매특정계약**(market-specification contracts)이 있다. 이는 판매상세계약 또는 판매특약이라고도 하는데, 이는 농가가 생산만 해주면 계약자인 농협, 상인, 기업이 구매해 주는 생산위탁계약이다. 이 경우 생산농가는 계약자로부터 선도금 등 금융적 지원을 받기도 하고 기술적 지원을 받기도 한다. 생산한 농산물을 인도할 때 농가가 수취하는 가격은 수확기 시장가격으로 결정되며 가격위험과 소득위험은 농가가 지게 된다. 이러한 계약은 과거에 농가들이 판로에 애로를 많이 겪었던 시대에 주로 성행하였으며, 한편으로는 품종이 새로 개발되거나 도입된 작목을 재배할 경우 일반 시장이나 수요처에서 수용하기 어려울 때 계약재배가 이루어지기도 한다.

둘째, **자재공급조건부 계약**(resource-providing contracts)으로서 계약자가 생산농가에 종자, 비료, 농약 등 특정 농자재를 공급하여 생산을 하도록 하고 전량을 구매해 주는 계약이다. 이런 계약방식은 생산농가와 계약자 간에 수직적 통합 정도가 강해 농가의 영농비나 고정비 등 금융적 지원, 경영지원, 생산감독 등 생산에 밀접하게 개입하는 경우가 많다. 그러나 이 경우도 생산농가의 수취가격은 수확 후 시장가격으로 지급되기 때문에 농가가 가격위험과 소득위험을 안게 된다. 물론 계약조건에 따라 가격 급락 시 일부 가격을 보장해 주는 경우도 있다.

셋째, **경영 및 소득보장 계약**(management and income-guaranteeing contracts)으로서 완전한 수직적 통합인 완전계열화 형태이다. 농가는 노동력을 제공하여 주문대로 성실하게 재배 또는 사육만 하면 계약된 가격과 소득을 보장받는 계약형태이다. 이 경우 모든 재배 또는 사육관리는 계약자의 주문, 감독에 의해 이루어진다.

판매특정계약에서 자재공급조건부 계약, 경영 및 소득보장 계약으로 갈수록 수직적 통합 정도가 강하며 우리나라에서는 대표적으로 육계(브로일러)의 계약 수준이 높다. 파프리카의 경우, 판매특약계약에 속하며 생산농가가 일정한 품종을 재배관리조건을 따라 생산만 하면 농산무역 등 유통수출업체에서 전량 수집해 상품화하여 수출이나 내수 유통을 하고 정산해주고 있다.

정부에서는 1990년대 중반부터 **채소수급안정사업**을 추진하고 있는데, 사업의 일환으로 농가와 협동조합 또는 영농법인 등 계약자 사이에 계약재배가 이루어지고 있다. 이 계약재배는 일정 수준의 가격을 약정하여 수확 판매 후 시장가격 변동을 일부 반영하여 정산하는 형태이며, 판매가격이 일정 수준 이하로 하락할 경우 **최저보장가격**을 설정하여 경영비 또는 생산비를 보장해 주기 때문에 일종의 소득보장 계약이라 할 수 있다.

산지유통과정에서 이루어지는 1차 교환 또는 거래 형태로 주로 생산자조직에서 공판장 또는 경매식 집하장을 개설하여 농가들이 출하한 농산물을 상장경매함으로써 중간유통상인들에게 농산물을 판매하는 **산지공동판매** 또는 **산지공판**이 있다. 산지공판을 통한 판매 방식은 농산물 성출하기에 주산지를 중심으로 대량의 출하 농산물을 산지에서 직접 대규모 **산지공판장**을 만들어 소비지로부터 중매인을 불러들여 경매를 통해 판매함으로써 생산자가 재배한 농산물을 직접 소비지까지 운송하여 판매하는 번거로움과 비용을 절감하기 위해 채택되는 방식이다. 고추는 정읍, 영광, 영양, 임실 등 주산지에서 9~10월 성출하기에 산지공판이 많이 이루어지며, 마늘은 고흥, 남해, 무안, 창녕 등 주산지에서 5~7월에 계절적으로 공판장이 개설된다. 그 밖에 수박은 최대 주산지인 고창에서 성출하기에 농협과 민간에서 산지공판장을 열어 공판을 하고 있으며, 창녕의 양파 공판장, 구례의 오이 공판장, 진영의 단감 공판장, 성주의 참외 공판장 등이 유명한 산지 공판장이다.

산지유통은 위와 같은 포전거래, 정전거래, 계약재배, 산지공판 등 농산물의 1차적인 교환기능을 통해 농산물의 소유권이 농가로부터 산지유통인 또는 협동조합 등 1차 거래자에게 이전됨으로써 그 농산물이 더 필요로 하는 구매자나 소비자에게 더 효과적으로 판매할 수 있기 때문에 효용성, 즉 **소유효용**이 추가적으로 발생하게 된다.

1.2 생산공급량 조절기능

농산물 산지유통은 또한 농산물의 가격변동에 대응해 생산품목과 생산량을 조정하는 기능을 수행하며, 또한 생산 후의 공급과잉과 가격 등락 수준에 따라 판매량과 판매시기, 판매지역(분하조정, 分荷調整), 판매시장(신선시장, 가공시장) 등을 조절함으로써 가격안정과 수급안정을 도모한다.

우리 나라에서는 그동안 가격불안이 심한 채소에 대해 생산출하약정사업, 채소수급안정사업을 통해 생산공급량을 조절하려고 하였으며, 2000년대초부터는 감귤에 대해 유통협약·유통명령제를 새로 도입함으로써 생산공급량을 직간접적으로 조절하고 있다.

생산출하약정사업은 1990년대초반에 고추, 마늘, 양파 등 주요 양념채소류에 대해 농가들이 농협을 통해 정부와 생산면적, 출하시기, 출하량 등을 약정하는 대신 우선수매 대상, 하한가격 우선보장 등의 혜택을 주는 제도였으며 이 제도는 채소수급안정사업이 실시되면서 중단되었다. 채소수급안정사업은 고추, 마늘, 양파, 무, 배추, 당근 등 주요채소에 대해 농협 등 생산자조직과 계약재배를 통해 재배면적과 출하면적, 출하량을 조절하고 **산지폐기**를 실시하여 생산공급물량을 근본적으로 조절하는 제도이다.

또 다른 제도로서 1999년 농안법이 개정되면서 제도 도입을 명문화한 「유통협약 및 유통명령제」가 있다. 이 제도는 기본적으로 과잉기조에 있는 농산물의 공급을 생산자조직인 농협이 산지유통조직과 협약을 통해 출하규격을 정해 시장출하량을 조절하되 정부에 유통명령을 요청하여 무임승차에 대한 법적인 제재를 요구함으로써 궁극적으로 소득을 높이기 위한 제도이다.

농안법에 근거한 유통협약은 2000~2003년간 방울토마토, 마늘, 대파, 양파 등을 대상으로 여섯 번 실시된 바 있으며, 유통명령제는 2003년 이후 2007년까지 제주도 감귤에 대해 도입되었다.

1.3 물적 조성기능(저장, 운송, 가공)

산지유통은 산지에서 농산물을 일반저장, 저온저장 등을 통해 저장하여 성수기에 출하를 억제하고 비수기에 분산출하하는 출하조절을 함으로써 시간효용을 창출한다. 특히, 농가별 소형 저온저장고 뿐만 아니라 지역농협, 영농조합법인, 작목반, 자방자치단체, 민간저온저장업체 등에서 중대형 저온저장고를 설치하여 저장기능이 크게 향상되고 있다.

또한 농산물을 산지에서 소비지 도매시장, 물류센터, 소매점 등 소비지시장으로 운송함으로써 **장소효용**을 창출하고 있으며, 산지의 일반가공공장, 전통가공공장 등에서 농가와 생산자조직, 민간이 가공을 통해 **형태효용**과 부가가치를 창출하고 있다.

1.4 상품화 기능

산지유통은 농산물 생산 후 품질, 지역, 장소, 이미지를 차별화함으로써 농산물의 부가가치를 높이는 상품화 기능을 수행한다. 산지에서 농산물을 차별화하는 방법에는 품질차별화, 가공차별화, 지역차별화, 서비스차별화, 선별포장차별화, **이미지 차별화**가 있다. **브랜드화**는 이미지 차별화로서 생산자나 생산자조직, 지방자치단체 등에서 지역산 농산물에 대해 브랜드를 부여하고 홍보함으로써 다른 생산자, 지역의 상품과 차별을 유도하여 차별적인 가격과 구매력을 유발하는 전략이다.

우리 나라의 농산물 브랜드 수는 자방자치단체와 생산자조직의 차별화 전략 추진으로 1999년말 3,215개에서 2011년 5,291개로 10여년간 65% 증가하였다. 그 중에서 등록된 브랜드는 전체 브랜드의 37.6%인 1,992개로 브랜드의 법적 보호 장치가 미흡한 편이다. 또한 공동브랜드는 737건으로 전체 브랜드의 13.9%이나, **공동브랜드**의 등록률은 83%로 개별 브랜드보다 높다.

〈표 6-1〉 우리 나라의 농산물 브랜드 현황(2011년 7월 현재)

구분	공동브랜드	개별브랜드	계
등록	612	1,380	1,992(37.6%)
미등록	125	3,174	3,299(62.4%)
계	737(13.9%)	4,554(86.1%)	5,291(100%)

*자료 : 농림부 농산물유통국

품목별로 보면, 쌀을 중심으로 한 식량작물 브랜드수가 28.7%인 1,519개로 가장 많으며, 과채류와 과일류의 브랜드 수도 많은 편이다. 브랜드 등록률은 축산물이 67.8%로 가장 높아 브랜드화 수준이 가장 진전되었다.

〈표 6-2〉 품목류별 브랜드 현황(2011년)   (단위 : 개, %)

구 분	계	식량작물	과실류	과채류	채소류	특작류	화훼류	축산물	임산물	농산가공	수산	공통	기타
등록	1,992	426	230	86	64	46	7	314	73	376	150	210	10
미등록	3,299	1,093	427	387	143	117	22	149	117	678	137	20	9
계	5,291	1,519	473	473	207	163	29	463	190	1,054	287	230	19
등록비율	37.6	28.0	35.0	18.2	30.9	28.2	24.1	67.8	38.4	35.7	52.3	91.3	52.6

*자료 : 농림부 농산물유통국

한편, 농산물의 **표준규격화**는 산지유통센터, 작목반 집하장 등에서 공동선별 포장을 수행함으로써 출하농산물의 품질을 균일화하고 통명거래 기반을 조성하며, 표준규격화 수준은 유통의 효율성을 대표하는 시금석과 같다. 농산물의 규격출하

비율은 곡물류, 과일류, 서류, 과채류, 그리고 화훼가 높은 편이며, 채소류는 대체로 낮은 수준이나 꾸준히 늘고 있다.

2 산지출하체계

2.1 농가의 농산물 판매형태

농가의 농산물 판매는 농가가 개별적으로 농산물을 판매하느냐 아니면 농협 등 생산자조직을 통해 여러 농가의 농산물과 공동선별, 공동출하 형식으로 판매하느냐에 따라 크게 개별판매와 공동판매로 구분된다. 이를 좀 더 세분하여 농가의 농산물 판매 형태를 판매시장과 판매대상에 따라 구분하면 소비지시장 개별출하, 생산자조직을 통한 공동출하, 산지유통인(수집상) 판매, 정부수매, 소비자 직거래 등이 있다. **개별출하**는 농가가 산지에서 생산자조직이나 수집상을 통하지 않고 개별적으로 소비지 도매시장이나 도매상인, 소매상 등 중간유통상에 출하하는 방식이며, 생산자조직을 통한 **공동출하**는 작목반, 농협, 영농조합법인 등 생산자조직에 출하를 위탁하거나 매취하도록 하여 소비지시장에 출하하는 방식이다.

산지유통인 판매는 농가가 포전거래나 정전거래로 지역 연고가 있거나 순회하여 농산물을 수집하는 산지유통인, 즉 수집상(순회수집상, 지역수집상)에게 판매하는 방식이며, **정부수매**는 지난 과거에 주로 이루어졌던 방식으로 쌀, 보리, 고추, 마늘 등 정부에서 농가의 판매가격을 보장해 주거나 안정적인 판로를 제공하기 위해 직접 농산물을 수매하는 방식이다. 또한 **직거래**는 농가 또는 생산자 조직과 소비자 또는 소비자 조직이 직접 거래하는 방식을 말한다.

농가의 농산물 판매에서 개별판매가 가장 많은 품목류는 포전거래로 산지유통인에게 주로 판매하는 무, 배추 등 엽근채류(80~95%), 수확 저장 후 산지유통인에게 정전판매로 많이 출하되는 양념채소류(60~90%)이다. 반면 농협 및 작목반, 영농조합법인을 통해 공동출하가 많이 이루어지는 품목부류는 과채류와 과일류이다.

산지단계에서 생산자조직의 공동출하가 확대되는 반면 산지유통인의 취급 비중이 줄어드는 추세인 것은 분명하나 산지유통인들은 품목과 기능면에서 오히려 전문화되는 추세이다. 과거에는 산지유통인들이 농가와 포전거래를 하더라도 농가들이 수확까지 해 주거나 수확 직전까지 비료주고 농약방제하고 작물생육을 관리하는 경우가 대부분으로 산지유통인들은 수확 후의 산지유통만 담당하면 되었지만, 최근에 올수록 농가경영주가 고령화되고 농가가 개별적으로 인력 조달을 하기가 어려워짐에 따라 산지유통인들이 포전거래로 밭을 인수하면 수확 때까지 직접 포장관리와 수확인력을 고용하거나 직접 관리함으로써 재배까지 전문적으로 수행하는 **반농반상(半農半商)**의 전문성을 갖추게 되었다.

대형 소매유통업체, 가공업체의 산지 직거래 확대와 적시, 적량, 적품 공급 요구 확대는 산지에서 생산농민의 개별출하를 불리하게 만들고 공동출하의 유리성을 높여 작목반, 영농조합법인, 협동조합을 통한 공동선별, 공동출하, 공동계산을 유도하고 있다.

농수산물유통공사 자료에 의하면 조사품목 평균적으로 산지유통인 취급비중이 1998년 51%에서 2000년 42%, 2010년 32.4%로 감소하는 추세이며, 산지조합의 취급비중은 같은 기간에 31%에서 36.4%, 46%로 증가한 것으로 나타나 공동출하비중이 지속적으로 커지고 있다(농수산물유통공사, 주요농산물 유통실태, 해당 년도).

특히 과일과 과채류(오이, 토마토, 풋고추 등)의 공동출하가 두드러지게 늘고 있다. 사과, 배, 단감, 감귤 등 과일의 계통출하비율은 50% 이상이며 포도의 경우 계통출하비율이 80% 이상, 오이·토마토·풋고추 등 과채류는 90% 이상이 작목반, 영농조합법인, 농협 등 생산자조직을 통한 공동출하를 하고 있다.

〈표 6-3〉 청과물 생산농가의 판매처 비중(2010년)

판매처		판매비율(%)
산지 판매	생산자단체 공동출하	43.1
	산지공판장 출하	5.8
	산지유통인 판매	32.4
	저장가공업체 판매	11.8
소비지 개별출하	도매시장 등 도매상	4.2
	소매상, 대량수요처	0.9
	소비자	0.3
계		100.0

*자료 : 농수산물유통공사, 2010년 주요농산물 유통실태(2011.8)를 참고로 재작성

산지에서 산지유통인에 의해 출하되는 품목은 포전거래 품목과 정전거래 품목으로 구분된다. **포전거래** 품목은 배추, 무, 양배추, 양파, 대파, 당근, 수박 등 부피가 크며 저장이 어려워 홍수출하되어 가격등락이 심하고 1회 수확으로 인해 수확인력이 많이 필요한 특징이 있으며, **정전거래** 품목은 고추, 마늘 등 보관으로 분산출하가 가능하나 가격등락이 심한 특징이 있다.

배추, 무, 양배추, 당근, 대파, 감자 등 엽근채류와 수박, 참외 등은 산지유통인에 의한 포전거래(밭떼기, 하우스동떼기) 비율이 50%에서 많게는 90%로 높아 포전거래가 가장 일반적인 출하형태로 수집상인의 시장력이 가장 강한 분야이다.

〈표 6-4〉 주요 품목의 포전거래율(2010년)

포전거래율	품목
81% 이상	봄배추(99), 봄무(95), 고랭지배추(81), 고랭지무(88), 가을배추(88), 가을무(84), 수박(87)
51~80%	대파(74), 양파(67), 한지형마늘(70), 콩(60), 당근(59)
31~50%	봄감자(50), 고랭지감자(48), 감귤(45), 생강(44), 가을감자(33)
30% 이하	난지형마늘(24), 배(15), 사과(11), 단감(11)

*자료 : 농수산물유통공사, 2010 농산물 유통실태, 2011.

이들 품목은 과거에도 그렇고 현재도 마찬가지로 재배농가들이 재배과정의 작황과 수확후 가격에 대해 위험선호적이 아니라 위험을 전가하려는 **위험기피적(risk-averse)** 성향을 가지고 있고, 수확기에 농가 스스로 수확인력을 확보하기 어렵고, 출하처·출하시기·출하방법 등에 대한 정보가 부족하기 때문에, 주로 수확 이전에 포전상태로 산지유통인에게 판매하여 소유권과 수확, 출하 기능들을 유통상인에게 이전하게 된다. 농산물 가격변동에 대한 위험성에 대해 농가와 상인, 협동조합은 각기 다른 반응을 하는 경향이 있다. 농가가 위험기피적 성향이 있는 반면, 산지유통인 등 중간상인은 위험을 감수하는 **위험선호적(risk-lover)** 성향을 보여 고수익을 기대하고 포전거래 등 사전 계약구매를 하는 경우가 많으며, 협동조합은 조합원인 생산농가를 대신해 계약재배 등을 통해 농가위험을 떠안기도 하지만 상인과 같이 수익극대화가 조합 설립과 운영의 목표가 아니기 때문에 상인들보다 위험선호도가 적다는 점에서 **위험중립적(risk-neutral)** 성향이 강하다.

그동안 농협 등 생산자단체에서 산지유통인이 수행하는 기능들을 대신하기 위해 노력하여 금융, 수송, 대금지불 기능을 상당 정도 이전하였으나, 기본적으로 작황이나 가격에 대한 위험부담 기능과 수확상차 기능을 수행하는데 한계가 있기 때문에 배추, 무, 양배추, 수박, 대파 등에 있어서는 여전히 산지유통인의 포전거래 비중이 주종을 이루며 줄어들는 속도가 완만하다.

시간이 지날수록 생산자단체들이 공동판매사업에 관심을 갖고 유통기능들을 전문적으로 수행하고 **위험관리**를 잘 할 수 있는 전문유통직원을 육성하고, 산지유통센터, 미곡종합처리장 등 산지유통시설과 저장시설을 확충하여 보다 다양한 마케팅 서비스를 제공함에 따라 생산자단체의 계통출하 비중이 늘어날 것으로 전망된다.

특히, 고랭지배추 산지인 강원도 평창, 정선, 태백의 원예농협, 지역농협들과 겨울배추 산지인 전라남도 해남의 지역농협, 영농조합법인 등생산자 조직들이 정부의 채소수급안정사업에 의해 계약재배를 확대함에 따라 이들 품목의 생산자조직 출하가 늘어나고 있다.

고추, 마늘 등 양념류의 경우, 과거에는 대부분 산지유통인들이 방문하여 정전거래하거나 산지 정기시장이나 공판장 등에서 산지유통인들이 구매하였으나, 유통경로에 변화가 오기 시작하였다. 수집단계에서 대부분의 생산자가 산지유통인에게 출하하였으나 시간이 갈수록 고추, 마늘의 경우는 농협 계통출하와 소비지 유통업체와의 직거래 비중이 증가하고 있으며, 양파는 저온저장업체와 도매시장 취급 비중이 늘어나고 있다.

산지유통인 정전거래 품목은 영세농가들이 수확, 일정기간 보관으로 부분적인 가격 위험부담 기능을 하고 있으며, 직접 시장에 판매하기에 어려워 산지유통인에 의해 수집과 저장 기능이 수행되고 있다. 그러나 80년대 후반부터 생산자조직의 판매활동이 늘어나 생산자조직에서 수집, 저장, 수송 기능을 수행하게 되고 정부의 수매자금 및 자체 가공공장 운영에 의해 (고추가루 가공공장, 깐마늘 공장, 양파 산지포장, 저장시설 등) 농가로부터 구매하여 어느 정도의 위험부담 기능을 수행함에 따라 농협 계통출하 비중이 늘어나는 추세에 있다.

청과물 유통경로 중에서 가장 큰 변화를 나타내고 있는 분야는 과채류이다. 즉 오이, 토마토, 딸기, 호박 등 시설과채류를 비롯한 시설채소와 버섯은 현재 대부분이 산지의 작목반을 통해 농협계통출하가 이루어지고 있으며, 공영시장으로 집중되어 소매점에 분배되고 있다. 이들 품목은 주로 작목반, 영농조합법인 등 기초조직에서 수집, 선별포장, 수송 기능이 수행되고 있으며, 농협은 대금결재 기능을 주로 수행하고 있다.

이들 품목의 생산자조직 공동출하가 크게 늘어나게 된 이유는 시설재배로 생산자들이 채소를 연중 수확하기 때문에 특별히 수확후 산지유통인에 판매하여 위험부담을 전가할 유인이 없다. 산지유통인 또한 항시 수집하려는 성향을 적으며, 게다가 부패성으로 인해 저장 유인이 없다.

사과, 배 등의 과일은 농협 등 생산자조직의 산지시장 참여(공동출하)가 가장 활발하고 오랜 경험을 가진 부류로, 농협에서 대부분의 수집, 선별포장, 저장, 수송, 대금결재 등의 기능을 수행하고 있다.

1990년대 초반까지만 해도 산지유통인들의 취급비중이 50% 정도 되었으나, 그 후 크게 줄어들어 15~20% 수준에 그치고 있다. 이는 산지에서의 산지유통인 기능인 수집, 선별포장, 금융 등이 크게 줄어들고 이를 협동조합에서 수행하기 때문이다. 특히 협동조합에서는 산지유통센터를 많이 설립하여 이를 활용한 저장 기능 등이 추가되면서 분산출하하고 있다.

쌀은 산지의 협동조합 **미곡종합처리장(RPC)**을 중심으로 수매가 이루어지고 가공포장되어 소비지 소매점에 주로 판매되는 품목이다. 쌀의 주된 유통경로는 '생산자⇒농협 · 도정업체⇒(도매상)⇒소매상⇒소비자'의 3~4단계이며, 정부양곡유통 · 농협계통 · 민간유통의 세 가지로 구분된다.

농가의 출하 중에서 농협 RPC 등 계통조직을 통한 출하 비중이 해마다 늘어나는 추세에 있다. 특히 1991년부터 정부 지원에 의해 미곡종합처리장이 농협 및 민간에 의해 건설, 운영되어 건조 · 저장 · 가공 · 포장 · 브랜드화하여 출하함으로써 산물벼(물벼) 유통이 확대되고 있으며 고품질 청결미 생산과 브랜드쌀 유통이 촉진되고 있다. 산지 수집상(도정업자)은 산지에 **임도정공장** 또는 양곡상을 운영하는데 미곡종합처리장이 늘어나면서 이들 업체수가 줄어들고 있다.

축산물의 유통은 축종에 따라 차이가 있다. 축종별로 쇠고기의 경우 우시장 또는 문전에서 중개인을 통해 거래되어 수집반출상이 소비지 정육업자(소매상) 또는 도매상의 납품의뢰를 받아 도축장에서 도축하여 배송하는 형태이며, 돼지고기의 경우 쇠고기와 유사한 유통형태와 육가공업체를 통해 수출되거나 또는 대리점을 통해 소매점 또는 대량수요처에 판매되는 형태를 띠고 있다. 육계의 경우에는 최근 계열화주체에 의한 유통이 확대되고 있으며, 계란은 여전히 수집반출상에 의한 유통과 상인중심의 가격결정이 이루어지고 있다.

돼지고기는 양축가, 중개인 또는 수집반출상을 통해 **육가공업체**의 가공을 거쳐 수출되거나 소매점·대량수요처에 판매되는 비율이 50~80%로 늘어나고 있다. 산지 축협을 통해 서울 공판장 등에 계통출하되는 비율은 10%대로 적다.

특히, 인근에 육가공업체가 있는 지역에서는 대규모 농가일수록 도매시장과 육가공업체에 출하하는 비율이 높으며, 소규모 농가일수록 수집반출상이나 정육점 상인에 출하하는 비율이 높다.

한편, 정부에서는 생산-도축-가공-판매를 일괄처리하는 축산물종합처리장(LPC) 건설을 유도하고 있는데, 1995년부터 운영중인 축협 김제목장(목우촌), 한냉 중부공장의 2개소에 1998년부터 운영중인 안성축산과 익산 (주)부천 등 2개소가 추가되어 우리 나라 냉장 브랜드육 판매 및 수출의 선도역할을 수행하고 있다.

이와 같이 축산물은 채소, 과일과 달리 육가공업체나 **계열화주체**, 대형유통업체, 대량수요처 등으로 판매되는 경우가 많아 상장 수준 선진화된 거래로 변화되고 있다. 특히, 닭고기는 90% 이상 계열화주체와 직접 거래되고 있다.

2.2 산지유통조직

산지유통은 크게 생산자조직에 의한 산지유통과 산지유통인에 의한 산지유통으로 구분된다. 그 중에서 생산자조직에 의한 산지유통은 작목반, 영농조합법인, 협동조합에 의해 이루어지고 있다.

농가들이 농산물 판매에서 가장 많이 이용하는 조직은 산지의 지역농협이며 50% 이상이 지역내의 농협을 이용하여 농산물을 판매하고 있다. 최근에는 품목조합이 늘어나고 있으며 전문성 측면에서 유리하여 **품목전문조합**의 산지유통이 늘어나고 있다.

산지의 공동출하조직은 농업협동조합과 작목반 및 영농조합법인 등이 있다. 농업협동조합은 지역조합과 전문조합으로 구분되는데, 2009년 기준으로 지역조합은 전국에 농협조합 981개소, 지역축협 118개소가 있고 지역별로 신용 및 경제사업을 종합적으로 수행하고 있다. 품목조합은 사과, 배 등 주로 과일류를 중심으로 결성되어 있는데 농업부문 품목조합은 46개소, 축협부문 품목조합은 24개소이다.

작목반은 '거주지역 또는 경지집단별로 동일 작목을 재배하는 농가들이 모여 협동을 통한 생산성 증대를 목적으로 활동하는 생산 및 산지유통의 핵심조직'으로 공동출하를 시행하는 기초조직이다. 1960년대부터 정부와 농협은 각종 사업의 효율성 제고를 위해 작목반 단위로 사업을 지원하고 있으며, 이를 효율적으로 관리하기 위해 일정 요건이 갖추어진 작목반은 농협에 등록하여 전산 시스템으로 관리하고 있다. 작목반 조직 수는 2008년말 현재 총 9,287개로 1997년 24,091개에서 크게 줄었다. 작목반 조직은 채소와 과수에서 13,421개가 조직되어 가장 많다.

〈표 6-5〉 작목반 육성현황, 2008년말 현재   단위 : 개, (%)

구 분	채 소	과 수	식량작물	축 산	화 훼	특작기타	계
조직 수	9,114 (42.3)	6,029 (28.0)	3,642 (16.9)	792 (3.7)	597 (2.8)	1,350 (6.3)	21,524 (100.0)

*주 : 2009년부터 자료집계 중단
*자료 : 농림수산식품부

유통환경의 변화에 따라 2009년부터 농협중앙회에서는 농가조직에 **"공선출하회"**라는 새로운 명칭을 부여하고 공동선별과 공동계산을 기반으로 하는 전속출하조직을 육성하기 시작하였다. 공선출하회는 2009년 1,006개가 선정되어 육성되고 있으며, 2010년에는 이보다 늘어난 1,327개가 선정되었다.

농협, 작목반, 공선출하회 외에 산지에서 영농조합 또는 농업회사 형태로 생산, 유통, 가공, 서비스 등의 기능을 수행하는 농업법인이 있다. 농업법인은 2005년 5,625개에서 2009년 6,824개로 증가하였으며, 생산보다는 유통, 가공, 서비스 부문에서 주로 활동하고 있다.

산지의 출하조직 중 농협, 작목반, 영농법인 이외에도 산지유통인이 있다. **산지유통인**은 엽근채류와 양념채소 등 가격 등락이 심한 품목을 중심으로 위험을 부담하고 고수익을 추구하는 역할을 수행하고 있다. 산지유통인은 1995년 7월부터 등록제에 의해 도매시장이나 공판장에 등록하여 활동하게 되었는데 1996년말 14,261명에서 2000년 13,222명, 2008년 6월 현재 11,105명이 활동하고 있으나 실제로 활동하는 산지유통인은 수천명 정도에 불과할 정도로 줄어들고 있다. 산지유통인은 일부 품목에 전문화되어 있는데 무, 배추 등의 엽근채류에 대한 밭떼기와 고추, 마늘, 양파 등 양념채소에 대한 정전거래 비중이 높다.

2000년대 들어서 산지유통은 전문화된 조직에 의해 주도되는 방향으로 질적인 변모를 하게 되었으며 강원연합판매사업을 필두로 품목에 따라 대규모 **연합판매사업**이 추진되면서 대형화되고 있다.

정부에서는 대형유통업체 증가 등 소비지 유통여건 변화에 대응해 산지 거래교섭력을 제고하기 위해서는 **산지유통조직**의 규모화가 필요하다는 인식 하에 2000년부터 2003년까지 성장가능성 있는 생산자조직 290개소를 산지유통전문조직으로 선정하여 유통종합자금을 집중 지원하기 시작하였으며, 2004년에는 평가 후 66개 조직을 신규 선정하여 지원하였다. 그 후 산지유통전문조직은 매년 선정되어 2010년 282개가 선정되었다.

2005년에는 마케팅의 규모화, 기업화를 위해 시군단위 이상 농가를 조직화하고 공동브랜드를 사용하여 연간 100억원 이상 매출을 올리는 **공동마케팅조직** 9개소를 최초로 선정하였으며 2013년까지 80개로 확대할 계획을 세웠다. 공동마케팅조직은 2006년 6개, 2007년 4개, 2008년 13개, 2009년 26개소, 2010년까지 공동마케팅조직 31개가 선정되었다.

공동마케팅조직은 3년간 융자 1% 유통정책자금, 1년간 무이자 인센티브, 홍보 및 브랜드 개발지원자금 지원, 공동선별비 보조(20~50%), 산지유통센터(APC) 시설

보완 사업자 우선선정, 공동마케팅조직 회원농가에 대한 농업종합자금 우대 등 다양한 인센티브 부여 등 혜택이 주어지고 있다.

2004년부터 농협법 개정을 통해 **조합공동사업법인**의 근거를 마련하여 공동마케팅조직으로 선정된 농협연합사업단에 법인화를 의무화하고 실질적으로 경제사업에 전념토록 유도하고 있다.

산지유통조직과 관련한 정책 중 **시군유통회사** 정책은 2008년에 기본계획이 수립되어 2009년 설립 운영 제도 마련, 의견수렴을 거쳐 2010년 10개 조직이 선정되어, 운영자금을 3년간 20억 한도 내 지원, 원물확보 등 운영활성화자금 30억 한도 지원 등 지원을 하였으나, 일부 조직에서 매출 증가, 농협 산지유통 혁신 촉발 성과는 있었으나, 농협 등 기존 조직과 갈등, 기존 산지유통조직과 연계성 미흡, 지자체 간섭, 의사결정구조 문제 등 문제가 있어 2011년 신규 사업자가 일시 중단된 바 있다.

3 농산물 산지유통센터

농산물 산지유통센터(Agricultural Product Processing Center; APC)는 1994년도에 포장센터 개념을 도입하여 정책적으로 농산물 포장센터라는 이름으로 설치하기 시작하였는데 중간에 농산물 산지유통센터로 명칭을 바꾸었다. 미국 등에서는 **포장센터**(Packing Center 또는 Packing House)라고 한다. 산지유통센터는 농산물 주산지에 품목별 특성에 맞는 산지유통시설을 설치하여 산지 유통의 거점시설로 육성하고, 생산과 유통을 계열화하여 시장교섭력을 강화함으로써 소규모 영농의 한계를 극복하고 급변하는 유통환경에 대한 산지의 대응능력을 높일 목적으로 추진되어 왔다.

산지유통센터는 유통의 시발점인 산지에서부터 표준규격화된 농산물을 생산하고, 생산자 주도적인 유통활동을 하는 유통주체라는 점과 정보수집 및 분산, 물류합리화 등을 수행하는 유통거점이라는 점에서 매우 중요한 위치를 차지하고 있다.

1992년 이전에는 산지유통시설이 저온저장고, 소규모 선별시설, 집하장 정도로 매우 미미하였다. 정부는 시장개방에 대응한 유통개혁의 일환으로 산지에서 표준규격품 출하를 유도하고, 집하, 세척, 선별, 포장, 저장, 가공 등 산지유통기능을 종합적으로 수행하는 산지유통시설을 건립하기로 하여 1992~93년 시범적으로 25개 지역농협에 「**청과물종합유통시설**」을 건립하였다. 1995년부터 전국의 농협과 영농조합법인을 대상으로 농산물 포장센터를 매년 20~30개씩 지원하고 있어 2004년까지 248개를 건립하기로 하였다.

정부는 1998년부터 포장센터의 역할을 선별포장에서 벗어나 공동규격출하, 유통정보 수집 전파, 브랜드개발 등 종합적인 유통시설 개념으로 확대하여 명칭을 '**농산물 산지유통센터**'로 변경하였다.

또한 1999년부터 생산자조직의 포장센터 설립 자금 부담을 줄여주기 위해 지방자치단체에서 소유하고 지역의 생산자조직 등 민간에 위탁운영하도록 하는 '공공소유-민간위탁 운영' 방식의 유형을 도입하여 시설을 지원하고 있다. 이 유형은 1999년 해남군에서 처음 시작되어 현재 진안, 논산, 김제, 양평, 서귀포, 합천, 청송 등 22개 지자체에서 건립하여 농협, 영농법인이 위탁운영하고 있다(국고보조 70%, 지방비 30%).

2001년도부터는 저온유통기반확충사업, 간이집하장 시설보완사업을 산지유통센터 설치사업으로 일원화하였으며, 2002년부터 유통사업이 활성화되고 발전성이 있는 조합을 산지유통전문조직으로 지정하여, 전문조직에게 상품화시설을 우선적으로 지원하고 있다.

대형유통업체가 급증하고 고품질농산물을 선호하는 등 급변하는 소비지 유통환경에 적극 대응할 수 있는 산지유통여건을 조성하기 위해 집하장, 저온저장고 등 보관위주의 시설 지원에서 **예냉시설, 비파괴 당도측정기**, 에틸렌가스제거기, 유통장비 등 상품화 시설을 지원하여 산지유통시설 기능을 확대하고 활용도를 높이도록 하였다.

그 후 기존의 산지유통센터 시설이 규모가 영세하고 산지조직화 미흡, 시설이용율 저조, 시설장비 노후화, 경영 전문성 부족 등의 문제점이 지적되고, 소비지 대형유통업체, 대량수요처, 가공공장 등에서 산지 농산물의 적시, 적량, 적기, 적품의 안정적 공급을 원하고 있는 등 산지 및 소비지 유통여건이 변하여 산지유통시설의 규모화, 대형화를 요구하게 되었다.

특히, 한－칠레 FTA 체결로 시장개방 파급영향을 많이 받을 수 있는 과수산업의 경쟁력 제고를 위해 2004년부터 과실 주산지를 거점으로 한 대규모 현대화된 '거점산지유통센터'를 건설하여 소규모 유통시설 계열화의 중심축으로 육성하고 산지의 마케팅 경쟁력과 거래교섭력 증대를 도모하게 되었다.

연간 과일 선별물량을 5천톤에서 2만톤 내외로 조달 가능하고 원료조달 물량의 2배 이상(1~4만톤)을 생산하는 지역에서 수 개의 시군 또는 기순 단위의 규모화된 마케팅사업을 운영할 수 있는 운영주체를 확보한 경우로 한정하고 있다. 2017년까지 30개소를 설립하는 것을 계획하였으며, 2011년까지 20개소의 거점APC가 건립되거나 사업추진 중에 있어 10개소가 추가로 건설될 것으로 보인다.

현대화된 산지유통시설 중에서 쌀의 대표적인 산지유통시설은 미곡종합처리장 (RPC)과 건조저장시설(DSC)이다. **미곡종합처리장(Rice Processing Complex; RPC)**은 산물형태의 벼를 수집, 건조, 저장, 가공, 판매까지 종합적으로 일관처리하는 시설로 고품질 쌀 산업 육성에 없어서는 안될 핵심시설로 설치되었다. 1991년 RPC 시범사업 2개소(농협)에서 시작하여 2003년까지 328개소가 설치되었으며, **건조저장시설(Drying Storage Center; DSC)**이 568개소 설치되었다. 가공시설능력이 충분하여 1999년 이후 RPC 등 쌀 가공시설 지원을 중단하였으며 2002년부터 신규 RPC 지원을 중단하되 건조저장시설은 지속적으로 지원되었다.

축산분야의 현대화된 도축, 가공 종합처리시설로 '축산물종합처리장(LPC)이 있다. **축산물종합처리장(Livestock Processing Complex;LPC)**는 1994년부터 건설이 추진되어 2000년까지 10개소로 국내 도축량 30~40% 처리할 계획이었으나, 10개소 중 1개소가 사업이 취소되어 실제로 2001년까지 9개소 건설이 완료되었다. 건설 지역은 경기 안성, 충북 제천, 충북 청원 한냉 중부, 전북 익산, 전북 김제육가공, 경북 포항, 경북 군위, 강원 원주, 충남 홍성이다. LPC는 가축생산, 도축, 가공, 판매(수출)을 일괄 처리하는 선진국형 유통시설로 유통단계를 현행 5~6단계에서 3~4단계로 축소해 직거래 활성화와 유통비용 및 마진을 20% 이상 절감할 수 있다.

4 산지유통정책

농산물 산지유통정책은 크게 공동출하조직 또는 산지유통조직 육성정책과 산지유통시설 확충 정책으로 구분할 수 있다. 정부는 산지유통조직의 육성, 산지유통인프라 즉 시설 확충 및 개선 등을 산지유통정책의 목표로 설정하고 시기에 따라 강조점을 달리하여 정책을 추진하였다. 특히 산지유통시설 확충을 위한 정책은 예산과 밀접하게 관련되어 있어 1990년대초 UR협상 타결에 대응해 김영삼정부의 42조 사업과 15조 농특세사업으로 산지유통시설의 현대화가 집중 추진되었다.

산지유통조직의 육성은 그 이전에 산지 공동출하조직의 육성에서 발전된 형태로 볼수 있다. 농산물 유통에서 산지 공동출하조직 육성은 생산농민의 농가수취가격 제고와 산지유통인(수집상), 도매상인, 소매유통업체 등과의 거래교섭력 확보 차원에서 가장 중요한 정책 중 하나이다. 1970년 이후 공동출하조직 육성 정책은 1993년 신농정 하의 품목별 생산자조직 육성으로 변화를 겪었으며, 이는 다시 2000~2001년 산지유통전문조직 육성 및 연합판매사업 추진으로 질적 성장을 하게 되었다.

1970년부터 1992년까지 공동출하조직 육성 정책은 작목반, 영농회, 협동출하반 등 기초조직 육성과 농협 계통출하 확대에 초점이 맞춰져 있다. 1972년에는 유통마진 축소와 농가수취가격 제고를 위해 농협의 계통출하 계획이 책정되어 실시되었으며, 1973~76년에는 농협과 농민 간 계약생산에 의한 생산과 판매의 일관체제 구축을 위해 농협 계통 작목반을 확대하였다. 1977년에는 단위조합별 생산단지별 공동출하로 출하 대형화, 계통조합 차량으로 마을별, 작목반별 순회수집을 실시하게 되었다.

1981년에는 주산지 단위농협 200개소를 공동출하 시범조합으로 육성하였으며, 1983년에는 산지협동출하반 5천개를 조직화하여 육성하였다. 1991년에는 작목반, 협동출하반으로 이원화되어 있는 조직을 작목반으로 일원화하였고, 1992년에는 공동출하촉진자금(협동조합출하반육성자금, 출하조절자금 통합)을 우수작목반에 우선 지원하였다.

1994년에는 유통개혁대책의 일환으로 산지유통개혁을 발표하였는데, 품목별 기초조직, 광역조직 등 생산자조직 육성과 영농법인 지역제한 폐지로 협동조합 계통조직과의 경쟁을 촉발하였으며 농산물포장센터, 청과물종합처리장, 간이집하장 등 유통시설 현대화와 맞물려 생산자조직의 농산물 상품화와 공동출하를 촉진하게 되었다. 1996년부터 우수 생산자조직에 산지유통시설, 생산유통지원사업, 규격출하자금 지원을 집중하는 등 생산자조직을 농산물 유통 및 수급조절의 핵심체로 육성하게 되었으며, 농협 조직도 큰 변화를 겪게 되었다.

1997년에는 산지유통시범농협을 선정하여 유통시설, 공동출하, 직거래에 집중하기로 하였다. 또한 1999년에는 농협 작목반을 공동출하 기간조직으로 육성하기 위해 부실작목반을 정비하고 규모화를 유도하였으며 우수작목반을 지원하고 공동계산시범작목반 301개를 운영하였다. 또한 산지 시범농협 60개소를 선정 육성하였다.

2000년대 들어서 산지유통은 전문화된 조직에 의해 주도되는 방향으로 질적인 변모를 하게 되었으며 강원연합판매사업을 필두로 품목에 따라 대규모 연합판매사업이 추진되면서 대형화되는 추세이다. 또한 정부는 2000년부터 2003년까지 성장가능성 있는 생산자조직 290개소를 산지유통전문조직으로 선정 지원하기 시작하였으며, 2005년에는 마케팅의 규모화, 기업화를 위해 시군단위 이상 농가를 조직화하고 공동브랜드를 사용하여 연간 100억원 이상 매출을 올리는 공동마케팅 조직을 선정하여 지원하게 되었다.

정부에서는 산지유통전문조직, 공동마케팅조직을 육성하여 대형(공마조직), 중형(전문조직), 소형(일반조직)으로 구분하여 자금을 차등 지원함으로써 산지유통조직의 단계별 발전을 유도하고 있다. 2005년부터 평가를 통해 산지유통조직간 합병 계열화로 조직화, 규모화를 유도하고 있으며, 2010년 7월에는 산지유통사업체계 개편안 마련하여 장기 정체 조직에 대한 지원중단 강화와 산지조직의 적극적 발전을 유도하고 있으며, 산지조직간 수직계열화 촉진으로 조직화, 규모화 속도를 증진키로 하였다. 정부에서는 산지유통조직의 육성을 통해 주요 원예농산물 유통점유비를 2017년 50%까지 확대할 계획이다.

산지유통정책에서 산지유통시설은 공동출하조직 육성과 함께 중요한 하드웨어로 1992년부터 추진된 42조 구조개선사업과 15조 농특세사업으로 인해 획기적으로 확충되어 농업발전에 커다란 기반시설로 자리잡게 되었다.

1992년 이전의 산지유통시설 확충 정책은 1972년 이후 작목반, 농협 등에 설치 지원된 간이집하장, 과일 등 원예작물 저온저장시설, 농산물 운송차량 정도 밖에 없어 취약한 상태였다. 그러나 1992년 들어 42조 구조개선사업과 15조 농특세사업이 본격 추진되면서 청과물, 미곡, 축산물 등 부류별로 현대적인 산지유통시설이 2000년대 후반까지 집중 건설되었다.

청과물 산지유통시설은 1992~93년 지역농협 중심으로 26개소의 청과물종합유통시설이 건설된 이후 1996년부터 농산물포장센터(나중 농산물 산지유통시설, APC)가 설치되기 시작하여 2010년까지 전국에 318개소 설치되었다. 그 밖에도 3개의 청과물종합처리장, 20여개의 거점산지유통시설이 설치되었다.

1990년대 들어 42조 구조개선사업과 15조 농특세사업 추진에 힘입어 산지에 청 농산물 산지유통센터(APC), 미곡종합처리장(RPC), 축산종합처리장(LPC) 등 현대적인 유통시설이 집중 설치됨으로써 10년 사이에 선진적인 산지유통기반을 구축하게 되었다.

최근 들어 유통관련 정책사업이 새로이 도입되고 있으나 사업 대상과 지원방식에서 차이를 보일 뿐 기존의 정책과 연계성이 강하다. **'농산물 브랜드 육성 지원사업'**은 산지유통조직의 일종이라 할 수 있는 브랜드경영체를 중심으로 생산과 유통 등 산지기능을 종합적으로 수행하도록 한다는 점에서 기존 정책과 방향성이 같다. **'산지유통종합자금'**은 산지유통조직의 원물 구입자금 등을 지원하는 사업이다.

○ 산지에서 생산자, 생산자단체, 수집상 등 거래상대간에 이루어지는 거래방식에는 포전거래, 계약거래, 정전거래, 산지공판(산지공동판매) 등이 있다.

○ 포전거래는 밭떼기, 하우스떼기, 과수원떼기와 같이 밭, 하우스, 과수원에서 재배과정에 생산농가와 산지유통인 등 구매자와 거래되는 입도선매(立稻先賣), 선도거래(先導去來)이다.

○ 정전거래는 문전거래, 창고거래라고도 하며, 농가가 농작물을 수확하여 창고에 보관한 후 산지유통인 등 구매자에게 판매하는 거래방식이다.

○ 계약재배는 생산계약 또는 계약영농이라고도 하며 수직적 통합(Vertical Integration) 중에서 계약통합에 속한다. 생산농가와 계약 상대자 간 계약하는 유형에는 판매특정계약(또는 판매상세계약), 자재공급조건부 계약, 경영 및 소득보장 계약이 있다.

○ 산지유통은 농산물의 가격변동에 대응해 생산품목과 생산량을 조정하는 기능을 수행한다. 생산량공급량 조절 수단으로 산지폐기, 유통협약-유통명령제 등이 있다.

○ 산지유통은 산지에서 농산물을 일반저장, 저온저장하여 성수기에 출하를 억제하고 비수기에 분산출하하는 출하조절을 함으로써 시간효용을 창출한다.

○ 산지는 농산물을 소비지에 출하함으로써 장소효용을 창출하며, 산지가공공장에서 농가나 생산자조직이 가공을 통해 형태효용과 부가가치를 창출하고 있다.

○ 산지유통은 농산물 생산후 품질, 지역, 장소, 이미지를 차별화함으로써 농산물의 부가가치를 높이는 상품화 기능을 수행한다.

○ 농가의 농산물 출하는 개별출하, 생산자조직을 통한 공동출하, 산지유통인 판매, 정부수매, 직거래로 구분된다.

○ 산지에서 생산자조직의 공동출하가 확대되는 반면 산지유통인 수도 줄어들고 산지유통인 취급비중이 저하되어 산지유통인들은 품목과 기능면에서 더욱 전문화되고 있다.

○ 배추, 무, 양배추, 수박, 대파 등은 포전거래를 통해 농가의 소유에 따른 가격위험이 산지유통인에게 전가되어 농가들이 여전히 선호하고 있다.

○ 청과물 중심의 농산물 산지유통센터(APC)는 2010년까지 318개소가 설치, 운영되고 있으며, 그 밖에도 쌀 위주의 미곡종합처리장(RPC)이 2003년까지 328개소, 축산물의 위생적인 도축, 부분육 가공을 전문으로 하는 축산물종합처리장(LPC)이 9개소 건설되어 운영중에 있다.

○ 산지유통조직으로는 작목반과 공선출하회, 영농법인 등 기초조직과 대규모 조직화된 연합판매사업단, 산지유통전문조직, 공동마케팅조직이 있다.

제**7**장 협동조합 유통

1 협동조합 유통의 개념과 효과

1.1 협동조합 유통의 개념과 목적

농민들이 협동조합 참여를 통해 경제활동을 하는 동기는 여러 가지가 있으나, 기본적인 동기는 경제적 약자인 농가들이 협력하여 공동출하와 거래교섭력을 제고함으로써 **경제적 후생**(보통은 소득증대로 나타남)을 증진하는데 있다. 합리적인 농민이라면 협동조합 사업에 참여함으로써 후생이 증진되지 않는다면 자발적으로 참여하지 않을 것이다.

협동조합은 농민들의 다양한 개별 경제활동을 하나의 협동조합으로 통합(수직적 통합 또는 수평적 통합)함으로써 **규모의 경제**를 실현하고, 이를 바탕으로 도매상, 수집상, 가공업자, 소매업자들과의 거래상황에서 **거래교섭력**을 높이는데 목적을 두고 있다. 규모의 경제가 실현되어 협동조합을 통해 농산물 공동판매, 농자재 또는 생활물자 공동구매 등이 실현되면 조합원 개인이 농산물을 판매하거나 영농자재 또는 생활물자를 구매하는 것보다 산출 또는 서비스가 증가하거나 비용이 절감되는 효과가 있다. 만약 그렇지 않을 경우에는 협동조합 조직의 인센티브가 없다고 할 수 있다.

농산물시장이 **완전경쟁시장**이라면 협동조합과 같은 특별한 형태의 사업조직이 존재할 이유가 없다. 그러나 완전경쟁시장은 이상적인 시장이며, 우리나라와 같이 영세한 농가입장에서는 농자재산업에서 공급자 **독과점적 시장**에 직면하게 되고, 농산물시장에서는 수요자 독과점적 시장에 직면하고 있다. 농산물시장에서는 실제 거래상황에서 농산물 자체의 부패성, 지역적 상황, 구매상인 및 가공업자의 취급품목 제한, 그리고 시장정보의 상인집중과 왜곡 등으로 인해 판매자와 구매자 사이에 시장력의 불균형이 빈번하게 발생하고 있다.

이러한 상황에서 농민들은 산지 판매단계에서 **수평적 조정**(vertical coordination) 또는 통합을 통해 개별적으로 약한 시장력을 높이고 도매, 가공, 소매 등 상위 단계와의 **수직적 조정**을 통해 **거래를 내부화**함으로써 **거래비용**을 절감하고 시장력을 높일 수 있다. 이와 같은 조정을 통해 개별 농민들의 시장력이 보강될 수 있으며, 중간유통활동 및 부가가치활동을 통해 더 많은 부가가치를 농민들에게 귀속할 수 있게 된다.

이와 같이 협동조합의 경제적 정당성이 인정되고 있는 가운데 협동조합 유통의 목적은 일반적으로 다음과 같이 정리될 수 있다. 이 목적들은 특정 상황에서 협동조합이 추진하고 있는 사업을 평가할 때 기준으로 많이 인용되고 있다.

첫째, 협동조합 사업은 시장에서 **경쟁척도**(competitive yardstick)로서 역할을 수행하며 불균형적인 시장력을 견제한다. 산지에서 협동조합 활동으로 시장력을 높임으로써 상인들의 초과이윤을 낮추고, 상품시장에 효율적인 유통시스템을 유지하는데 목적이 있다.

둘째, **규모의 경제 혜택**을 볼 수 있다. 소규모의 개별사업을 협동조합을 통해 확대함으로써 규모의 경제를 실현하여 고정관리비를 분산하고, 예컨대 공동선별장의 통해 농산물을 공동선별함으로써 조합원들의 단위노동력당 비용을 절감하고, 저온저장고의 공동설치와 이용을 통해 시설당 비용을 절감한다.

셋째, 안정적인 **판로 확보**에 있다. 조합을 통해 확보된 소비지 판매처에 농산물의 안정적 공급을 통해 특히 부패성 농산물을 안정적으로 판매하거나 협동조합을 통한 가공사업 추진으로 채소, 과일의 부패성 농산물을 가공하여 보관함으로써 적기에 판매하는데 있다.

넷째, **위험분산**에 있다. 협동조합 특히 판매 및 가공사업 조합이 공동판매로부터 발생할 수 있는 손실비용을 평균하여 조합원들에게 부담토록 하여 위험을 분산하고 이로 인해 조합원 개인의 불활실성이 완화되어 수익 변동을 완화하는데 있다. 특히 위험기피적인 농민이 많은 경우나 생산 전문화로 인해 소득 불안정성이 높은 경우 위험분산은 매우 중요해진다. 물론, 공동판매-공동계산의 경우에 사업참여 농가의 저품질 상품공급과 도덕적 해이(moral hazard)로 인해 판매상품의 전반적인 품질저하가 초래될 수도 있다.

1.2 협동조합 유통의 기대효과

협동조합 유통의 기대효과를 이론적으로 간략히 살펴보면 다음과 같다. 우선 **신고전파 모형**에서는 협동조합에서 농산물 포장센터나 가공공장을 운영할 경우, 이윤극대화를 추구하는 민간업체가 완전경쟁구조가 아닌 독과점 구조하에 있을 때, 농민조합원인 생산자의 수취가격을 높이고, 농산물의 판매를 증가시키며, 상인 및 가공기업의 초과이윤을 감소시키는 효과를 나타내게 된다.

게임이론 및 조직론적 모형에서는 협동조합을 생산자에 의한 전후방 유통단계의 **수직적 통합**(Vertical Integration)의 관점에서 파악하고 있다. 이 이론에 의하면 농업생산자가 협동조합을 결성하여 유통부문에 참여하여 얻게 되는 이득은 다음과 같이 크게 네가지 측면에서 설명될 수 있다.

첫째, 유통마진의 절감으로 생산자가 유통부문을 수직적으로 통합함으로써 효율성을 증가시키게 되며, 구체적으로 **거래비용**(transaction cost)를 절감시키게 된다는 것이다.

둘째, **독점화**(Cartelization)로서 협동조합을 통해 시장교섭력이 제고된다는 것이다. 그러나 카르텔이 성공하기 위해서는 시장점유율이 높아야 하며, 무임승차자(free rider)의 문제를 없애기 위해서 정부의 법적인 뒷받침을 받아야 한다. 협동조합은 조합원간의 공동사업이라는 협동이 담합 형태가 되어 공정거래법에 위배되는 활동이기도 하다. 그러나 경제적 약자인 농가가 대형화된 독과점기업에 대응하는 수단으로 보아 공정거래법 상 담합행위에서 예외로 보는 것이 세계적인 추세이다. 미국의 경우 유명한 특별법인 **캐퍼볼스테드법**(Capper-Volstead Act, 1922)에서 농업협동조합의 활동은 독점금지법의 저촉을 받지 않는다고 명시되어 있다.

셋째, 민간 유통업자의 시장지배력을 견제한다는 것으로 협동조합이 유통사업에 참여함으로써 상인의 초과이윤을 억제하는 것이다. 특히, 가공사업의 경우 협동조합이 직접 참여하지 않더라도 협동조합의 참여가능성은 민간가공업체의 초과이윤 기회를 감소시키게 되는 효과가 있다.

넷째, 시장확보 및 위험분산으로 안정적인 시장의 확보와 가격의 안정화를 유도한다는 것이다. 또한 농업 생산자의 **경영다각화**를 유도하는 효과가 있다

1.3 협동조합 유통사업의 종류

협동조합의 유통사업 체계는 운영주체에 따라 회원조합, 중앙회, **유통자회사**로 구분되며, 유통단계에 따라 회원조합 중심의 산지유통 및 가공, 중앙회 중심의 도매유통(소비지 공판장, 도매물류센터), 중앙회(분사 및 직영) 및 유통자회사 중심의 소매유통(농협유통, 하나로마트 등)으로 구분된다. 그 외에에도 회원조합을 대상으로 하고 중앙회에서 지도, 협상, 계약 등 지원을 하는 수출(농협무역), 가공, 군납 등이 있다.

산지 회원조합의 유통사업 종류에는 첫째, 수탁 중심의 계통출하로 저율의 수수료 또는 무료 서비스로 **수탁판매사업**을 수행하고 있으며, 둘째, **매취판매사업**으로서 조합원 농산물을 매취하여 조합 자체로 저장, 선별포장, 가공 등 상품화과정을 거쳐 판매한다.
셋째, **산지공판사업**으로 농산물의 주산지 농협에서 계절적인 산지공판 또는 지역에서 소비하기 위한 농산물까지 판매하는 지역공판, 그리고 일부 소비지에 소재

한 회원조합에서는 소비지 도매형 공판사업을 수행하고 있다.

넷째, **가공사업**으로 지역 조합원들이 출하하는 농산물이나 특산물을 원료로 하여 가공사업을 수행한다.

다섯째, 산지유통시설을 중심으로 한 공동선별, 표준규격화, 브랜드화, 저장 등 **수확후 상품화**를 통해 부가가치를 제고하는 활동을 수행하고 있다.

중앙회의 유통사업의 종류로는 첫째, 소비지 공판활동으로 주로 공영도매시장 내에서 법인으로 도매유통을 수행하는 경우, 둘째, 도매물류 활동으로 물류센터를 중심으로 한 현대적인 도매물류사업을 수행하는 경우, 셋째, 소매활동으로 하나로클럽, 하나로마트 등 소매점포를 개설하여 소매활동을 수행하는 경우, 넷째, 대형수요처, 군납 등 대량직거래 납품사업을 수행하는 경우, 다섯째, 인터넷쇼핑, 전자상거래 등을 수행하는 경우가 있다.

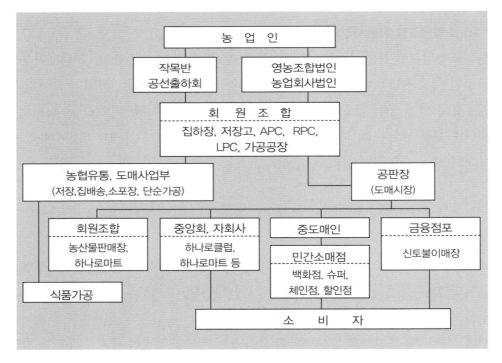

〈그림 7-1〉 협동조합 유통사업 체계

2 공동출하 – 공동계산제

2.1 공동계산제의 개념

공동계산(pooling)이란 공동출하의 한 방법으로 다수의 개별 농가가 공동출하를 함에 있어 생산한 농산물을 출하자별로 구분하는 것이 아니라 각 농가들의 상품을 혼합하여 등급별로 구분, 관리·판매하여 그 등급에 따라 비용과 대금을 평균하여 농가에 정산하는 방법을 말한다. 즉, 일정한 기간 내에 출하처나 출하시기에 따른 판매가격의 차이에도 불구하고 판매대금을 개별 농가의 등급별 출하물량에 따라 배분한다.

생산자가 협동조합을 통해 공동출하를 함에 있어서는 (1) 무조건 위탁, (2) 평균판매, (3) **공동계산** 등 세 가지 원칙을 전제로 한다.

이 중에서 **공동계산**이란 정산과정을 통해 판매시기, 판매처, 판매방법에 관계없이 일정한 기간에 판매한 농산물에 대해서는 판매 대금과 비용을 공동으로 계산하여 등급에 따라 동일한 가격을 지불하는 것이다. 이는 개별성을 무시하고 공동으로 계산하여 생산자간 불공평성을 제거하기 위한 것이다. 그러나 농산물은 지역이나 생산조건에 따라 품질이 다양하기 때문에 공동계산에 어려움이 따른다. 특히, 소규모의 영세한 생산자 다수가 공동출하에 참여할 경우에는 생산자간 품질격차가 크기 때문에 공동계산에 어려움이 크다.

농산물 **공동계산제의 장점**으로는 가격변동이나 개별출하로부터 개별농가의 위험을 분산하고, 농산물 출하를 협동조합 공동판매에 의뢰할 수 있어 유통에 전문성이 있는 협동조합의 마케팅 능력의 혜택을 받을 수 있다. 또한 협동조합이나 작목반 단위로 공동출하를 함으로써 거래교섭력이 제고될 수 있으며, 대량거래의 유리성과 판매와 수송 등에서 규모의 경제를 얻을 수 있고 개별적으로 힘든 품질관리를 공정하고 엄격하게 수행함으로써 품질을 높일 수 있다.

〈표 7-1〉 공동계산제의 장점

구 분	내 용
① 개별농가의 위험분산	• 생산농민들은 특정 기간에 걸쳐 생산품을 출하하고, 평균가격을 받음에 따라 주기적인 가격변동 혹은 소비수요 변화로 인해 발생하는 가격변동위험을 최소화할 수 있음. • 다품목 공동계산 참여농민들은 협동조합의 전반적인 마케팅 플랜의 다양화로부터 이익을 얻기 때문에 추가적인 위험분산 획득 가능
② 협동조합 마케팅 능력 제고 (출하조절용이)	• 협동조합의 수확, 출하시기 조절은 지속적 공급을 가능하게 해 주며, 구매자, 판매자의 필요를 알기 때문에 시장 흐름을 적절히 조정할 수 있으며 구매자들과의 관계를 개선함. • 단순 공동출하 반원간 이해조정이 어려워 출하조절이 어렵지만, 공동계산시에는 출하시기와 출하시장을 적절히 조정할 수 있음.
③ 시장교섭력 제고	• 협동조합 또는 작목반 단위로 대량 농산물을 판매하게 되어 시장에서 교섭 지위가 향상되고, 높은 가격을 받을 수 있음.
④ 규모의 경제	• 비용이 분담되기 때문에 수확후 처리(등급, 포장, 가공, 분배, 운송 등)의 단위당 비용을 낮춤.
⑤ 품질관리	• 엄격한 품질관리로 시장에서 평판을 얻어 경쟁력 향상
⑥ 대량거래의 유리성	• 단순 공동출하시 거래가 농가별로 어루어져 소비지 도매시장 등에서 하차, 진열, 경매 등 상품관리를 농가별로 구분해야 하고, 작업시간 과다, 상품손실 발생 등 부가적 비용이 발생하여 비효율적임. • 따라서 농구구분 없이 등급별로 거래하면, 1회 거래물량이 많아지고 거래 및 상품분류작업 소요시간이 절약되고 상품성 저하가 방지됨.

반면 공동계산제를 시행하는데 **문제점**도 따르고 있다. 공동계산제는 공동계산이 판매 후에 이루어지므로 농가들의 자금수요에 부응하지 않을 수 있으며, 농가 중에서도 판매능력과 고품질 생산능력이 있는 농가의 경우 단기적으로 불리할 수도 있다. 또한 갑작스런 시장 변화에 직면해 협동조합이나 작목반에서 판매 적기를 놓칠 수도 있고 저장 시 대량 물량의 품질변화 가능성도 있으며, 판매전문가가 없을 경우 상대적인 손실을 볼 수도 있다.

〈표 7-2〉 공동계산제의 단점

구분	내용
① 농가 지불금 지연	• 공동계산 회원들은 공동계산이 끝날 때까지 완전한 지불을 받지 못해 일시적인 자금문제에 부딪칠 수 있음.
② 개성 상실	• 농가들은 협동조합이나 작목반에 판매결정권을 양도해야 하기 때문에, 농가 중에서 협상을 즐기거나 판매기술이 있거나 위험을 선호하는 경우 개별판매가격보다 낮을 수 있음. • 그러나 장기적으로는 결정권을 양도하는 것이 농가에게 유리함.
③ 유동성 저하	• 협동조합이 갑작스런 시장 변화에 직면해 대량 물량, 품질, 판매 타이밍 등에서 어려움에 직면할 수 있음. • 그러나 장기 시장안정으로부터 오는 이익이 단기 손실보다는 큼.
④ 전문 경영 기술 부족	• 성공적인 공동계산 프로그램은 효과적인 마케팅플랜을 개발하는 데에 필요한 시간과 돈을 투자하는 조합과 생산자 회원들의 자발성 뿐만 아니라, 지식과 숙련된 경험이 있는 팀이 필요함.

2.2 공동계산제의 기대효과

농산물 공동출하가 일반화되면 여러 가지 **경제적 효과**를 기대할 수 있다. 이를 주요 경제 주체별로 검토하면 다음과 같다.

첫째, 농산물을 생산·판매하는 생산자는 농산물 공동출하의 실질적 주체이며, 이들의 참여가 없으면 공동출하는 불가능하다. 따라서 공동출하의 확대를 위해서는 이들에게 실질적인 경제적 편익이 제공되어야 한다. 공동출하를 할 경우 생산자는 **수취가격을 제고시키고 유통비용을 절감**하는 경제적 효과를 기대할 수 있다.

또한 공동계산은 생산자의 **농가소득 안정**에 기여한다. 농산물 판매가격은 연도별, 시기별 및 시장에 따라 크게 변동할 뿐만 아니라 같은 시장에서도 시황변동에 따라 시간대별, 판매자별로 크게 변동한다. 이러한 급격한 가격 변동은 농가소득을 불안정하게 하기 때문에 농산물 가격안정은 항상 농업정책의 중요한 과제가 되어 왔다.

공동계산은 이러한 가격 변동에 따른 위험을 회피함으로서 농가소득 불안정을 완화하여 경영에 따른 위험을 회피하는 주요한 수단이 되고 있다. 즉, 공동출하·공동계산에 참여한 생산자는 일정한 기간에 판매한 농산물에 따라 등급별로 평균가격을 받기 때문에 판매시기나 시장 선택에 따른 가격 변동의 위험을 회피할 수 있으며, 농가소득도 상당 정도 안정된다.

둘째, 농산물 구매자의 측면에서 공동출하가 확대되면 필요한 상품을 안정적으로 구매할 수 있게 된다. 특히 **예약거래**를 중심으로 하는 대형 유통업체의 경우, 산지에서 농산물을 직접 구매하는 것이 일반적으로 유리한 것으로 인식되어 있으나 현재 산지에서 농산물을 직접 구매하는 것은 한계가 있다. 그러나 생산자단체가 조직화되어 공동출하를 할 경우에는 대량구매를 통해 수집비용을 절감할 수 있을 뿐만 아니라 생산관리와 계약을 통해 농산물의 품질, 규격, 구매시기를 미리 조정할 수 있어 필요한 품질과 양의 농산물을 안정적으로 구매할 수 있는 이점이 있다. 따라서 산지의 공동출하 기반이 확충되면 구매자 특히 대형 유통업체는 농산물 구매비용을 절감할 수 있게 되고, 품질과 물량에서 구매에 따른 위험을 줄일 수 있다.

셋째, 협동조합을 통해 공동출하가 활발하게 이루어질 경우, 공동출하 사업은 협동조합 경영에 기여하게 된다. 즉, 협동조합은 생산자에게 공동출하에 따른 각종 서비스를 제공하며, 이에 상응한 수수료를 받게 된다. 따라서 수수료는 조합의 수익이 된다. 공동출하사업이 활성화되면, 직접적인 수익 이외에도 생산자 조합원이 조합을 통해 농산물을 판매하든가 영농에 필요한 각종 농업자재를 구입하게 됨으로써 수익증대에 기여할 수 있는 간접적 효과가 있다. 특히, 공동출하를 비롯한 판매사업은 다른 사업에 미치는 **상승효과(synergy effect)**가 매우 큰 것으로 지적되고 있다.

넷째, 국가 경제적 측면에서 공동출하가 확대되면 개별출하에 비해 자연히 '규모의 경제'를 통해 유통 효율성이 증진되므로 수송비, 물류비 등 각종 유통비용을 절감할 수 있게 된다. 또한 거래단위가 커짐으로써 거래에 따른 비용을 줄일 수 있다. 더욱이 공동출하를 하면서 엄격한 등급화로 표준규격품을 출하하면, 상품을 직접 눈으로 확인하지 않고 **견본거래**(transaction by sample) 또는 **통명거래**(transaction by description)를 함으로써 거래 시간의 단축은 물론 거래비용을 크게 줄일 수 있다. 또한 거래 시간이 단축되면 유통 중에 발생하는 농산물의 품질 저하와 감모량을 줄일 수 있다.

이러한 유통효율화에 따른 유통비용 절감 효과는 소비자의 식품구입가격을 낮추고 생산자의 농산물 판매가격을 높이는 효과를 가져오며, 결국은 국내산 농산물의 상대적 경쟁력을 높이는 역할을 하게 된다. 또한 공동출하는 표준규격출하를 가능하게 함으로써 농산물 거래에 있어 공정성을 높인다.

또한 공동출하는 생산자의 농산물 수취가격을 높여 농가소득을 증대시키며, 공동계산을 통해 농산물 판매가격 변동에 의한 소득불안정을 완화하는 역할을 한다. 이러한 경제적 효과는 정부로 하여금 공동출하를 적극 추진하게 하는 동기를 부여하고 있으며, 그간 공동출하 · 공동계산의 확대는 산지 농산물 유통개선의 핵심적 정책과제가 되어 왔다.

3 선진국 협동조합 유통

협동조합 유통에서 선진국이라 함은 주로 유럽과 미국의 경우를 들고 있다. 유럽과 미국의 협동조합 운동은 전통적으로 **협동조합 원칙**을 고수해 왔으나 1980년대 이후에 적극적인 변화가 모색되고 있는 추세이다. 특히 조합원들의 소득과 직결되는 판매사업 분야에서 새로운 바람이 일고 있다.

미국, 캐나다 등 북미지역은 1990년대부터 기업경영 방식을 도입하여 가공사업 위주로 협동조합을 운영하는 새로운 형태의 **"신세대 협동조합"**(New Generation Cooperative)이 등장하였다. 한편 유럽지역은 **협동조합기업**(Cooperative Firm)의 설립이 활발히 이루어져 판매사업분야를 자회사하거나 수직적 통합, 다른 협동조합과의 합병, 민간기업과 합작투자하는 등 다양한 형태의 협동조합기업 형태가 나타나고 있다.

이와 같이 협동조합 운동이 판매사업, 가공사업을 중심으로 기업적 경영방식이 적극적으로 도입된 배경에는 그만한 이유가 있다. 우선 사회경제적으로 농가인구가 감소하고 농업노동력이 고령화되고 농가경제, 지역경제가 악화됨에 따라 새로운 활력을 줄 수 있는 새로운 발상의 협동조합이 필요하게 되었으며, 지역사회와 농업의 지속성을 유지하기 위해 협동조합에서 새로운 판매사업 영역을 개발함으로써 지역농산물의 부가가치를 적극적으로 창출할 필요를 절감하게 되었다.

또한 시장개방이 확대되고 소비지를 중심으로 초국가적인 대형유통업체의 시장 점유율이 높아지는 등 유통질서가 개편됨에 따라 협동조합이 규모화만으로 경쟁력과 거래교섭력을 확보하기에 한계를 노정하게 되어 기업경영요소를 도입하여 자구책을 마련하게 되었다. 여기서는 미국과 유럽의 새로운 협동조합유통에 대해 정리한다.

3.1 미국의 신세대 협동조합

가. 미국의 협동조합 변화와 신세대 협동조합의 출현

미국의 농산물 산지유통은 일부 대규모농장을 포함한 **민간유통기업**과 협동조합에 의해 수행되고 있다. 농가들은 대규모농가의 경우 직접 **산지포장센터**(packing house)를 운영하면서 소비지 대형유통업체나 도매시장의 도매상과 거래하고 나머지 농가들은 협동조합을 통해 농산물을 판매하거나 산지에 포장센터를 운영하는 개인유통기업에 계약재배를 통해 농산물을 판매하고 있다. 산지의 협동조합은 **시장점유율**이 20% 내외로 줄어들고 있으며, 이는 특히 영농규모가 대규모화되면서 농가들이 개별적으로 유통을 하기 때문이다.

미국의 협동조합은 농산물 무역환경의 변화, 규제완화, 농업부문의 새로운 변화 등에 대응하여 다양한 형태로 변화되었다.

첫째, 대규모화된 형태로 발전하는 형태이다. 이런 부류의 협동조합은 다양한 상품을 판매하는 협동조합으로 비용절감과 효율성 제고 그리고 자본조달의 문제를 해결하기 위해 규모화를 추구하고 있다. 그러나 이러한 형태는 조합의 통제가 약화되는 문제를 초래하고 있다.

둘째, 조합원 결속이 보다 강화된 형태로의 전환이다. 이러한 형태는 주로 낙농분야에서 나타나고 있으며, 조합원의 의무와 조합원에 의한 통제가 더욱 강화된 방향으로 전환되고 있다.

셋째, 신세대협동조합으로 변화하는 형태이다. 이는 주로 부가가치창출 분야에 참여하고 있고 다른 기업과의 **전략적 제휴**가 강조되는 형태이다.

넷째, 소규모 전문화된 협동조합이다. 이는 주로 유기농업분야에서 나타나고 있으며 강력한 품질증명과 규제가 필요한 분야에서 나타난 형태이다.

미국의 신세대협동조합(NGC)은 1974년에 미국 미네소타에서 처음 출현한 이후 현재 미국과 캐나다에는 약 200개의 조합이 운영되고 있다. 신세대협동조합은 전통적인 **개방형 조합원주의**를 채택하여 운영하고 있던 북중미지역을 중심으로 많이 출현하고 있다. 반면, 서부지역은 조합원과 조합의 판매계약에 의해 운영되고 있어 상대적으로 신세대협동조합 결성의 필요성을 적게 느끼고 있다.

미국의 농산물 판매협동조합을 크게 두 가지로 구분하여 보면 다음과 같다. 첫째, **교섭협동조합**(Bargaining Co-op)은 주로 서부지역에서 나타나고 있으면서 가공업자와 구매자에 대해 거래조건을 협상하는 조합으로서 시장력(market power) 또는 대항력(countervailing power)를 제고하여 조합원의 농산물을 보다 높은 가격으로 판매하도록 하는 것을 목적으로 한다. 계약조건을 먼저 설정하면 농가가 조합원으로 참여할 것인가를 선택한다.

둘째, **농산물 가공조합**(Processing Co-op)은 조합원에게서 원료농산물을 공급

받아 가공 판매하고 잉여를 조합원에게 분배하는 부가가치 창출을 목적으로 하고 있다. 조합원과 조합의 계약에 의해 의무와 책임이 부과되고 있다.

신세대 협동조합은 후자에 속하는 협동조합으로 전문화된 **틈새시장**(niche market)을 목표로 하여 조합원에게 보다 많은 부가가치를 창출하여 주는 것을 목적으로 하고 있다. 특히, 농산물시장의 규제완화인 세계화(globalization)에 따라 원료농산물가격이 지속적으로 하락함에 따라 감소한 소득을 충당하기 위한 부가가치 창출에 관심을 두면서 발달하기 시작하였다.

〈표 7-3〉 전통적 농업 및 협동조합과 새로운 농업 및 협동조합 비교

전통적 농업	새로운 농업
• 상품중시, 현물시장(spot market) 대상 • 농가는 다양한 활동을 수행 • 생산단계는 서로 독립적 관계 • 가격과 생산 위험이 중시 • 독점적 가격설정 위험에 관심 • 자본이 통제의 원천	• 차별화된 농산물; 협상과 계약을 중시 • 전문화; 생산단계의 분화 • 서로 연관된 관계로 생산단계 설정 • 거래관계위험, 식품안정성 중시 • 정보접근에 관심 • 통제의 원천이 정보
전통적 협동조합	**새로운 협동조합**
• 수요에 따라 원료농산물 판매 • 다양한 조합원을 대상으로 다목적 협동조합 (multi-purpose co-op) • 협동조합은 농촌지역에 위치 • 정부가격지지가 중요한 보호수단 • 대항력이 협동조합 결성 원천 • 물적자본에 대한 투자; 무형자산 투자 기피	• 조합원과 계약관계 중시 • 보다 전문화; 틈새시장에 관심 • 농가를 다른 부문과 네트워크를 형성시켜주는 수단 • 거래관계 위험을 축소 • 농가의 정보전달에 중점 • 농가의 정보를 보다 활용하는 데 투자 확대

따라서 신세대협동조합은 다양한 분야 특히 전문화된 분야에서 가공을 통한 부가가치를 창출할 수 있는 분야에서 많이 출현하고 있다. 신세대협동조합이 출현하게 된 배경에는 농업의 변화라는 외부적 여건과 이에 대응한 협동조합 운영방식에서 전통적 협동조합 운영원칙이 적합하지 않은 내부적 요소가 함께 작용하고 있다. 첫째, 협동조합 외부적 요인이다. 농업부문에서 가장 큰 변화는 전통적 형태에서

산업화(industrialization) 형태로의 전환이 진행되고 있다는 것이다. 과거에는 농업생산이 불확실하다는 것이었으나 점차 농업생산이 예측 가능해지고 있고, 나아가 **공장형 농업생산**이 증대하고 있다.

이러한 변화의 핵심요소는 상품과 생산에 의한 시장지배가 점차 약화되고 있고, 농업생산에서도 보다 많은 자본을 필요로 하게 되며, 시장에서 농가 및 기업의 의사결정에서 상호 의존성이 점점 더 증대하고 가격 및 생산의 위험보다도 거래관계의 위험과 식품안정성에 대한 위험이 보다 더 중요하게 되어 정보가 시장을 지배하고 조정하는 힘의 원천이 된다는 것이다.

이러한 농업부문의 변화에 따라 수직적 조정(Vertical Coordination)과 통합이 나타나고 있다. 기업들은 필요한 시기에 변함없는 품질의 원료농산물을 확보하는 것이 핵심요소이어서 이러한 수직적 관계가 중요시되고, 소비자들이 차별화 되거나 고품질의 식품에는 높은 가격을 지불할 의사를 가지고 있으므로 농업생산이 소매단계와 독립적으로 이루어질 수 없다. 이러한 가치는 종자 선택과 수집과정에 의해 유지되므로 서로의 조정관계를 유지하는 것이 필요하게 되고 정보가 중요한 가치를 가진다. 신뢰가 관계위험(relationship risk)의 중요한 요소가 되어 가격이나 생산의 위험보다 더 위협적이다. 약속된 농산물을 공급하지 못하면 더 이상 사업을 할 수 없다.

이러한 변화는 협동조합에도 영향을 미치고 있다. 전통적 협동조합은 투입재 공급과 1차 농산물 판매에 집중하여 산업구조에서 독립적으로 기능을 수행하여 농산물 가격과 생산의 위험에 관심을 두고 있으며, 정부정책도 이러한 문제를 해결하는데 중점을 두고 있다. 따라서 전통적 협동조합은 시장교섭력을 확보하는 데 집중하여 조합원에게 대응력(countervailing power)을 제공하기 위하여 저장, 수집시설 및 가공시설에 과도하게 투자한다. 변화하는 농업부문은 협동조합의 변화를 요구하고 있는데 계약을 통하여 식품산업체계의 다양한 분야에서 전문적인 기능을 수행하도록 한다.

신세대협동조합은 이러한 배경에서 출현하여 보다 체계적인 관점에 사업을 하면서 조합원의 기회주의적 행동과 거래관계의 위험을 축소하는데 중점을 두고 있다. 둘째, 협동조합 내부적 요인이다. 협동조합은 초기에는 조합원이 동질적이고 공통의 관심사를 가지고 있어서 이념이 강조되고 조합원 소유와 통제가 강하여 일반기업과 차별성을 보였으나, 조합원이 이질화되고 관심사에 차이가 있으면서 조합원 소유의식이 약해지는 소위 '**재산권의 문제**'가 나타나게 된다.

한편 **개방형 조합원주의**(Open Membership)를 채택하고 있는 전통적 협동조합에서는 조합원 이익을 극대화하는 사업규모를 유지하기 어렵고 거래관계의 지속성을 유지하기 어렵다.

나. 신세대협동조합의 운영방식과 특징
미국의 신세대협동조합은 이러한 문제를 해결하기 위하여 **폐쇄형 조합원주의**와 출하권의 부여, 출자금의 거래허용 등의 새로운 운영원칙을 선택하고 있다.

1) 출하권
신세대협동조합의 출자금은 생산자에게 조합원의 자격을 부여하는 동시에 농산물을 출하할 수 있는 권리와 의무를 부여하고 있다. 사업물량이 확정되면 출자금 1좌당 출하할 수 있는 규모가 확정되고 출자자인 조합원은 출자한 만큼 출하하여야 하는 의무를 가진 조합원과 조합의 쌍방 의무관계를 계약한 것이다. 조합원이 출하의무를 이행하지 못할 경우에는(물량뿐만 아니라 품질에 대한 규정까지도 포함) 조합은 그만큼의 농산물을 다른 시장에서 구입하고 이에 따른 비용은 해당 조합원에게 부과한다.

출하권에 의해 개별조합원의 조합 이용비율과 출자비율을 일치시킴으로써 **이용고배당**에 따른 조합원의 무임승차문제를 해결하고 있다. 즉, 출자금에 의해 조합에 출하하는 농산물의 물량이 고정되어 있어 폐쇄형 조합원주의보다 더 엄격한 물량규제를 실시하고 있다. 폐쇄형 조합원주의에서도 정도의 차이가 있지만 시장상황의 변화에 의해 출하물량의 변동은 발생한다.

그러나 신세대협동조합에서는 협동조합의 가공능력에 적합한 규모의 농산물을 언제나 공급받을 수 있어 효율적인 가공수준을 유지할 수 있다. 이점 때문에 계약에 의해 운영되는 서부지역의 협동조합에서는 신세대협동조합이 새로운 개념이 아니라는 주장을 제기하고 있다. 따라서 신세대협동조합은 폐쇄형 조합원주의보다 더 강한 조건을 가지고 있다.

2) 폐쇄형 조합원주의

전통적 협동조합에서는 협동조합이 유리하면 농가는 언제나 출자금을 부담하고 조합원으로 자격을 획득하여 조합사업을 이용할 수 있다. 그러나 신세대협동조합은 조합을 이용하고자 할 경우 그만큼의 출자금을 구입해야만 한다. 심지어 출하권을 구입할 뿐만 아니라 농장자체를 동시에 구입하는 경우도 있다. 출자좌당 출하물량이 규정되어 있어 자연스럽게 폐쇄형 조합원주의를 유지할 수 있다.

이에 따라 조합은 언제나 필요한 농산물을 조합원으로부터 출하 받을 수 있고, 자본금의 변동이 없다. 폐쇄형 조합원주의를 유지하면서도 새로운 진입을 엄격히 제한하지 않으며, 생산자간의 출자금을 거래할 경우에는 자유로이 거래하는 것이 아니라 조합이사회의 사전 승인을 받아야 한다.

3) 높은 초기 자기자본 투자 비율 유지

출하권의 존재로 신세대협동조합은 전통적인 협동조합보다 조합원으로부터 충분한 자기자본을 조달하고 있어 경영의 안정을 달성한다. 신세대협동조합은 30~50%의 자기자본을 조달하고 있어 부채비율이 그만큼 낮다.

부가가치 창출형 협동조합의 변화의 가장 큰 요인이 자기자본조달 능력의 확보이다. 유럽의 협동조합은 이러한 문제를 해결하기 위하여 주식회사로 전환하거나 우선출자를 허용하고 있어 협동조합의 원칙을 위배하고 있으나 신세대협동조합은 이러한 문제를 협동조합 내부에서 해결하고 있다. 신세대협동조합이 사업규모를 확대하고자 할 경우에도 새로이 출하권을 발행함으로써 자본조달의 애로를 해결할 수 있다.

신세대협동조합을 결성하고자 하는 지도자는 먼저 사업계획서를 수립하고 이를 인정하는 조합원에게서 출하권을 판매함으로써 사전에 초기 자기자본을 많이 조달할 수 있다. 사업계획이 적절하지 못할 경우에는 출하권을 판매하지 못하여 협동조합결성이 어렵게 된다.

4) 출하권의 거래허용

신세대협동조합의 가장 큰 특징 중의 하나가 바로 출하권의 거래를 허용하고 있다는 것이다. 농업에서 퇴출하거나 협동조합사업이 이익을 제공하여 주지 못한다고 판단하는 조합원은 출하권을 양도함으로써 쉽게 조합에서 퇴출할 수 있다. 그러나 출하권을 양도하기 위해서는 이사회의 사전승인을 받아야 하는데 이는 농업생산자가 조합원이 되도록 하기 위한 것이다. 부적격 조합원의 출현을 방지하고자 하는 것이지 거래를 규제하기 위한 것은 아니다.

출하권의 양도가능성은 협동조합이 갖고 있는 조직구조상의 문제점인 경영성과 평가의 부족과 장기투자를 저해하는 기간의 문제 그리고 조합원의 포트폴리오 문제를 해결하여 주는 장점이 있다. 조합경영성과와 미래의 잠재적 가치에 따라 출하권의 가격이 변동하므로 외부에서 객관적으로 경영성과와 협동조합의 가치를 평가하여 준다. 개별조합원은 이사회를 통하지 않고도 경영자를 통제할 수 있다. 미래의 가치가 낮다고 판단되면 출하권을 양도하고 조합에서 탈퇴함으로써 대응할 수 있다.

동시에 자신의 선호에 의해 투자하는 포트폴리오를 형성할 수 있어 출자 자체가 손해가 되지 않아 출자를 확대할 수 있다. 또한 무형자산에 대한 가치가 출하권의 가격에 반영되고 있어 장기투자와 같은 위험있는 투자를 가능하도록 한다.

출하권의 양도는 그 시장이 매우 엷어서 주식시장과 같이 충분한 역할을 수행하지는 못한다. 그렇지만 출하권의 양도 가능성은 전혀 새로운 형태의 협동조합운영원칙인 것이다.

3.2 유럽의 협동조합기업

가. 협동조합기업의 개념과 유형

협동조합기업은 포장·가공·저장 등을 통해 조합원이 생산한 농산물의 부가가치를 증대시키기 위하여 조합원을 주주로 하여 자본을 조성하고 기업적 운영방식을 도입하는 판매협동조합의 형태이다.

협동조합기업은 조합원이 생산한 다수의 품목을 신선농산물 형태로 판매하고 조합을 통해 물량을 규모화하여 시장교섭력을 높이는데 중점을 두었던 기존의 판매방식과 달리 시장성 있는 일부 품목을 중심으로 새로운 포장이나 가공 등을 통해 시장을 개척해 나가는 적극적인 마케팅전략을 추구하고 있다.

따라서 협동조합기업은 급변하는 시장환경에 능동적으로 대응하고 조합원들의 실익을 증대하기 위하여 협동조합의 장점과 기업운영반방식의 장점을 혼합한 판매협동조합이 진화한 모습이다.

협동조합기업은 대부분이 협동조합의 자회사 형태를 지니고 있으며, 주주의 성격, 주식의 조합외부 개방 정도에 따라 ① 주주참여제한형(PLC), ② 조합주주형, ③ 주식거래 부분허용형, ④ 개방형 등 4가지로 구분된다.

첫째, **주주참여제한형 기업**(PLC; Public Limited Subsidary)은 주주의 대부분이 조합원 또는 조합이고 외부인의 참여가 제한된 협동조합 판매자회사이다.

둘째, **조합주주형 기업**(Co-op with Subsidiary)은 조합이나 조합연합회 등이 대주주인 협동조합의 판매자회사이다.

셋째, **주식거래 부분허용형 기업**(Proportional Tradable Shares Co-op)은 외부인의 주식소유가 자한적으로 허용되고 주식의 매매가 가능한 협동조합 판매회사이다.

넷째, **개방형 기업**(Participational Shares Co-op)은 외부인의 주식소유가 완전히 허용된 가장 기업적 특성이 강한 협동조합 판매회사이다.

나. 협동조합기업의 사업전략

첫째, 활발한 **인수합병** 전략으로 다른 협동조합기업과의 합병, 타기업의 인수, 유통계열간 수직접 통합 등 활발한 인수합병을 추진하여 시장환경의 변화에 능동적으로 대응한다.

둘째, 비조합원 물량의 취급비중 확대로 판매사업의 취급물량을 확대하고 시설가동률을 제고하여 경영효율성을 높이기 위해 협동조합 외부의 물량도 적극적으로 취급하고, 심지어는 조합원들의 사전 동의하에 수입농산물도 취급한다.

셋째, 외부자본의 적극적 영입으로 최신의 유통시설을 도입하는 등 투자비용을 원활하게 조달하기 위해 외부 투자자들의 투자를 적극적으로 유치한다.

넷째, 혁신상품과 브랜드 개발로 소매유통경로의 확보와 사장차별화를 위해 혁신적인 신제품을 개발하고 브랜드 개발에 주력한다.

다섯째, 조합원 범위의 확대로 원료 농산물을 안정적으로 확보하기 위해 조합원 자격을 자역에 한정하지 않고 심지어 해외 주산지까지 확대한다.
유럽의 농산물 산지유통은 프랑스, 독일, 영국 등 많은 국가들이 유사하여 여기서는 사례적으로 프랑스의 농산물 산지유통과 협동조합 유통에 대해 간략히 정리해 보았다.

프랑스의 농산물 산지유통은 협동조합과 **전문민간출하상**에 의해 수행되고 있다. 프랑스는 1960년대에 청과물유통현대화정책을 추진하여 생산자와 사장출하를 집단화하고 조직화하였으며, 품질표준화와 공영도매시장 건설을 추진하였다. 그 중에서 생산자와 출하자의 조직화를 위해 정부는 EU 차원에서 법령과 자금지원책을 마련하는 것을 주도하였다.

프랑스의 산지출하조직은 1998년 현재 270여개이다. 그 중에서 협동조합은 132개, 협동조합 연맹은 14개이며, 농업협동이익회사인 SICA가 40개, 협회 19개, 일반법인과 일반조합이 각각 20개씩이 있다.

산지출하조직은 기본적으로 생산품을 집하하고, 기본품질을 선별, 세척하여 등급분류를 하여 포장, 운송을 수행하며, 도매상과 구매센터(소비지 물류센터)에 판매를 담당한다.

협동조합은 조합원 회비로 운영되며, 조합원이 생산한 청과물을 선별, 세척, 포장하여 도매판매를 한다. 협동조합의 조합원들은 반드시 협동조합을 통해 상품을 출하하며, 협동조합은 조합원 생산품만 취급하고 있다.

농업협동이익회사인 SICA는 생산자들과 생산협동조합들이 자본금을 출자하여 설립한 농민협동이익회사로서, 주주들의 생산품을 선별, 세척, 포장, 판매를 수행한다. 주주들은 반드시 SICA를 통해 농산물을 출하하며 취급상품의 수수료로 운영재정을 마련하고 있다. 물론 SICA는 주주들의 생산품 뿐만 아니라 주주들 이외의 다른 생산자들과 생산자조직의 상품도 취급할 수 있다.

SICA는 고유상표를 상용하여 마케팅 활동을 하며, 수출할 수 있는 우수한 영업능력과 기술인력을 확보하고 있다. 최근에는 대형유통업체들의 시장지배력이 강화되면서 이에 대응하기 위해 지역내 협동조합, SICA들과 공동출하하여 영업전문회사를 설립하여 활동하기도 한다.

○ 협동조합은 농민들의 개별 경제활동을 하나의 협동조합으로 통합하여 규모의 경제를 실현하고, 도매상, 수집상, 가공업자, 소매업자들과 거래교섭력을 높이는데 목적이 있다.

○ 공동계산이란 정산과정을 통해 판매시기, 판매처, 판매방법에 관계없이 일정한 기간에 판매한 농산물에 대해 판매대금과 비용을 공동으로 계산하여 등급에 따라 동일한 가격을 지불하는 것이다.

○ 공동계산제의 장점은 개별농가의 위험을 분산하고, 협동조합의 마케팅 혜택을 받을 수 있으며, 공동출하를 통해 거래교섭력이 제고되고, 대량거래의 유리성과 판매와 수송에서 규모의 경제를 얻을 수 있고 품질을 높일 수 있다.

○ 공동계산제의 단점은 사후정산으로 농가들의 자금수요에 부응하지 않을 수 있으며, 판매능력과 고품질 생산농가가 단기적으로 불리할 수 있다.

○ 미국의 신세대협동조합은 가공조합에 속하는 협동조합으로 전문화된 틈새시장을 목표로 조합원에게 보다 많은 부가가치를 창출해 주는 것을 목적으로 하고 있다.

○ 미국의 신세대협동조합은 이러한 문제를 해결하기 위하여 폐쇄형 조합원주의와 출하권의 부여, 출자금의 거래허용 등의 새로운 운영원칙을 선택하고 있다.

○ 유럽의 협동조합기업은 포장·가공·저장 등을 통해 조합원이 생산한 농산물의 부가가치를 증대시키기 위하여 조합원을 주주로 하여 자본을 조성하고 기업적 운영방식을 도입하는 판매협동조합의 형태이다.

1. 유통분야 중 상품 소유권의 이전에 관계되는 것으로서 판촉, 가격결정 등 마케팅 기능을 포함하는 것을 무엇이라 하는가?
   ① 상적유통　　　　　　　② 물적유통
   ③ 정보 유통　　　　　　　④ 심리적 유통

2. 거래활동에는 직접 참여하지 않지만 수송, 보관, 하역, 포장, 정보, 등급화 등 거래에 수반되는 유통기능을 담당하는 기관을 무엇이라 하는가?
   ① 유통조성기관　　　　　② 정보유통기관
   ③ 직접유통기관　　　　　④ 유통단계

3. 다음 중 유통의 직접적인 기능이 아닌 것은?
   ① 상품의 구매　　　　　　② 유통정보
   ③ 수송, 보관, 하역 등 물적유통　　④ 신제품 생산

4. 유통기관들은 재고를 보유함으로써 제품의 진부화, 손실, 변질 등의 물리적 위험은 물론 가격변동과 같은 경제적 위험을 감수하고 있다. 이러한 유통기능을 무엇이라고 하는가?
   ① 금융기능　　　　　　　② 저축기능
   ③ 위험부담기능　　　　　④ 마케팅기능

5. 농산물 유통이 공산품 유통과 차별화되는 특성이 아닌 것은?
   ① 농산물의 상품적 특성이 공산품과 다르다.
   ② 영세 규모의 생산자와 상인이 관련되어 있다.
   ③ 정부의 개입 정도가 비교적 높다.
   ④ 농산물은 재래시장에서 주로 팔린다.

6. 경제발전, 소득증대에 따른 식품소비 형태 변화를 설명한 것 중 <u>틀린</u> 것은?

　① 양적인 소비에서 질적인 소비로 확대된다

　② 후진국에서 벗어나 소득이 늘어나면서 주곡인 쌀 소비가 늘고 있다

　③ 건강과 안전을 중시하는 소비자가 늘고 있다

　④ 먹는 량이나 영양 중시에서 맛, 멋, 예술을 추구하는 수준높은 소비가 늘
　　어난다

7. 소비자 소비 트렌드를 설명한 용여 중 <u>부적절한</u> 것은?

　① 고급화　　　　　　　　　② 차별화

　③ 몰개성화　　　　　　　　④ 간편화

8. 경제발전, 소득증대에 따라 소비자들이 소비하는 식품 중 소비가 늘어나는 품목
　도 있고 줄어드는 품목도 있다. 다음 중 소비가 줄어드는 품목은?

　① 가공식품

　② 저위보전식품

　③ 고위보전식품

　④ 건강식품

9. 유통기술의 발전은 농산물유통에서 시간효용과 장소효용 등을 높여준다. 다음 중
　선진적인 저장기술이 <u>아닌</u> 것은?

　① 저온저장

　② 파렛타이징(palletizing)

　③ 예냉(precooling)

　④ 큐어링(curing)

10. 운송, 저장, 선별포장 기술의 변화와 정보화의 급진전 등 기술환경의 변화는 유통의 선진화에 크게 기여할 것이다. 다음 서술 중 틀린 것은?
   ① 수송기술의 변화는 농산물 유통활동에서 농산물을 장소적으로 이동시킴으로써 장소효용을 제고시키는 기능을 수행한다.
   ② 예냉(precooling) 등 농산물 저장기술의 발전은 농산물유통에서 상품성 제고, 수확 후 손실 감소 등의 획기적인 변화를 가져오고 있다
   ③ 정보화의 급진전으로 전자상거래가 발전하여 농민들의 정보력을 크게 신장시키고 직거래 확대와 물류비를 절감시킨다.
   ④ 선별포장 기술의 발전으로 시간효용을 제고시킨다.

11. 다음 중 유통경로가 길어지는 요인이 아닌 것은?
   ① 상품의 무게가 가볍다.
   ② 생산자가 많고 지역적으로 분산되어 있다.
   ③ 소비자가 많고 지역적으로 분산되어 있다.
   ④ 생산이 특정 지역에 집중되어 있다.

12. 다음 중 유통마진의 구성 요소가 아닌 것은?
   ① 점포 임대료
   ② 수송비
   ③ 종자 및 비료대
   ④ 하역비

13. 농수산물은 공산품에 비해 유통마진율이 일반적으로 높은 편이다. 다음 중 농수산물의 유통마진율이 높은 이유로서 적합하지 않은 것은?

① 대형 유통업체가 다량의 농수산물을 구매한다.

② 유통단계가 많고 상인들이 영세하다.

③ 부패·변질이 쉬어 유통과정에서 감모나 폐기가 많이 발생한다.

④ 부피가 크고 무거워 수송·보관·하역 등의 물류비용이 크다.

14. 다음 중 유통마진에 대한 설명으로 사실과 <u>다른 것은</u>?

① 일반적으로 엽채류의 유통마진율이 과실류 보다 높은 편이다.

② 선진국의 농산물 유통마진율이 우리 보다 낮다.

③ 일반적으로 농산물의 유통마진율은 농산물 가격이 높을수록 낮아지는 경향이 있다.

④ 유통단계별로 볼때 유통마진은 소매단계에서 가장 크다.

15. 유통마진율에 영향을 주는 요인이 <u>아닌 것은</u>?

① 가공도 및 저장여부   ② 수송비용

③ 계절적 요인   ④ 상인의 수

16. 유통업체들이 소비자들의 합리적인 소비 추세에 맞추어 양질의 상품에 자기의 독자적인 브랜드를 부착하여 저렴한 가격에 판매하는 상품을 무엇이라 하는가?

① 제조업자상표

② 유통업자상표(Private Brand, PB)

③ 무상표상품

④ 브랜드상품

17. 최근의 농산물 관련 소매업의 동향이 <u>아닌 것</u>은?

① 재래시장의 비중이 커지고 있다.

② 백화점, 슈퍼마켓, 할인점 등 대형점의 비중이 커지고 있다.

③ 인터넷쇼핑 등 전자상거래와 급속히 발전하고 있다.

④ 쌀가게, 과일가게와 같은 전문점의 비중이 급속히 감소하고 있다.

18. 일종의 가맹점 형태로서 본부와 가맹점 간에 일정한 계약을 맺어 점포를 운영하는 형태로, 가맹점주는 점포 운영 관련 자본과 인력을 대고, 가맹점 본부는 그들의 상호를 사용하도록 허락하거나 점포에서 판매되는 상품을 공급하기도 하며 점포운영에 관련된 노하우를 제공하거나 교육서비스를 제공하기도 한다. 이러한 점포운영 시스템을 무엇이라 하는가?

① OEM 시스템 　　　　　　　② 프랜차이즈 시스템

③ 체인시스템 　　　　　　　　④ 수퍼마켓시스템

19. 대형유통업체의 농산물 구매시 고려 요소가 <u>아닌 것</u>은?

① 식품 안전성 　　　　　　　　② 품질과 가격의 조화

③ 안정적인 물량 조달 가능성 　　④ 수출 시행 여부

20. 다음 중 대형유통업체에 의한 불공정 행위가 <u>아닌 것</u>은?

① 부당 감액 　　　　　　　　　② 부당 반품

③ 납품 계약서 작성 　　　　　　④ 불법 판촉사원 파견 요구

21. 다음 중 도매업의 기능이 <u>아닌 것</u>은?

① 재고유지 　　　　　　　　　② 기술지원

③ 상품 제조 　　　　　　　　　④ 신용 및 금융 제공

22. 최근 정부 투자로 공영도매시장이 확충되어 농수산물 유통에 있어 도매시장의 역할이 커지고 있다. 다음 중 공영도매시장의 기능이 <u>아닌</u> 것은?
    ① 가격형성 및 유통정보 전파
    ② 생산자와 소비자의 직거래 촉진
    ③ 수집·분산의 효율적인 수행
    ④ 안전하고 신속한 대금 정산

23. 최근의 유통경로 변화와 관련하여 사실이 <u>아닌</u> 것은?
    ① 공영도매시장의 확대 건설로 법정도매시장의 거래 비중이 커지고 있다.
    ② 대형유통업체와 산지간의 직거래가 증가하고 있다.
    ③ 법정도매시장; 유사도매시장을 합한 도매시장 전체의 거래 비중이 커지고 있다.
    ④ 종합유통센터의 거래 물량이 증가하고 있다.

24. 다음 중 도매시장의 문제점이 <u>아닌</u> 것은?
    ① 대형유통업체와의 직거래, 종합유통센터 등 대안적 유통경로에 비해 유통 비용이 많이 소요된다.
    ② 하역기계화 등 물류체계가 합리화되어 있지 않다.
    ③ 비허가 상인 등으로 시장 질서가 혼란스럽다.
    ④ 상품 구색이 다양하고 손쉽게 농산물을 구매할 수 있다.

25. 다음 중 농수산물 종합유통센터가 시급히 개선해야 할 사항이 <u>아닌</u> 것은?
    ① 도매 확대로 취급 물량의 확대
    ② 가격의 독자성 및 안정성 제고
    ③ 예약상대 거래 체제 구축으로 안정적인 거래 관계 형성
    ④ 경매 제도 도입

26. 산지의 농산물 거래방식으로 밭떼기, 하우스떼기, 과수원떼기와 같이 밭, 하우스, 과수원에서 재배과정에 생산농가와 산지유통인 등 구매자와 구두나 서면으로 거래되며 입도선매(立稻先賣), 선도거래(先導去來)라는 표현도 쓰는 거래방식은?

① 포전거래   ② 정전거래

③ 산지공판   ④ 선물거래

27. 고추농가가 고추를 수확하여 말린 후 창고에 보관하다 순회하는 산지유통인에게 판매하였다. 이는 어떤 거래방식인가?

① 포전거래

② 정전거래

③ 산지공판

④ 선물거래

28. 생산계약 또는 계약영농으로 불리는 농산물의 계약재배 형태는 여러 종류가 있다. 중국의 산동성 등에서 '90년대부터 용두기업이 계약농가들에게 종자, 비료, 농약 등을 제공하고 재배방법까지 가르쳐 수확 후 전량을 인수받아 선별포장, 저온저장, 또는 가공을 통해 수출 또는 국내판매를 하고 판매가격에서 비용과 수수료 또는 이윤을 공제하고 정산해주는 '농산업화정책'이 유명하다. 이는 계약형태 중 어떤 계약에 해당되나?

① 판매특정계약

② 자원공급계약

③ 관리 및 소득보장계약

④ 밭떼기계약

29. 강원도 대관령원협에는 감자를 선별포장하는 산지포장센터와 양상추 등을 절
    단포장하는 전처리시설, 그리고 배추를 절임하여 김치가공공장에 주문판매하
    는 절임공장이 있다. 이러한 유통가공시설은 유통기능을 통한 소비자들의 효용
    을 증진하는 역할을 한다. 무슨 효용을 증진하는가?

    ① 시간적 효용   ② 장소적 효용

    ③ 형태적 효용   ④ 소유권적 효용

30. 제주도에서는 2004년부터 감귤에 대해 등외품 판매를 원천적으로 금지함으로
    써 공급을 조절하여 농가소득을 높이는 정책을 추진하였다. 이 제도는 무엇인가?

    ① 생산출하약정사업   ② 자조금제도

    ③ 유통명령제   ④ 유통활성화사업

31. 협동조합은 농민들의 다양한 개별 경제활동을 하는 협동조합으로 통합하여 규
    모 확대를 통해 평균비용을 절감하는 효과가 있다. 이를 무엇이라 하나?

    ① 범위의 경제   ② 규모의 경제

    ③ 연계의 경제   ④ 거래교섭력

32. 농민들이 산지 판매단계에서 통합을 통해 개별적으로 약한 시장력을 높이고 도
    매, 가공, 소매 등 상위단계와 수직적인 조정을 통해 거래를 내부화하여 비용을
    절감한다. 이 비용을 무엇이라 하는가?

    ① 총비용(tatal cost)

    ② 평균비용(average cost)

    ③ 한계비용(marginal cost)

    ④ 거래비용(transaction cost)

33. 미국에서 1922년에 경제적 약자인 농가가 대형화된 독과점기업에 대응하는 수단으로 보아 공정거래법 상 담합행위에서 예외로 하는 특별법을 만들었다. 이 법의 이름은?

　① 캐퍼볼스테드법(Capper-Volstead Act)

　② 팜빌(Farm Bill)

　③ 케네디법

　④ 자조금법(Check-off)

34. 협동조합, 작목반, 영농법인 등에서 농산물을 공동으로 판매하되 판매시기, 판매처, 판매방법에 관계없이 일정한 기간에 판매한 농산물에 대해 판매대금과 비용을 공동으로 계산하여 등급에 따라 동일한 가격을 지불하는 방식을 무엇이라 하나?

　① 평균계산　　　　　　　　② 고정계산

　③ 공동계산(pooling)　　　　④ 변동계산

35. 미국의 신세대협동조합 운영방식에 해당되지 않는 것은?

　① 개방형 조합원주의　　　　② 출하권 부여

　③ 높은 초기 자기자본 조달로 경영안정　④ 출하권 거래허용

정답

1. ①	2. ①	3. ④	4. ③	5. ④	6. ②	7. ③	8. ②	9. ②	10. ④
11. ④	12. ③	13. ①	14. ②	15. ④	16. ②	17. ①	18. ②	19. ④	20. ③
21. ③	22. ②	23. ③	24. ④	25. ④	26. ①	27. ②	28. ②	29. ③	30. ③
31. ②	32. ④	33. ①	34. ③	35. ①					

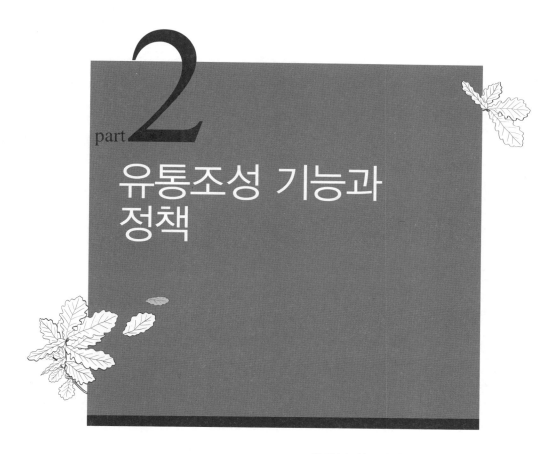

part 2

유통조성 기능과 정책

제8장 농산물 안전성과 품질관리체계

1 개요

국민소득이 증가하고 생활수준이 향상됨에 따라 식품의 소비패턴이 양보다 질을 중시하게 되는 추세에 있다. 특히, 1990년대말부터 식품안전과 관련하여 전세계적으로 광우병, 구제역, 돼지콜레라, 병원성대장균 O-157, 다이옥신, 조류독감 등 인간의 생명을 위협하는 각종 대형 식품 안전성 사건들이 발생하자 식품의 안전성에 대한 관심이 증대하고 있다.

이에 따라 각국에서는 농축산물의 생산에서부터 소비자의 식탁에 이르는 모든 과정에 대해 안전성과 품질을 관리하는 제도를 개발하여 도입하게 되었으며, 소비자들이 농산물에 대해 신뢰할 수 있는 인증제도가 도입되기 시작하였다.

정부에서는 '농장에서 식탁까지'(Farm-to-Table) 고품질 안전농산물을 공급하는 체계를 구축하기 위해 다양한 안전성 및 품질관리체계를 도입하고 있다. 우선 농산물의 안전성 조사를 강화하기 위해 농림부에서는 국립농산물품질관리원에서 농산물 안전성조사를 담당하게 하고 있으며, 산지에서부터 도매시장 판매단계까지 생산 및 유통의 모든 과정의 농산물을 조사하도록 하고 있다. 조사대상으로는 잔류농약, 중금속, 곰팡이 독소 등이며, 위반자에 대해서는 용도전환, 폐기 등의 벌칙을 부과하고 정부지원 대상에서 제외하고 있다. 만약 이러한 조치를 이행하지 않을 경우 1,000만원 이하의 벌금 또는 1년 이하의 징역에 처하도록 법률에서 정하고 있다. 그동안 농산물의 안전성조사를 강화함에 따라 2003년에는 5만 9,000건을 조사하였으며 이 중에서 부적합률이 1.5%로 조사되었다. 정부에서는 기본적으로 농가단계에서 안전하고 우수한 농산물을 생산하도록 유도하기 위해 우수농산물관리제도와 이력추적제도를 도입하게 되었으며, 고품질 농산물에 대한 보호를 위해 품질인증제도와 친환경인증제도를 실시하고 지리적표시제도를 실시하였다. 또한 소비자들에게 알 권리를 보장하기 위해 국내외 농산물에 대해 원산지표시제도를 실시하고 있으며 유전자변형농산물(GMO)에 대해서도 표시제도를 의무적으로 실시하고 있다. 여기서는 농축산물의 안전성과 품질관리에 관해 최근에 실시하고 있는 주요 제도들에 대해 간단히 정리해 보고자 한다.

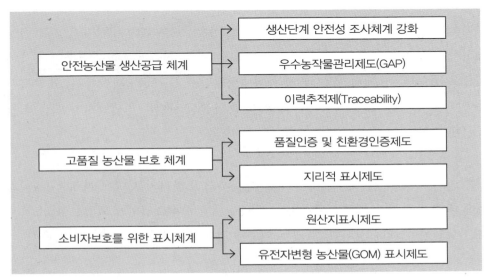

〈그림 8-1〉 농식품 안전성 및 품질관리체계 구성

2 농산물 품질인증제도

농산물 품질인증제도는 소비자의 맛과 안전성에 대한 요구에 부응하고 품질이 우수하고 안전한 농산물의 생산을 차별화하기 위해 1990년대에 들어와 본격적으로 실시하고 있다.

농산물의 안전성을 높이기 위해 직접적으로 관련되어 있는 인증제도로는 품질

인증제도, 친환경인증제도와 우수농산물관리제도(GAP)가 있다. 식품회수제도인 리콜제(Recall)는 유통 중인 식품의 안전성을 관리하기 위한 제도이다.

품질인증제도는 농림부에서 농수산물의 유통구조개선대책의 일환으로 지역특산품에 대한 품질인증을 공공기관인 농산물검사소(현 농산물품질관리원)를 인증기관으로 수행토록 함으로써 소비자의 품질에 대한 신뢰도를 제고하고 인증의 객관성, 공신성을 부여하여 '얼굴있는 농산물'을 공급하기 위해 시행한 제도로서 1992년 7월 1일에 「농림수산부 고시」로 도입하고, 나아가 1993년 6월 11일에 「농수산물 가공산업 육성 및 품질관리에 관한 법률」에 의해 본격적으로 운영하게 되었다. 품질인증을 통과한 농산물은 포장외부에 「品」자 마크가 부착됨으로써 소비자가 쉽게 식별할 수 있도록 하였다.

품질인증은 유기재배, 무농약재배, 저농약재배 및 일반재배의 4단계에 대한 품질인증을 실시하였다. 곡류와 과실류, 특작, 축산물은 주로 일반재배 품질인증이 많았으며 채소류는 유기재배, 무농약재배가 많았다.

품질인증제도는 1993년말에 유기농산물 품질인증을 실시하였으며, 신선채소류와 쌀의 유기재배 및 무농약재배 농산물의 품질인증을 추진하였다. 1995년에는 한우고기와 자연방사닭 유정란에 대해서도 품질인증을 실시하였으며, 1996년에는 저농약에 대한 품질인증을 실시하였다.

농산물 품질인증제도는 「**친환경농업육성법**」이 제정됨에 따라 법률 적용이 2원화되었다. 즉, 1999년부터 기존의 4단계 품질인증에서 유기재배, 무농약재배, 저농약재배가 「친환경농업육성법」의 적용을 받는 친환경인증품이 되었으며 여기에 전환기 유기재배가 포함되어 4단계 친환경인증체계가 실시되었는데, 전환기 유기재배는 친환경농업육성법 개정으로 2007년부터 유기재배에 포함되었다. 일반재배 품질인증은 기존의 「농산물 가공산업 육성 및 품질관리에 관한 법률」의 적용 받게 되었다. 친환경 농산물은 2011년 현재 23,654건, 16만 628농가, 17만 2,674㏊,

182만톤에 달하고 있다(표 8-1참조).

〈표 8-1〉 친환경 농산물 종류별 인증 현황 (단위 : 톤)

종류	유기	전환기	무농약	저농약	계
1999	6,996	–	11,798	7,849	26,623
2000	6,538	–	15,694	13,174	35,406
2001	10,625	45	32,274	44,334	87,279
2002	16,249	4,865	76,828	102,432	200,374
2003	25,342	8,849	120,358	211,558	366,107
2004	23,446	13,300	167,033	256,956	460,735
2005	38,058	30,033	242,068	487,588	797,747
2006	55,974	39,431	320,309	712,380	1,128,093
2007	107,179	–	443,989	1,234,706	1,785,874
2008	114,649	–	554,592	1,519,069	2,188,310
2009	108,810	–	879,930	1,369,034	2,357,774
2010	122,243	–	1,039,576	1,053,702	2,215,521
2011	190,912	–	915,823	712,493	1,819,228

*주 : 전환기는 친환경농업육성법 개정에 따라 '07. 3. 29일부터 유기에 통합
*자료 : 국립농산물품질관리원

친환경인증제도는 지속가능한 농업환경보전과 안전농산물 생산을 목적으로 추진된 제도로서 친환경농업자재 사용을 기본으로 하고 농약, 비료 사용을 제한하고 있다. 친환경인증은 기존의 유기, 무농약 저농약 인증 이외에 전환기 유기재배 인증의 4단계가 있는데, 2007년 친환경농업육성법이 개정되어 전환기유기가 유기인증으로 통합되어 3단계가 되었다. 친환경농산물 생산량은 2000년 **3만 5,000톤**에서 2011년 **182만톤**으로 빠르게 증가하는 추세에 있다.

농산물 품질인증(일반인증)은 국립농산물품질관리원에서 담당하고 있으며, 친환경농산물 인증은 국립농산물품질관리원 이외에 전문인증기관에서 담당하고 있

다. 2011년말 현재 전문인증기관으로 지정된 기관은 한국농식품인증원 주식회사, 돌나라유기인증코리아, 사단법인 양평친환경인증센터 등 73개 기관이다.

〈표 8-2〉 친환경인증제도 세부기준 비교

품종	유기 유기종자, 비GMO	무농약 무농약종자, 비GMO	저농약 비GMO
경영관리	2년 이상 영농기록 보관	1년 이상 영농기록 보관	
재배포장	인증신청 전 2년간 유기재배 포장	–	–
농약, 비료	화학비료, 농약 사용 않고 재배	농약 사용 않고 화학 비료 1/3사용	농약, 화학비료 1/2 이하 사용
안정성 기준	다음에 대해서만 허용기준치의 1/10 이하 허용 – 바람에 의한 비산 및 농업용수에 의한 오염 – 기타 불가항력적인 경우		허용기준치 1/2 이하

〈표 8-3〉 친환경농산물 인증 현황, 2011년

종류	건수	농가수(호)	재배면적(ha)	생산계획량
유기	3,257	13,376	19,312	190,912
무농약	13,694	89,765	95,253	915,823
저농약	6,703	57,487	58,109	712,493
계	23,654	160,628	172,674	1,819,228
전국 대비 비율[1]	–	15.6%	13.5%	–

*자료 : 국립농산물품질관리원

---

1) 전국대비 비율은 2011년 농가수 및 재배면적 통계가 발표되지 않아 2010년 수치로 계산하였음.

③ 우수농산물관리제도(GAP)

우수농산물관리제도(Good Agricultural Practices GAP)는 농식품의 안전성에 대해 소비자들에게 신뢰를 주기 위해 농산물의 생산 및 수확단계에서 도입하고 있는 제도이다.

국립농산물품질관리원의 정의에 의하면, GAP는 "소비자에게 안전하고 위생적인 농축산물을 공급할 수 있도록 생산자 및 관리자가 지켜야 하는 생산 및 취급 과정에서의 위해요소 차단 규범"을 의미한다.

이 제도는 농산물의 생산과 취급환경에 대한 위해요소를 최소화하고 소비자에게 안전한 식품을 제공하기 위하여 농축산물의 재배, 수확, 수확 후 처리, 저장과정 중 화학제, 중금속, 미생물에 대한 관리 및 그 관리사항을 소비자가 알 수 있게 하는 체계를 구축하는 것이다.

〈표 8-4〉 우수농산물관리제도 세부기준 비교

	GAP세부 기준
품질	표준 품격
품종	품종(GMO 여부 표시)
경영관리	생산이력 3년
토양	토양환경보전법 시행규칙 재 19조 "토양오염우려 기준"
용수	재배 : 농업용수, 세정수 : 먹는 물
재배포장	경사도 15동 이내 오염 우려가 없는곳
농약, 비료	– 농약안전사용 기준(IPM 권장) – 비료 적정 기준 (INM 권장)
안정성 기준	– 식품위생법 7조의 농산물 농약잔류허용기준 – 기타 미생물관리기준
기타	미생물관리기준

이러한 제도를 도입하는 목적은 생산자들에게 안전한 농산물을 재배할 수 있는 규범을 제공하고 생산이력에 대한 추적(traceablity)을 가능하게 하여 생산자들이 각 단계에서 농식품의 안전에 대한 책임을 확실하게 함으로써 소비자들에게 신뢰를 확보하는데 있다. 좀 더 구체적으로 우수농산물관리제도는 생산부터 수확 후 처리단계까지 물리·화학적 위해요소를 관리하는 제도로서 미생물·비료·농약·중금속 등의 위해요소, 환경요소, 이력추적 기록사항 등을 중점 관리하여 최종농산물의 안전성을 보장하기 위한 제도이다.

해외에서는 국제표준규격(Codex), 국제식량기구(FAO) 등 국제기구를 중심으로 이 제도에 대한 논의가 확산되고 있으며, 유럽연합(EU), 미국, 캐나다 등에서 논의가 진행중이며 아시아에서도 일본, 중국 등에서 정부차원에서 제도 도입을 적극적으로 노력하고 있다. 특히 유럽연합(EU)의 선도적인 유통업체들은 2004년에 GAP 농산물만 취급할 것을 선언할 정도로 GAP는 세계적으로 확산되고 있다.

우리나라에서도 국제 기준에 부합하는 고품질 농산물을 생산하여 수출을 증대하고 농가의 경쟁력을 강화하기 위해 2002년 약용작물을 시작으로 GAP 도입을 결정하였다. 이에 따라 관련부처에서 팀을 구성하여 2003년부터 3년간 시범사업을 실시하였으며 GAP 농산물에 대한 인증 로고를 확정하였다.

2005년 8월에 농산물품질관리법을 개정하였으며, 2006년 1월에는 하위법령을 개정하였다. 또한 미생물·농약·중금속 등 유해물질 관리기준 등 GAP 재배·관리지침을 96개 품목에 제정하였다. 2007년도에는 GAP 대상품목을 96개에서 100개로 추가하였으며, 민간전문인증기관으로 31개 기관을 지정하였다. 또한 수확후 농산물 처리를위생적으로 하기 위해 시설기준을 마련하고 316개 시설을 지정하였다. 2008년도에는 GAP 대상품목을 105품목으로 확대하였으며, 2009년도에는 우수 농산물인증을 농산물우수관리인증으로 명칭을 변경, 대상품목을 105품목에서 국내에서 식용으로 재배되는 모든 식품으로 확대하였다. GAP 참여 농가수는 2003년 9농가에서 2004년 357농가, 2005년 965농가, 2006년 3,659

농가, 2007년 16,796농가, 2008년 25,158농가, 2009년 28,562농가, 2010년 34,421농가, 2011년 37,146농가로 크게 증가하였다.

4 유전자변형농산물(GMO) 표시제

유전자변형농산물 표시제도는 아직은 GMO농산물의 위해성이 과학적으로 입증되지 않았지만, 위해성 여부에 대한 논란이 사회적 이슈가 되고 있고 안전성에 대한 소비자들의 관심이 높기 때문에 소비자에게 올바른 정보를 제공할 목적으로 우리나라에서 2000년 1월에 법제화되었다.

농산물의 경우 콩, 옥수수, 콩나물, 감자 등 4개 품목을 대상으로 유전자변형농산물이 3% 이상 혼입되어 있거나 포함 가능성이 있는 경우, 이를 명시하도록 규정하고 있다. 농산물은 GMO의 포함 여부 및 가능성 정도에 따라 '유전자변형', '유전자변형 포함', '유전자변형포함가능성'의 3가지로 표시할 수 있다.

또한 2001년 7월부터 시행된 유전자재조합식품표시제도는 GMO를 주요 원료로 하여 제조, 가공된 식품 또는 식품첨가물 중에서 제조, 가공 후에도 유전자재조합 DNA 또는 외래 단백질이 남아 있는 식품을 대상으로 한다. 제조, 가공에 사용한 원재료 중 많이 사용한 4가지 주요 원재료 중 한가지라도 GMO를 사용한 경우 이를 표시해야 한다. 표시방법은 '유전자재조합식품' 또는 '유전자재조합 OO 포함식품'으로 규정되어 있으며, 유전자재조합 여부를 확인할 수 없는 경우에는 '유전자재조합 OO 포함가능성 있음'으로 표시할 수 있다.

GMO 표시는 '농산물품질관리법'에 근거하고 있으며, 유전자재조합식품 표시는 '식품위생법'에 근거하고 있다. GMO표시제도를 위반할 경우 허위표시 위반시 5년 이하의 징역 또는 5,000만 원 이하의 벌금에 처하며, 미표시, 기준, 방법의 위반시에는 1,000만 원 이하의 과태료가 부과된다.

GMO 표시제도에 의한 단속 실적을 보면, 2002년에는 14건이었으나 2003년에는 7건으로 오히려 줄어들고 있다. GMO 표시제도의 시행은 아직 많은 문제점을 가지고 있다. 무엇보다도 GMO의 위해성에 대한 과학적인 검증기법을 조속히 개발해야 한다. 이를 위해 GMO 검정을 위한 분석장비를 대폭 보강해야 하며 대상품목의 유통에 대한 감시기능을 강화할 필요가 있다. 관세청과 정보공유체계를 구축하여 수입농산물의 정보공유를 통해 효율적인 관리를 할 필요가 있다.

5 원산지표시제도와 지리적표시제도

5.1 원산지표시제도

농산물의 원산지표시제도는 외국의 농산물이 국산 농산물로 둔갑하여 판매되는 부정유통을 방지하고 허위표시행위 등을 단속하여 국내 농산물 생산자를 보호하고 소비자에게는 정확한 원산지 정보를 제공하여 '알 권리'를 충족시키기 위해 도입한 제도이다.

원산지표시제도는 1991년부터 수입농산물을 대상으로 시행된 이래, 1996년 국내가공품까지 대상이 확대되었다. 2012년 현재 국산과 수입산의 경우 각각 202개, 161개 품목과 국내가공품 258개 품목 등 총 621개 품목에 대해 표시를 의무화하고 있다. 이 제도의 적용 법규는 수출입상품의 경우 「**대외무역법**」이며, 국내유통 농산물과 가공식품의 경우 「**농산물품질관리법**」이다.

국산 농산물에 대한 원산지 표시는 '국산'이나 '국내산' 또는 생산된 시·군의 명칭을 표시해야만 하며, 수입농산물에 대해서는 '국명(산)'을 표시해야 한다. 가공식품의 경우에는 배합비율이 50% 이상인 원료는 그 원료를 표시하고, 배합비율이 50% 이상인 원료가 없는 경우는 배합비율이 높은 순서로 2가지의 원료를 포함하여 원산지를표시해야 한다.

농산물의 원산지표시제도의 권한주체는 농림부장관과 시도지사에 있으며, 원산
지표시제도 위반 여부를 단속하는 등 관리를 위해 국립농산물품질관리원에서는
명예감시원제도를 운영하고 있다.

농산물에 대한 원산지 표시는 2005년 6월부터 **원산지자율관리표시제**(Clean
Mark제)를 도입하고 있다. 이 제도는 농산물 판매업체를 대상으로 원산지표시를
자율적으로 책임 관리할 수 있는 업체를 신청받아 심사한 후 선정하여 클린마크
를 부여하며 연간 10~15회 실시하는 수시단속 대상에서 제외하는 등의 자율실천
에 따른 혜택을 주는제도이다.

5.2 지리적표시제도

「농산물품질관리법」에서는 1999년부터 전 농산물과 가공품을 대상품목으로 하여
지리적표시제를 도입 시행하고 있다. 이 제도는 지리적 특성을 가진 우수 농수산
물과가공품의 품질을 향상하고 지역특화산업으로 육성하는 한편 소비자들의 알
권리를 충족시켜 주기 위한 목적으로 시행되고 있다.

지리적표시제는 농산물 및 그 가공품의 명성, 품질, 기타 특성이 지리적 특성에
기초하는 경우 일정한 지역이나 지방에서 생산된 제품임을 표시하여 보호토록 한
제도이다. 유명특산품의 경우 품질 특성과 지리적 요인과의 관계 등을 통해 적정
성이 입증되었을 때 지리적표시를 등록할 수 있도록 규정되어 있으나, 아직은 등
록실적이 미미한 실정이다. 현재까지 인삼류 및 인삼제품류, 녹차만이 대상품목
으로 지정되어 있으며,실제 지리적표시제로 등록된 품목으로는 보성녹차, 하동
녹차, 고창복분자주 정도이다. 보성녹차는 2002년에 최초로 등록하였고, 그후
2003년에 하동녹차, 2004년에 고창복분자주가 등록하였다.

2005년 7월 1일에는 특허청이 지리적표시제의 지적재산권 개념을 강화하기 위해
지리적표시를 단체표장으로 등록할 수 있도록 상표법을 개정함으로써 국내의 지리
적표시제가 크게 전환될 것으로 보인다. 지리적표시 단체표장의 경우 지리적표시

와 지리적 명칭과의 연계성 여부를 확인하여 독점사용권을 부여하도록 되어 있다.

〈표 8-5〉 원산지표시, 지리적표시, 상표의 구분

항목	원산지 표시	지리적 표시	상표(Brand name)
사용자	지역내 생산지	특정 지역	특정 기업
신청 자격	지역내 생산지	단체(개인도 가능)	개안(또는 단체)
법적 성격	명력적 행정행위인 **	중법률행위적 행정행위 **	준법률행위적 행정행위인 **
사용 기간	영구	영구	10년마다 갱신
사용 자격	지역내 모든 생산자	비제한(사용요건 구비시 등록단체 가입을 통해 누구나 사용 가능)	등록자에 한함
관련 규정	농산물품질관리법 (농림부)	농산물품질관리법 (농림부)	상표법(특허청)

6 생산이력제도(Traceability)

생산이력제도는 농식품의 안전성 문제 내지 위해요인에 의한 국민건강의 안전 차원에서 비롯되었다. 특히, 최근 계속되는 구제역과 돼지콜레라의 발생, 유럽과 일본의 광우병 발생 소식, O-157에 의한 식중독사건 등은 농산물과 축산물의 소비를 크게 둔화시키고 이는 결국 농가의 경영에 심각한 타격을 주고 있다. 이 밖에도 유전자변형농산물의 잠재적인 유해가능성, 중국산 농산물의 금지농약 검출사건, 중국산 수산물의 납 혼입사건과 수은검출사건, 다이옥신 문제 등 식품관련사건들이 꼬리를 물고 발생하고 있다.

이러한 식품관련사건들의 공포에서 벗어나고 식품의 안전성을 확보하여 부가가치를 창출하기 위해서 농산물의 생산에서부터 가공, 유통에 이르는 전 과정에 걸쳐 철저한 관리가 필요하게 되었다.

우리나라는 1995년 12월 식품위생법 제32조 2항에 선진적인 식품안전성관리체계인 '**식품위해요소중점관리기준(HACCP)**' 규정을 신설하여 식품의 원료관리, 제조, 가공 및 유통의 전 과정에서 위해물질의 혼입 및 식품오염 방지를 위한 중점관리를 시작하였다. 그러나 HACCP는 기준 적용대상이 가공원료로서의 수확 후 농축산물의 취급단계에 있어서 잠재적 위해에 대한 관리체계이기 때문에 생산과정에서의 위해요소 관리에는 한계가 있다. 이에 따라 최근에 주목을 받게 된 시스템이 농식물의 생산과정을 역추적할 수 있는 '**이력정보체계**'(Traceability)이다. 이 시스템은 취급단계에서 위해요소를 집중적으로관리할 수 있는 HACCP와 달리 생산단계부터 가공, 유통, 판매단계에 이르는 전 과정을 소비자가 역추적하여 확인할 수 있는 시스템이다.

이 시스템은 특히 광우병 파동으로 심각한 타격을 입은 영국 등 유럽에서 이미 축산부문을 중심으로 도입하고 있으며, 일본에서도 2001년 9월에 광우병 파동이 사회적으로 큰 문제로 부각되자 도입을 추진하고 있으며, 축산뿐 아니라 일반 농산물에도 적용을 확대하고 있다.

우리나라에서도 최근 들어 생산이력제에 대한 관심이 높아져 이력정보시스템을 개발하여 시범적으로 도입, 실시하고 있다. 농림부에서는 2005년에 350농가를 대상으로 시범적으로 실시하고 있는 중이다.

Traceability란 기록, 흔적이란 의미의 '**trace**'와 능력이라는 의미의 '**ability**'의 합성어로서 '이력추적을 가능하게 하는 것' 또는 '추적가능'으로 해석된다. 국제표준화기구 ISO8402(품질경영 및 품질보증 용어)에서 추적성을 '기록된 식별수단(증명)을 통해 어떤 활동이나 공정, 제품 등의 이력과 적용(용도) 또는 위치를 추적(검색)하는 능력'이라 정의하고 있다.

생산이력제에 대한 정의는 다양하지만 주내용은 유사하다. 국제표준화기구ISO9000에서는 '고려의 대상이 되어 있는 것의 이력, 적용 또는 소재를 추적할 수 있는 것'

으로 정의하였으며, 유럽연합(EU)의 식품일반법 제2장에는 '식품, 사료, 식품으로 가공되는 동물, 가공식품 및 사료의 원료가 되거나 될 것으로 예상되는 물질에 생산, 가공, 유통의 모든 단계를 통해 추적(follow)하고 소급(trace) 조사할 수 있는 능력'으로 정의하고 있다. 일본의 농림수산성에서는 식품의 생산이력제를 '생산, 처리, 가공, 유통, 판매의 식품망(푸드체인)의 각 단계에서 식품과 그 정보를 추적하거나, 또는 소급할 수 있는 것'으로 정의하고 있다(가이드라인).

이를 농식품 분야에 적용하여 일반적으로 생산이력제의 구조를 해석하면 다음 (그림 8-2)와 같다. 생산이력시스템이란 작물의 재배 또는 가축의 사육에서부터 가공, 유통, 판매에 이르는 모든 과정, 즉 '농장에서 소비자 탁자에 이르기까지 (from farm to table)'소비자가 역으로 거슬러 올라가 확인할 수 있도록 각 단계에서 기록을 작성하여 기록된 내용을 바코드 또는 IC카드, 인터넷 등을 통하여 검색할 수 있는 시스템을 말한다.

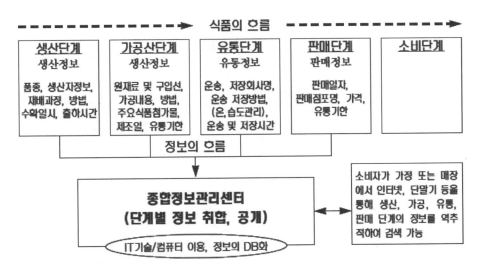

〈그림 8-2〉 식품 생산이력정보체계 구조

자료 : 농촌진흥청 농업경영정보관실, 「농축산물 이력 정보 체계와 외국 사례」, 2003.4

요점정리

○ 농산물 품질인증제도는 「친환경농업육성법」이 제정됨에 따라 법률 적용이 이원화되었다. 즉, 1999년부터 기존의 4단계 품질인증에서 유기재배, 무농약재배, 저농약재배가 「친환경농업육성법」의 적용을 받는 친환경인증품이 되었으며 여기에 전환기 유기재배가 포함되어 4단계 친환경인증체계가 실시되었는데, 전환기 유기재배는 친환경농업육성법 개정으로 2007년부터 유기재배에 포함되었다. 일반재배 품질인증은 기존의 「농산물 가공산업 육성 및 품질관리에 관한법률」의 적용을 받게 되었다.

○ 농산물 품질인증(일반인증)은 국립농산물품질관리원에서 담당하고 있으며, 친환경농산물 인증은 국립농산물품질관리원 이외에 민간인증기관에서 담당하고 있다. 2011년 현재 민간인증기관으로 지정된 기관은 한국농식품인증원주식회사, 돌나라유기농인증코리아, 사단법인 양평친환경인증센터 등 73개 기관이다.

○ 우수농산물관리제도(GAP)는 농식품의 안전성에 대해 소비자들에게 신뢰를 주기 위해농산물의 생산 및 수확단계에서 도입하고 있는 제도이다.

○ 유전자변형농산물(GMO) 표시제도는 GMO 농산물에 대해 소비자에게 올바른 정보를제공할 목적으로 우리나라에서 2000년 1월에 법제화되었으며, 농산물의 경우 콩, 옥수수, 콩나물, 감자 등 4개 품목을 대상으로 하고 있다.

○ 원산지표시제도는 수입농산물의 둔갑판매를 방지하여 국내 생산자를 보호하고 소비자에게 알 권리를 충족시키기 위해 농산물 수출입상품에 대해서 1991년 7월부터, 국내 유통 농산물과 가공식품에 대해서는 1993년 6월부터 실시하고 있다.

○ 「농산물품질관리법」에서는 1999년부터 전 농산물과 가공품을 대상품목으로 하여 지리적표시제를 도입·시행하고 있다. 보성녹차는 2002년에 최초로 등록하였고, 그 후 2003년에 하동녹차, 2004년에 고창복분자주가 등록하였다.

○ 우리나라는 1995년 12월 식품위생법 제32조 2항에 선진적인 식품안전성관리 체계인 '식품위해요소중점관리기준(HACCP)' 규정을 신설하여 식품의 원료관리, 제조, 가공 및 유통의 전 과정에서 위해물질의 혼입 및 식품오염 방지를 위한 중점관리를 시작하였다. 생산이력제(Traceability)는 취급단계에서 위해요소를 집중적으로 관리할 수 있는 위해요소중점관리(HACCP)와 달리 생산단계부터 가공, 유통, 판매단계에 이르는 전 과정을 소비자가 역추적하여 확인할 수 있는 제도이다.

제9장 가격결정과 수급안정

1 농산물 가격의 특성과 변동형태

1.1 농산물 가격의 특성

농산물 가격은 공산품 가격과 다른 특성을 가지고 있다. 이 특성은 농산물이 가지고 있는 수요와 공급, 생산시기의 제약, 시장구조, 유통문제 등에 의해 발생하고 있다.

첫째로 농산물가격의 **불안정성**이다. 가격의 불안정성은 수요와 공급 양 측면에서 요인을 찾을 수 있다. 농산물은 국민의 기본적인 먹거리, 즉 생필품으로서 가격이 크게 떨어진다 해서 그만큼 먹는 양을 늘리지 않고 반대로 가격이 크게 오른다고 해서 그만큼 줄일 수가 없다. 이를 수요의 **가격탄력성**이 비탄력적이라고 한다. 가격변동률만큼 수요변동률이 크지 않다는 의미이다. 예컨대 가격이 10% 오르거나 내린다고 해서 수요가 10% 이상 늘거나 줄지 않는다는 것이다.

다른 한편으로 농산물의 생산이 자연조건에 의해 크게 제약을 받고 많은 경우 인력의존적이고 개별농가들의 재배면적이나 생산기반이 한정되어 있기 때문에 공산품과 같이 **생산조절**이 쉽게 이루어지지 않는다. 공산품은 가격이 폭등할 경우 심지어 하루 사이에도 생산공급량을 크게 늘릴 수 있지만 농산물은 수개월이 지나거나 심지어 다년생 과일이나 대가축의 경우 수년이 지나서야 생산공급량을 늘릴 수가 있다. 즉 공급의 가격탄력성도 비탄력적이라는 특성을 가지고 있다. 이와 같이 농산물의 수요와 공급이 상대적으로 비탄력적인 성질을 갖고 있기 때문에 소량의 물량 변동에도 가격변동폭은 커지게 마련이다.

이와 같은 가격의 불안정을 가져오는 수요와 공급의 불균형은 연중 발생할 수도 있으며 계절별, 월별, 일별로도 발생할 수 있고 심지어 지역별로도 발생할 수도 있다. 농산물 가격의 불안정성은 기본적으로 수요와 공급의 불균형에 의해 발생하고 있으나, 시장구조나 정보가 불완전하거나 유통기능이 비효율적인 경우에도 발생할 수 있다.

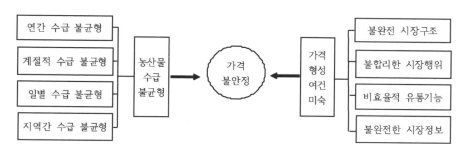

〈그림 9-1〉 농산물 가격의 불안정 요인 구성

둘째로 완전경쟁적인 판매가격 형성과 **홍수출하**에 의한 저가판매이다. 공산품의 경우 대기업에 의해 생산되어 독과점적인 시장구조에 의해 초과이윤이 발생하는 가격이 형성되는 경우가 많은데 비해 농산물은 대부분의 경우, 수많은 영세농민들에 의해 생산되어 시장에 판매되기 때문에 **완전경쟁**적인 **시장구조**에 가깝다고 할 수 있다. 즉 공산품과 서비스업은 제조업체, 서비스업체에서 주로 **원가베이스 가격결정(cost-base pricing)**, 즉 생산원가 기준으로 가격을 설정하여 시장에 판매함으로써 대체로 가격이 안정적이고 상승하는 추세이나, 농산물은 **수급실세 가격결정(demand-supply pricing)**, 즉 완전경쟁에 가까운 시장의 거래 당일 수급상황인 수급실세에 의해 가격이 형성됨으로써 가격이 안정적일 수 없다. 특히 농산물은 수확기가 동일하여 한꺼번에 수확하여 시장에 출하하는 경향이 많아 홍수출하되어 수확기 공급이 몰려 과잉공급되는 경향이 있어 생산원가에도 미치지 못하는 사례가 많이 발생한다. 농산물은 가락동시장 등 공영도매시장의 경우 경매방식에 의해 주로 거래되는데 농산물은 전국의 농민들이 생산하여 농가가 직접 또는 생산자조직에서 공동출하한 농산물이 일정 시간대에 동시에 경매에 부쳐

져 수많은 중도매인들에게 판매되기 때문에 완전경쟁에 가까운 가격결정이 이루어진다고 할 수 있다.

또한 대부분의 농산물은 수확기에 일정 기간동안 생산되고 부패성이 있어 저장의 어려움이 있고 농가들의 현금에 대한 수요 압박이 심하기 때문에 수확과 동시에 시장에 판매하는 물량이 많다. 이에 따라 농산물은 수확기 홍수출하로 인해 과잉생산시, 심지어 생산비나 경영비에도 미치지 못하는 가격을 수취하는 경우가 많다.

셋째로 소비자가격에서 차지하는 **유통마진**이 높다는 특성을 가지고 있다. 농산물은 공산품과 달리 기본적으로 단가에 비해 부피가 크고 수확후 부패, 감모가 심한데다 선별포장, 저장, 운송에 따른 비용부담이 크기 때문에 최종소비자들이 구매하는 소비자가격에서 차지하는 유통마진이 높다.

유통비용 중 운송비, 포장비, 상하차비, 수수료 등 **직접비용**은 고정비 성격이 강하기 때문에 상품가격에 비해 부피가 큰 배추, 무 등 채소류는 직접비가 유통마진의 40% 정도로 높은 비중을 차지하고 있다. 유통단계별 마진 중에서 소매단계 마진율이 가장 높은데 이는 매장 임대료와 인건비 부담이 크고 상품 손실과 감모가 많이 발생하기 때문이다.

통상적으로 배추 · 무와 같은 엽근채류는 가치에 비해 부피가 크고 감모가 심하기 때문에 유통마진이 70% 정도로 높다. 반면 과일, 과채, 화훼, 축산물은 50%, 쌀, 콩, 감자 같은 식량작물은 30% 정도이고, 평균적으로 40%대 중반이다.

한편 우리나라의 유통마진이 미국의 70%, 일본의 50%에 비해 작지만, 그렇다고 유통 효율성이 높다고 할 수는 없다. 유통마진은 소비자 효용을 높이기 위한 가공, 저장 같은 부가기능에 의해 추가되기 때문이다.

1.2 농산물 가격변동 형태

수요와 공급에 의해 결정되는 농산물 가격은 이들 요인에 따라 변동한다. 일반적으로 농산물에 대한 수요는 단기에 큰 변동이 없기 때문에 농산물 가격은 주로 공급측 요인에 의해 변동되고 있다. 농산물의 가격변동은 일반적으로 추세변동, 주기변동, 계절변동 및 불규칙 변동으로 나뉘어진다.

추세변동은 장기간에 걸쳐 일정한 기울기를 가지고 상승하거나 하락하는 추세를 가지고 변동하는 형태이다. 추세변동은 소비자의 기호나 소득수준, 인구증가, 기술향상 등에 의해 영향을 받으며 물가의 상승, 하락과 관련이 깊다. UR 농산물협상이 타결된 이후 농산물 시장개방이 확대되면서 저가의 외국농산물 수입이 늘어나고 있어 대부분 품목의 가격이 추세적으로 하락하고 있다. 1인당 소비량이 감소추세에 있는 쌀의 경우, 생산량은 줄어들지 않고 있는데 만일 정부수매에 의해 가격이 지지되지 않는다면 실질가격이 추세적으로 하락할 수 밖에 없을 것이다.

주기변동은 가격 자체가 몇 년 또는 몇 개월 간격으로 정기적인 반복을 거듭하는 변동형태를 말한다. 농산물에서 주기변동이 발생하는 원인은 생산이나 생육 자체가 주기적인 특성이 있거나 농민들의 생산반응이 주기성을 띄고 있기 때문이다. 소, 돼지의 경우 성장의 생리적 특성으로 인해 가격에 대한 생산 반응이 수년이 소요되기 때문에 가격변동주기가 소의 경우 3~5년, 돼지의 경우 1~2년 정도이다. 무, 배추의 경우에는 가격이 폭등한 다음 해에 재배면적이 급증하여 폭락하는 현상이 발생하는 등 2년 주기의 가격변동이 많으며, 마늘, 양파는 농가의 재배면적 반응이 다소 늦어 가격이 2년 상승 이후 2년 하락하는 등 3년에서 5년 주기의 변동을 하고 있다.

계절변동은 농산물 생산이 자연조건의 영향을 크게 받아 단년생산이 많고, 부패성으로 인해 수확기에 홍수출하현상이 발생하여 1년중 계절적인 변동을 매년 반복하는 경우를 말한다. 일반적으로 농산물은 수확기에 홍수출하하여 가격이 가장 낮고 단경기에 물량부족으로 가격이 가장 높은 특성을 지니고 있다. 그러나 시장개방이 확대되어 외국농산물이 계절에 관계없이 수입되고 저장시설이 크게 늘어 연중 저장능력이 커져 계절변동이 크게 완화되거나 불규칙하게 변동하는 경우가 늘어나고 있다.

불규칙 변동은 태풍, 폭설, 냉해 등 천재지변이나 정책의 변화 등에 의해 가격이 폭등하거나 폭락하는 등 일정한 규칙없이 변동하는 형태를 말한다.

2 농산물 가격 및 수급안정제도

2.1 가격 및 수급안정제도 현황

농산물 가격 및 수급안정제도는 농업정책의 중요한 목표 중 하나인 농산물의 원활한 수급과 적정한 가격유지를 위하여 여러 수급안정수단을 종합적으로 운영하여 수급안정을 꾀하는 정책이다. 가격 및 수급안정제도의 목표는 농업생산의 특성상 **수급불균형**이 주기적으로 발생하는 농산물의 안정적인 수요와 공급을 유도하여 농산물 가격불안정을 완화함으로써 농업생산자의 소득안정 및 경영안정, 나아가 국민경제의 안정을 도모하는데 있다.

농산물 가격 및 수급안정정책은 수급 및 가격조작을 통해 시장가격을 직접 통제하느냐, 아니면 간접적으로 의도하는 수준으로 유도하느냐 또는 농가에 직접 보조하느냐에 따라 가격통제형, 가격유도형, 가격 및 소득보조형으로 구분할 수 있다.

가격통제형은 쌀, 보리에 대해 정부수매제도나 엽연초에 대해 실시하는 전매제도와 같이 정부에서 수매가격이나 전매가격을 결정하여 시장가격을 주도적으로 인상하거나 통제하는 것을 말한다.

가격유도형은 수요나 공급을 간접적으로 의도하는 수준으로 유도하는 정책수단이다. 생산조정, 출하조정, 계약재배, 산지폐기 등은 직접적으로 공급량을 조절

하여 가격을 유도하는 정책이며, 농업관측이나 유통예고제 등은 농가들에게 정보를 제공함으로써 농가 스스로 재배면적, 생산량을 조절하여 가격을 유도하는 정책이다.

학교급식, 소비홍보, 푸드스템프(food stamp) 등은 수요측면의 조절을 통해 가격을 유도하는 정책이라 할 수 있다.

미국에서 실시한 부족불제도, 목표가격제, 담보융자제도나 일본에서 채소에 대해 실시하고 있는 안정기금제도 등은 **가격 및 소득보조형** 정책에 속한다.

〈표 9-1〉 농산물 가격 및 수급안정제도 유형

유형		주요 제도
① 가격통제형		양곡관리제도(정부수매가격), 전매제도
② 가격유도형	⊙ 직접공급조정	생산조정(경작감축, 생산할당, 작부전환), 출하조정(판매할당, 분하조정, 담보융자), 계약재배, 산지폐기
	ⓛ 간접공급조정	농업관측 및 유통예고, 가격예시제
	ⓒ 직접수요조정	정부매입, 소비촉진프로그램(군납, 관수, Food Stamp, 학교급식 등)
	ⓔ 간접수요조정	민간매입 지원, 소비홍보, 대체소비 유도
	ⓜ 종합수급조정	완충비축제, 수출입제도
③ 가격 및 소득보조형		부족불지불, 담보융자제, 안정기금제

우리 나라의 농산물 수급 및 가격정책은 쌀·보리 정부수매제도를 제외하고는 고추, 마늘, 양파의 양념채소와 무, 배추 등 일부 노지채소에 국한되었다. 과일에 대한 수급 및 가격정책은 그동안 거의 없었으며, 일부 가공용이나 수출물량에 대한 수매지원과 감귤에 대한 생산조정정책이 일부 실시되었다.

1970년대초부터 정부에서 추진한 청과물 수급 및 가격안정정책은 비록 수차례 바뀌었지만 다양하게 추진하였으며, 정책대상품목도 늘어나 현재는 무, 배추, 양념채소 뿐만 아니라 과일과 시설채소까지 정책대상이 되었다. 앞으로는 정책범위가 단순한 수급 및 가격안정화 뿐만 아니라 유통조절, 소비촉진, 품질규제 등으로 다양화될 것으로 전망된다. 과일에 대한 수급 및 가격정책은 그 동안 거의 없었으며, 일부 가공용이나 수출물량에 대한 수매지원과 감귤에 대한 생산조정정책이 일부 실시되었다.

채소, 과일에 대한 수급 및 가격 관련 정책은 1970년대 중반부터 농안법에 근거해 추진되기 시작하였으며, 이후에는 고추, 마늘, 양파를 중심으로 농산물 가격안정기금을 활용한 「**수매비축제도**」가 중심이 되었다. 수매비축제도는 수매물량에 한계가 있고 재정부담이 과중하여 수매를 통한 손실액이 수십억에서 수백억에 이르는 문제가 발생하였다.

본격적인 수급 및 가격안정화정책은 1986년 고추, 마늘, 양파에 대해 상한가격과 하한가격을 설정하여 주로 하한가격을 보장해 주는 「**가격안정대제도**」가 도입되면서부터 실시되었다.

이 제도는 근본적으로 사후적인 가격지지 및 안정제도로서, 1988년 고추파동에서 나타나듯이 하한가 보장에 의해 농민들의 과잉생산을 유발하고, 하한가격 유지를 위한 재정부담이 과다하게 소요되는 등 문제가 발생하여 1991년부터 농발법 시행과 함께 사전적인 수급조절정책인 「**생산출하약정사업**」으로 전환되었다.

1991년부터 사전적으로 약정을 통해 적정면적을 유지하고 가격하락시 약정농가에 대해 수매 혜택을 주는 「생산출하약정사업」을 실시함으로써, 사전적인 생산조정과 사후적인 출하조절을 동시에 모색하게 되었다.

주로 마늘, 양파에 대해 실시한 생산출하약정사업은 농가와 농협간에 약정 체결

후, 가격하락시 이행농가에 대해 약정물량의 25% 범위에서 하한가로 수매하는 혜택을 주었으나, 면적조정의 이행 여부를 파악하기 어려우며 농민들의 참여의 식 부족, 무임승차자 문제, 재정부담, 시행주체의 소극성 등으로 1996년에 종료 되었다.

〈표 9-2〉 우리 나라 농산물 수급 및 가격정책 수단과 대상품목

단계	주요정책수단	대상품목
관　측	• 관측 · 농업관측 · 축산관측	채소 : 배추, 무, 고추, 마늘, 양파, 대파, 　　　감자, 당근, 양배추 과일 : 사과, 배, 포도, 감귤, 복숭아, 　　　단감 과채 : 수박, 참외, 오이, 호박, 딸기, 　　　토마토 축산 : 한육우, 젖소, 돼지, 산란계, 　　　육계
생산조정	• 재배면적 조정　· 폐원, 간벌 등	양조용 포도, 감귤
생산조정	• 생산량 조정　· 산지폐기 　　　　　　　· 적과	무, 배추, 양파 등 감귤
유통조절	• 출하조절 • 판매량할당 • 출하시기조절 • 출하지역조절　· 포전매취 · 채소수급안정사업 · 과실 계약출하사업 · 시설채소 　출하약정사업 · 민간수매지원	무, 배추 무, 배추, 고추, 마늘, 양파, 대파, 당근 사과, 배 오이, 호박, 가지 등 주요채소, 과일 등
유통조절	• 품질규제　· 유통협약	양파, 감귤(하품 출하 억제)
유통조절	• 유통협약, 　유통명령제　· 유통협약, 　유통명령제	감귤
수요개발 및 소비촉진	• 가공소비촉진 • 수출입조절 • 소비촉진 • 연구개발　· 민간수매지원 　(저장, 가공, 　수출업체) · 자조금제도	무, 배추, 양념채소, 수출농산물 등 양돈, 양계, 낙농
소득 및 가격안정	• 정부수매　· 정부수매 　　　　　· 최저가격예시제	쌀, 보리, 고추, 마늘, 양파, 쇠고기 등 무, 배추, 마늘, 양파

1995년부터 현재까지 무, 배추, 고추, 마늘, 양파, 파, 당근 등을 대상으로 농가와 생산자단체(농협, 영농법인, 영농회사)와 사전적인 계약재배를 통해 생산자단체에서 출하조절물량을 확보하여, 사후적으로 계약물량을 출하조절하여 계절적 수급안정과 가격안정을 기하는 「**채소수급안정사업(계약재배사업)**」이 실시되고 있다.

2001년에는 「**과실계약출하사업**」과 「**시설채소 출하조절사업**」을 추진하기 시작하였다. 또한 최근에는 정부의 직접적 수급 및 가격안정화의 한계가 대두되면서 2004년부터 제주도 감귤을 대상으로 유통협약 및 **유통명령제**(marketing agreement and marketing order), 자조금단체 육성에 의한 **자조금제도**(checkoff system) 등 생산자단체를 중심으로 한 자율적 수급조절제도들이 도입되고 있다. 유통협약, 유통조절명령 등은 채소수급안정사업, 과실출하조절사업, 시설채소 출하조절사업과 연계하여 추진하고 있다.

2.2 주요 농산물 수급 및 가격정책의 효과

가. 채소수급안정사업

채소수급안정사업은 1995년부터 실시된 채소유통활성화사업이 1997년에 개칭된 것으로, 정부와 농협이 공동으로 자금을 조성하여 채소의 수급 및 가격안정을 도모하고 생산자단체의 시장교섭력을 배양하여 상인(수집상)을 견제하고 산지시장을 주도함으로써 산지유통을 개선할 목적으로 추진하였다.

특히 2001년부터는 생육단계별 생산조정체계를 수립하여, 농업관측 정보와 수급안정 모니터링제도, 생산조정 인센티브제도를 활용한 적정 재배면적을 유도하고, 생육기에는 유통협약을 활용한 생산, 출하조정을 유도하고 있다.

대상 품목으로 처음에는 90% 이상 포전거래가 이루어지는 고랭지 무·배추를 대상으로 하였으나 이듬해인 1996년부터는 가을 무·배추, 봄배추, 마늘, 양파, 대

파로 확대하였으며 1997년에는 봄무·배추, 고추, 1998년에는 당근에까지 확대하여 현재는 16개 품목이 대상품목이다.

계약재배를 실시하는 대상조직은 협동조합, 일반법인(영농조합법인, 농업회사법인, 산지유통인법인, 수출업체법인)이며 계약 상대자는 작목반, 영농조합법인, 재배농가이다.

이 사업을 위해 정부와 농협이 공동으로 조성한 자금을 산지농협에 계약재배 자금으로 지원하며, 정부가 80%, 농협(중앙회 15%, 회원조합 5%)이 20%를 재정부담하고 있다. 정부자금재원은 10년 거치, 무이자로 지원되는 농안기금에서 충당하고 있다.

계약재배와 정산은 파종·정식기 이전에 산지농협이 농가와 재배계약을 체결한 후 가격동향에 따라 출하를 조절하고, 계약물량을 판매한 후 발생한 손익이 계약가격의 ±10%~±20%를 초과할 경우 농협과 농가간 배분율을 정하여 이익을 농가에 환원하거나 손실액을 공동으로 부담하는 형태이다. 계약 안정대는 계약가격 ±10%~±20%를 원칙으로 하되, 품목에 따라 ±20% 범위 내에서 달리 정할 수 있다.

생산자 조직은 계약농가와 약정한 출하계획과 가격동향에 따라 자기 책임하에 시기별, 지역별로 출하조절을 하고 있다. 저장성이 강한 마늘, 양파, 고추의 경우 단경기 물량 공급 및 가격안정을 위해 단경기 **의무출하비율**이 설정되어 있다.

한편 가격이 폭락 또는 폭등시에는 정부수매, 산지폐기, 예비묘 공급, 직거래 등 긴급 수급조절사업을 추진하고 있다. 가격폭락시에는 성출하기 소비지가격이 **최저보장가격(예시가격)** 이하로 하락할 경우에 저온저장한다. 또한 저장성이 약한 품목은 최저가격 이하 3일 연속 하락시 산지폐기를 실시하고 있다.

단경기 가격이 폭등할 경우에는 고랭지배추, 가을배추 위주로 예비묘를 공급하여 생산량을 늘리고 성출하기 또는 수급불안시 직거래를 확대한다. 또한 가격폭등 시에 염가판매사업을 추진하는데 전국 7대 도시 및 물류센터를 통해 10% 이하의 저가로 판매한다.

1999년에는 사업 활성화를 위해 사업추진요령의 일부를 보완하였다. 위약 방지를 위해 계약물량의 10~20%에 대해 출하전 정산제를 도입하였고, 계약재배사업과 최저보장가격제(예시가격제)를 연계시켰으며, 인센티브 및 패널티 제도를 확대하였다.

〈표 9-3〉 가격 폭등, 폭락시 긴급수급조절사업

구분	무, 배추 등	마늘, 양파, 고추 등
가격폭락시	- 산지폐기 (정부수매) - 저온저장	- 수확전 산지폐기 - 수매비축
가격폭등시	- 저온저장물량 방출 - 예비묘 공급 - 직거래 확대	- 수매물량 방출 - 염가판매 - 직거래 확대

고추, 마늘, 양파 등의 양념채소류는 영세 다수농가에 의해 재배되고 저장성이 있는 대표적인 **소득작물**로서 생산 증가 잠재력이 크기 때문에 재배면적 조정 등의 생산조절과 출하시기의 조절에 의한 가격지지가 정책목표라 할 수 있다. 또한 낮은 가격수준에서는 최소시장접근물량(Minimum Market Access; MMA)이 설정되어 고율의 관세에 의한 민간의 초과수입이 어려운 품목이나, 주요수출국인 중국의 생산증가에 의한 가격하락으로 고율의 관세에도 불구하고 민간수입 가능성이 크다. 따라서 민간수입을 억제할 수 있는 여러 가지 방안이 국내 가격유지와 농가소득안정을 위해 필요하다.

양념채소류의 가격안정을 위한 정책수단으로서 농업관측에 의한 재배면적의 사전적인 조절과 시기별, 지역별 출하조절, 민간부문의 수매지원 등은 적합한 수단

으로 평가할 수 있다. 그러나 개별 농가나 작목반과의 출하약정계약 등과 같은 부분적인 계약재배에 의한 생산조정은 그 효과를 기대하기 어려우며, 민간수입 증가를 억제할 수 있는 정책수단은 새로운 무역장벽의 도입을 반대하는 세계무역기구(WTO) 체제하에서는 부적절한 것으로 볼 수 있다.

봄, 고랭지, 가을, 월동재배 등과 같이 시기적으로 연중 계속 출하되는 무, 배추 등은 저장성이 매우 약하고, 국내 수요충족을 위주로 생산되는 품목이라 할 수 있다. 이들 품목은 시장가격과 전국의 재배동향 등과 같은 현황정보와 농업관측에 의한 예측정보를 계속 제공하여 농가로 하여금 자율적인 재배면적조절이 이루어지도록 하는 것이 가장 중요한 가격안정 정책이라 할 수 있다. 가격하락이 계속될 경우 출하약정에 의한 **산지폐기**와 품질규제 등에 의한 출하조절, 대량수요처의 수매지원 등의 정책수단은 목표에 적합한 정책수단이라 할 수 있으나 그 효과가 매우 적다는 점에 유의할 필요가 있다.

한편 재배지역이 특정지역에 집중된 고랭지 무·배추의 경우 전체 생산량에 대한 계약률과 출하율이 높아짐에 따라 출하조절에 의한 가격안정효과를 기대할 수 있다. 1998년 경험에 의하면 고랭지 배추가 생육기의 기상호조로 과잉공급이 예상됨에 따라 계약물량의 출하 억제와 자율폐기로 가격상승을 유도할 수 있었다.

반면에 재배지역이 전국에 산재하여 지역집중도가 낮은 양념채소, 가을무·배추, 봄무·배추의 계약재배와 출하조절 비율은 매우 낮은 수준에 있기 때문에 생산조절과 출하조절에 의해 가격에 영향을 미칠 수 있는 가격조절 능력이 크게 부족한 실정이다.

한편 사회 전반적으로 계약문화가 아직 정착되지 않아, 계약이행의 의무위반을 가볍게 생각하는 농가가 적지 않아 가격수준의 변동에 따라 사업을 수행하는 회원농협과 재배농가간의 계약위반 사례가 많고, 병충해나 기상조건 등으로 인한 출하불능률이 높은 수준이어서 가격조절 능력을 약화시키는 요인으로 작용하고 있다.

나. 채소류 최저보장가격제

채소의 최저보장가격제는 농협 또는 정부의 **개입기준 가격**을 사전에 예시하여 가격하락에 신속하게 대응할 수 있는 제도로서, 가격이 하락할 경우 출하조절사업에 참여한 농가에 대해 예시가격으로 수매하여 최저가격을 보장하는 제도이다. 정부와 참여농협이 조성한 자금으로 주산지 농협(영농법인 등)이 농가와 계약재배 등을 통해 생산 및 출하를 조절함으로써 가격안정을 통해 농가의 소득안정을 도모한다.

대상품목은 무·배추(봄, 고랭지, 가을), 마늘, 양파 등이며, 품목별로 파종기 이전에 가격을 예시하게 된다. **예시가격**은 무·배추와 같이 저장성이 없는 품목은 경영비 수준으로 결정하며, 저장성이 있는 마늘과 양파 등은 경영비에 출하조작비의 일정비율을 더한 수준으로 다음 해에 과잉생산을 유발하지 않는 범위 안에서 결정된다.

소비지 및 산지가격이 최저보장가격 이하로 3일 이상 계속하여 하락할 경우 1단계로 회원농협의 자체적립금 및 중앙회 채소수급조정자금으로 참여농가의 출하분을 수매하게 되며, 이러한 자체수매에도 불구하고 가격이 회복되지 않을 경우 2단계로 정부의 농수산물 가격안정기금으로 참여농가의 출하분을 우선적으로 수매한다.

이 정책은 정책참여농가에 경영비 수준이상의 안정적인 소득을 보장하고, 무임승차에 편승하던 농민의식을 변화시키고 농가의 참여도가 높아져 관련 정책도 활성화되고, 최저보장가격에 의한 수매로 전체적인 시장가격을 상승시키는 효과가 있는 것으로 평가되고 있으나, 최저가격이 시장가격을 왜곡시키는 부정적인 효과도 지적되고 있다. 또한 최저보장가격은 폐쇄경제하에서는 소득보장의 차원에서 의미가 있으나, 시장개방이 확대되어 국내가격이 국제시장가격이나 수입농산물의 국내판매가격에 영향을 많이 받고 있어 최저가격을 설정하여 가격보장을 한다는 것은 정책비용부담이 클 뿐 아니라 실효를 거두기가 어렵다.

다. 시설채소 출하약정사업

시설채소 출하약정사업은 채소 최저보장가격제의 하나로서, **품목별 협의회**를 통한 수급조절체제를 마련한다는 점에서 차이가 있다. 대상품목은 시설재배작물인 오이, 호박, 가지 3품목으로 5~8월에 출하되는 물량에 한정되었으나 점차 대상품목을 확대할 예정이다.

전업농, 영농법인, 작목반 등을 구성원으로 하는 **품목별 지역협의회**(회원농협의 내부 조직)와 지역내 재배농가(작목반 등 포함)가 **출하조절약정**을 계약하고, 계약에 따라 산지농협이 약정물량을 수탁판매하게 되는데, 품목별 전국협의회는 시기별, 지역별로 출하량을 조절하여 가격안정을 도모하게 된다.

사업방식은 약정농가에 대해 계약보증금(무이자)을 지원하고, 출하약정물량은 약정시기에 농협에 위탁판매해야 하며, 농협은 출하확인이 가능한 법정도매시장, 유통센터, 백화점 등 대량수요처나 직판장 등에 공동 판매한다(그림 9-2).

도매가격이 '생산비+출하비용'이하로 내려갈 경우 출하조절 1단계로 품위저하품의 출하억제를 통한 품질규제로 시장가격의 상승을 유도하게 되며, 도매가격이 '경영비+출하비용'이하로 형성될 경우 품목별 전국협의회를 통해 출하농협의 출하량을 할당하고, 일정물량을 자율감축(산지폐기)하게 된다.

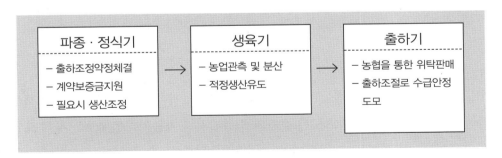

〈그림 9-2〉 시설채소 출하조절약정사업의 흐름

시설채소는 품목특성상 부패가 심하고, 온실에서 연중 생산되며 작부기간이 짧아 정확한 관측이 어렵다. 시설채소의 생산조정과 정부수매가 어려우나, 출하조절 약정사업의 실시로 품질규제와 필요할 경우 산지 폐기함으로써 출하조절이 가능해진다. 이 사업은 과잉생산이 빈번한 시설채소에 대한 출하조절을 목적으로 하기 때문에 실제 7~8월중 1~2차에 걸친 출하조절(저품위 출하억제, 상품 출하)에 의한 출하물량 조절로 가격 상승효과가 있을 것으로 기대된다.

시설채소 출하조절약정사업은 2001년에 실시되기 시작하여 평가가 제한적일 수밖에 없으나, 사업추진과정에서 주산지 작목반을 중심으로 전국·지역협의회를 구성하여 조직화하고, 자금을 효율적으로 지원하여 조직역량을 극대화함으로써 주산지 농협의 산지유통기능 강화(품질규제, 물량조절, 규모화)할 수 있는 효과를 거두었으며, 물량자율감축(산지폐기)을 위한 재원(수확작업비용)을 사업농협이 조성·적립하여 시장변화에 능동적으로 대응할 수 있는 여건을 마련했다는 점에서 평가될 수 있다.

그러나 출하조절 기준가격이 사전에 결정되어 시장의 수급상황을 반영할 수 없는 수준에 있을 경우 그 효과를 기대할 수 없으므로 기준가격의 탄력적인 운용이 필요하다. 이는 현행 기준가격이 생산비나 경영비를 기초로 하여 결정되기 때문에 나타나는 결과로 보이는데 앞으로 사업의 효율적인 추진을 위해서는 최근 수년 동안의 시장평균가격을 기준으로 설정함으로서 장기적인 수급상황을 반영할 필요가 있다.

라. 과실 계약출하사업

과실 계약출하사업은 과실이 영년생 작물로 면적조정이 어려우므로 출하조절에 의해 가격불안정을 완화함으로써 농가의 소득지지가 가능하다는데 착안하여 도입된 제도이다. 이 사업은 그 방법에 따라 수탁형과 매취형으로 구분되는데, 수탁형은 농가와 수탁판매를 조건으로 출하계약을 체결하고 출하후 순판매가격이 계약가격에 미달할 경우 일정 범위내에서 가격차를 보전해주며, 매취형은 매취조건으

로 출하계약을 체결하고 매취시 산지가격이 계약가격 이하일 경우 일정 범위내에서 보전해준다. 두 경우 모두 판매가격이 계약가격을 상회할 경우 농가와 계약내용에 따라 수익을 배분한다. 손익분담율은 조합의 자금운용수익과 경영상태를 감안하여 농가와 협의하여 결정하되, 농가별 차등없이 동일율을 적용한다.

수탁 또는 매취한 물량은 사업농협 주관으로 공동선별을 실시하여 출하확인이 가능한 법정도매시장, 물류센터, 백화점 등에 조합명의로 공동출하한다. 농가와 사업농협간의 정산은 원칙적으로는 사업의 계약물량이 전량 판매된 후에 이루어지는데, 계약가격과 순판매가격(=판매가격−제비용−취급료)간의 차액으로 정산(수탁형)하고, 발생수익의 50%는 출하조정자금에 적립(매취형)한다.

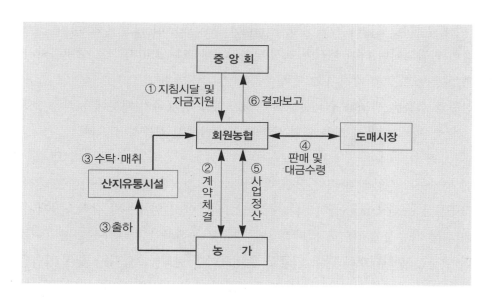

〈그림 9–3〉 과실 출하약정사업 추진절차

과실은 영년생 작물로 실질적인 면적조정이 어려우므로 출하조절에 의해 가격의 불안정을 완화하여 농가의 소득을 지지할 수 있다는 점에서 정책수단이 적절하다고 볼 수 있다. 그러나 이 사업이 2001년부터 추진되어 사업추진 실적이 저조하여 출하조절에 의한 가격조절 능력은 매우 미흡한 실정이다.

3 시장위험과 선물거래

3.1 시장위험의 종류

농산물에서 위험은 농산물을 소유하는 데서 발생한다. 이러한 위험은 상품으로서 농산물이 존재하는 한 사라지지 않으며 누구에게든 귀속되는 특성이 있다.

이러한 상품의 소유에 의해 발생하는 위험은 두 가지 종류가 있다. 하나는 상품의 파괴 또는 망실(Product Destruction)이다. 이는 태풍이나 화재, 전염병 등 자연재해로 인해 훼손되거나 파괴되어 상품으로서 존재가 없어지거나 거래가 불가능한 경우이다.

두 번째 위험은 상품의 가치 저하(Product Deterioration in Value)이다. 이는 상품이 변질되거나 하여 품질이 크게 낮아지거나 또는 소비자 선호가 변하거나 공급과잉 등으로 상품 가격이 크게 하락하는 경우를 말한다.
농산물과 식품은 생물이거나 신선도 유지가 매우 중요하기 때문에 농식품 유통에서 상품의 파괴나 가치 저하 위험은 언제든지 발생할 가능성이 크다.

우선 농산물과 식품의 파괴나 망실 위험을 보자. 농식품 유통에 종사하는 중간 유통기구들은 농식품을 취급하거나 저장하는 과정에서 언제든지 갑작스럽게 상품이 파괴될 가능성에 직면해 있다. 특히, 대규모 농식품을 취급하는 유통기구들은 이러한 가능성에 대비해 많은 자금을 준비해야만 한다. 그렇지만 많은 기업들은 보험을 통해 이러한 위험을 보험회사에 전가하여 분산시키고 있다. 농산물시장에서의 보험은 농산물 운송 과정에서 발생할 수 있는 위험에서부터 저장업체나 소매점의 저장이나 재고 과정에서 발생할 수 있는 위험에 대한 보험 등 다양하다.

다음으로 상품의 가치 저하 위험을 보자. 농식품의 모든 중간유통업자들은 농식품을 가지고 있거나 저장하는 동안 상품의 물리적인 가치 저하의 위험에 직면하고 있다.

예컨대 농산물을 저장하는 도중에 갑자기 전기가 끊어져 온도가 급격히 변하거나 장비가 갑자기 고장을 일으킬 소지가 많다. 이러한 요인들로 인해 부패성 농산물의 유통비용이 높아지고 있다.

또한 가격변동에 의한 상품의 가치 저하는 많은 경우에 발생할 수 있다. 최근 상품의 생명주기(Life Style)가 짧아져 음료수나 옷과 같은 상품은 일년도 안 되어 소비자 기호가 변하는 수가 있다. 물론 대부분의 농산물과 식품은 공산품과 같이 소비자 기호가 급격히 변하지는 않고 장기간에 걸쳐 변하는 특성이 있다. 반면 생산량이 증가하거나 감소하여 가격이 급속히 오르거나 하락하는 경우는 많이 나타나는 현상이다. 예를 들면 봄철 거래처에 안정된 가격으로 공급하기 위해 겨울철에 대량으로 계란을 확보하여 저장한 중간도매상의 경우 예기치 못한 사업환경 변화로 인해 갑작스런 가격폭락을 경험하기도 한다. 또한 사과 수확기에 갑작스런 냉해로 인해 생산량이 격감하여 저장사과 가격이 폭등하는 수도 있다.
이와 같이 예기치 못한 광범위한 농산물의 생산공급량 변동으로 인해 식품 가공업체, 중간상인, 소매상 등은 커다란 불확실성에 직면하게 되어 불확실한 비용을 수반하게 된다.

농산물 유통기구들은 이러한 가격변동과 비용변동에서 매우 큰 위험부담을 안고 있다. 이러한 위험부담을 최소화하기 위해 많은 대책들이 강구되고 있으며 유통과정에서 위험이 전가되고 있다. 많은 위험들이 정보가 부족하거나 불확실한 정보 때문에 발생하기 때문에 위험을 줄이기 위해 시장뉴스와 통계자료들을 수집 전파하고 상품의 표준화를 제고하기 위해 노력하고 있다. 정부의 가격지지 프로그램들이 바로 생산농가나 중간유통업자들로부터 사회의 조세체계로 가격위험을 이전하는 수단들이다. 정부수매도 마찬가지의 기능을 하고 있다. 또한 농산물 유통경로에서 수직적인 통합을 하는 노력도 위험을 줄이거나 전가하는 방법 중의 하나이다. 산지유통인, 가공공장, 대형유통업체, 농협 등의 수직통합주체에서 생산농가와 계약재배를 통해 생산농가의 위험을 떠안게 된다. 이들 수직통합주체들은 많은 경우 생산량이나 품질, 시기 등을 조절하면서 위험을 최소화하고 있다.

3.2 선도계약과 선물계약

농산물의 산지거래에서 가장 흔히 이루어지는 거래로 무, 배추 등의 밭떼기거래가 있다. 밭떼기거래에서는 수확기 이후의 일정한 날짜에 농산물을 인도할 것과 농산물의 인도 가격, 인도수량을 미리 약정한다. 이 거래는 무, 배추 농가들이 수확기 이후에 농산물가격이 불안정하거나 하락할 것으로 우려하고, 산지의 수집상들은 수확기 이후에 가격이 상승할 것으로 예상하여 농가의 위험을 수집상에게 사전에 이전시키는 것이다.

이와 같은 밭떼기거래처럼 농민과 산지수집상 사이의 거래 즉, 당사자간의 사적인 거래로 공적인 보증기관이 거래를 보증하지 않는 거래를 일종의 선도거래(forward transaction 또는 forward trading)라 한다. 또한 선도계약(forward contract)은 거래당사자가 특정한 상품을 미래의 특정한 날짜에 특정한 가격으로 인수 또는 인도(引受渡)할 것으로 현재의 시점에서 직접 약정한 계약을 말한다.

선도계약과 유사하지만 다른 용어가 있는데 선물계약(futures contract)이다. 선물계약은 거래당사자가 특정한 상품을 미래의 특정한 날짜에 특정한 가격으로 인수도 할 것을 현재의 시점에서 표준화된 계약조건에 따라 약정한 계약을 말한다. 이 선물계약은 미래의 거래가격을 현재의 시점에서 결정한다는 점에서는 선도계약과 유사하지만, 제도적 측면에서 중요한 차이가 있다.

첫째, 선물계약에서는 거래단위와 만기일 등 거래조건이 표준화되어 있는 반면, 선도계약에서는 거래당사자의 필요에 의해 계약이 직접 체결되므로 거래조건이 표준화되어 있지 않다.

둘째, 선물계약은 공식적인 선물거래소에서 공개입찰방식을 통해 거래되는 반면, 선도계약은 장외시장에서 주로 딜러를 통해서 거래된다.

셋째, 선물계약은 청산소를 통해 일일정산되지만 선도계약은 만기일에만 결재된다.

넷째, 선물거래자는 일정한 증거금을 청산소에 예치해야 하지만 선도거래자는 청산소에 증거금을 예치할 필요가 없다.

다섯째, 선물거래는 청산소가 공식적으로 보증하지만, 선도거래는 공식적인 기관이 보증하지 않는다. 따라서 선물거래자는 거래상대방의 신용상태를 개별적으로 일일이 조사할 필요가 없지만, 선도거래자는 거래상대방의 신용상태에 대해 사전에 면밀히 조사할 필요가 있다.

여섯째, 선물계약은 만기일 이전에 상쇄거래를 통해서 대부분 청산되나 선도계약은 만기일에 실물자산을 인수도 하는 것을 원칙으로 한다.

마지막으로 선물계약은 규제기관에서 공식적으로 규제를 하지만 선도계약은 공식적인 규제를 받지 않고 자율적으로 규제되고 있다. 이러한 선물계약과 선도계약과의 차이를 정리한 것이 (표 9-4)이다.

〈표 9-4〉 선물계약과 선도계약의 차이

구분	선물계약	선도계약
거래장소	선물거래소	장회시장
거래방법	공개입찰방법	당사자 간의 직접 계약
시장성격	완전경쟁시장	불완전 경쟁시장
시장참가자	다수의 시장참가자	한정된 실수요자 중심
거래조건	표준화	당사자 협의에 따라 조정
양도	반대거래로 양도가능	양도 불가능
가격형성	거래일마다 매일형성	계약시 단 1회 형성
증거금	증거금 예치 및 유지	딜러와 신용라인 설정
정산	청산소에서 일일정산	만기일에 결제
계약이행의 보증	청산소가 보증	거래상대방의 신용도
인도	1% 미만 실물인도	90% 이상 실물 인도
규제	규제기관의 공식적 규제	필요에 따라 자율규제
가격변동의 제한	1일 가격변동폭 제한	제한없음

*자료 : 신민식, 구명회 「선물시장론」, 법문사, 1996, 1

3.3 선도거래와 선물거래

선도거래(forward transaction)는 선도계약을 시장에서 거래하는 것을 말하며, 선물거래(futures transaction)는 선물계약을 시장에서 거래하는 것을 말한다. 선도거래에서중요한 용어는 다음과 같으며, 이들 용어는 선물거래에서도 동일하게 사용하고 있다.

우선 선도거래자가 선도계약을 매입하는 것을 선도계약에 매입포지션(long position)을 취한다고 하며, 선도계약을 매도하는 것을 선도계약에 매도포지션(short position)을 취한다고 한다.

선도가격(fordward price)은 만기일에 거래쌍방이 상품을 인도하기로 약정한 가격을 말하며, 선도계약의 기초상품은 만기일에 인도할 상품을 말한다. 기초상품의 현물가격(spot price)은 현물시장의 거래가격 또는 오늘 즉시 인도할 경우의 선도가격을 말하며, 만기일의 현물가격은 미래의 현물가격(future spot price)이라고 한다.

농산물의 현금가격은 종종 현물가격(spot price)이라 부르는데, 현재 시점에 배달된 상품의 현재 가격이다. 반면, 선물가격(futures price)은 미래 시점에 배달되기로 한 상품의 현재 가격이다. 상품의 가격결정과 상품조달은 보통 현금시장에서 동시에 발생하나, 이들이 선물시장에서는 분리되어 발생한다. 그리고 선도거래를 통해서 발생하는 이익은 선도이익(forward profit)라 하며, 손실을 선도손실(forward loss)이라고 한다.

3.4 선물시장의 기능

선물시장은 거래자 사이에 미래에 상품을 조달하기로 하는 거래약속 메카니즘이다. 즉, 미래의 현물가격을 예시하고, 현물시장의 가격위험을 이전시키며 자본형성을 촉진함으로써 시장경제에 기여하고 있다. 선물시장의 기능을 간략히 요약하면 다음과 같다.

첫째, 선물시장은 미래의 현물가격에 대한 가격예시기능을 수행한다.

둘째, 선물시장은 위험이전기능을 수행한다. 농산물에 적용할 경우, 농민은 파종기에 수확기 이후의 농산물가격을 선물가격을 통해서 파악함으로써 파종량을 사전에 합리적으로 결정할 수 있으며, 수확기 이후에 농산물가격이 하락할 것으로 예상되면 해당 농산물 선물계약에 매도포지션을 취해 둠으로써 미래의 농산물 가격의 하락에 대비할 수 있다.

셋째, 선물시장은 재고자산의 시차적 배분기능을 수행한다. 미국의 선물시장은 1848년 시카고상품거래소(CBOT Chicago Board of Trade)가 개설된 이후 밀, 옥수수, 콩 등의 곡물선물계약을 주로 거래하고 있는데, 곡물 선물시장은 재고자산의 시차적인 배분기능을 통하여 곡물의 재고보유를 시차적으로 분산시킴으로써 장기적으로 곡물 수급을 안정시켜 왔다.

넷째, 선물시장은 투기자의 부동자금을 헤지거래자의 산업자금으로 이전시키는 자본형성기능을 간접적으로 수행한다.

해지 거래자(hedger)
일반적으로 해지(hedger)는 상품가격, 증권가격, 환율, 이자율 등 현물각격의 변동으로 인해 발생하는 위험을 감소 또는 제거시키기 위한 거래를 말하며 이러한 거래를 행하는 사람을 지칭하여 해지 거래자(hedger)라 함.

○ 농산물 가격의 불안정성은 기본적으로 수요와 공급의 불균형에 의해 발생하고 있으나, 시장구조나 정보가 불완전하거나 유통기능이 비효율적인 경우에도 발생할 수 있다.

○ 농산물의 가격변동은 일반적으로 추세변동, 주기변동, 계절변동 및 불규칙 변동으로 나뉘어진다.

○ 앞으로는 정책범위가 단순한 수급 및 가격안정화 뿐만 아니라 유통조절, 소비촉진, 품질규제 등으로 다양화될 것으로 전망된다.

○ 최근에는 정부의 직접적 수급 및 가격안정화의 한계가 대두되면서 유통협약 및 유통명령제, 자조금제도 등 생산자단체를 중심으로 한 자율적 수급조절제도들이 도입되고 있다.

○ 채소의 최저보장가격제는 농협 또는 정부의 개입기준가격을 사전에 예시하여 가격하락에 신속하게 대응할 수 있는 제도로서, 가격이 최저가격 이하로 하락할 경우 출하조절사업에 참여한 농가에 대해 예시가격으로 수매하여 최저가격을 보장하는 제도이다.

○ 시설채소 출하약정사업은 품목별 지역협의회와 지역내 재배농가, 작목반 등이 출하조절약정을 계약하고, 계약에 따라 산지농협이 약정물량을 수탁판매하는 것이다.

제10장 농산물 물류체계

1 물류의 개념과 중요성

1.1 물류의 개념

물류란 상품의 물리적 이동과 관련된 활동을 말한다. 좀 더 전문적으로 표현하면 물류란 유형, 무형의 모든 상품에 대해 공급과 수요를 연결하는 공간과 시간의 극복에 관한 물리적인 경제활동을 말한다. 여기에는 농산물의 수송, 보관, 포장, 하역의 물자유통활동과 물류에 관련되는 정보가 포함된다.

근대 이전에는 상품이 자급자족적인 경제 또는 소규모 지역시장에서 유통되었기 때문에 상품의 이동이 그다지 큰 문제가 되지 않았다. 그러나 근대에 들어서면서 도시와 농촌이 구분되고 생산과 소비가 지역적으로 분리되면서 상품을 지역과 지역 사이에 효율적으로 이동시키는 것이 중요한 사회적 과제로 대두되었다.

유통을 상적유통(商的流通)과 물적유통(物的流通)으로 구분하는데 이를 줄인 말이 상류와 물류이다. 물류와 상류는 우리나라에서 1970년대부터 사용하기 시작하였다.

물류의 개념에 대해서는 관점이나 참여 주체에 따라 다양하게 정의되고 있다. 물류는 포괄하는 활동 범위 및 영역에 따라 협의의 물류와 광의의 물류로 구분할 수 있다.

좁은 의미, 즉 협의의 물류는 물적유통(physical distribution)을 의미하며, 상품을 생산 시점·장소로부터 소비 또는 이용되는 시점, 지점까지 이동하고 취급하는 것으로 정의된다. 이는 판매 측면에서의 물류에 초점을 맞춘 것으로서 완제품만을 대상으로하고 있다. 그러나 이러한 협의의 정의는 물류비 절감이라는 측면에서 볼 때 완제품 이전의 원재료 조달과정을 고려하지 않고 있어 전체적인 물류비 절감에 한계를 가지고 있다.

이러한 문제점을 인식하여 최근에는 물류의 개념이 원재료 조달단계에서부터 최종상품의 판매에 이르기까지 전 과정을 관리하는 것으로 확대 정의되고 있다. 이와 같이 넓은 의미에서의 물류를 로지스틱스(logistics)라고도 하는데, 원재료의 조달지역에서부터 최종소비 지점에 이르기까지 상품의 이동과 보관 활동, 그리고 이와 관련된 정보를 계획, 조직, 통제하는 것으로 정의된다. 로지스틱스는 원래 군사용어로서 군사작전상작전군을 위해 후방에서 차량과 군수품을 전송, 보급하고 후방 연락선을 확보하는 모든 지원활동을 의미한다. 즉 군대에서의 보급활동을 의미한다.

다시 말하면 원재료나 부품의 공급자 단계에서부터 상품 생산단계를 거쳐 완제품이 최종소비자 단계에 이르기까지 물자가 전달되는 과정을 총체적으로 파악하며, 기업경영에 있어서 모든 후방지원활동을 담당한다.

물류관리 범위에서 보면 한편으로 최종제품의 판매물류가 있으며, 다른 한편으로 생산과정에서의 물류와 원재료의 조달과 관련된 조달물류도 있어 중요한 영역으로 인식되고 있다. 최근에는 판매된 상품의 반품과 관련된 회수물류 및 사용된 상품의 처리와 관련된 폐기물류도 중요성이 커지고 있다.

〈그림 10-1〉 물류의 범위

1.2 물류의 중요성

물류의 합리화와 물류 생산성 제고는 국가 경제적인 관점에서 볼 때 물가상승을 억제하고 국가경쟁력을 높이는 데 크게 기여하고 있다. 우리나라에서 물류의 중요성을 인식하기 시작한 때는 도로, 항만 등 사회간접자본이 부족하여 국가 물류비가 급증하기 시작한 1980년대부터이다. 이에 비해 미국은 1910년대부터, 일본은 1950년대부터 물류에 대한 관심을 보이기 시작하였다.

물류비에는 상품이 생산지에서 소비지까지 전달되는 데 들어가는 수송비, 포장비, 창고보관비 등 직접적인 비용 뿐만 아니라 물류지원에 필요한 부수비용까지 포함되어 있다. 우리나라의 국가 물류비는 2002년 한 해 동안 87조 원에 달한다. 이는 국내총생산액(gross domestic product, GDP) 684조 3,000억 원의 12.7%에 해당하여 미국의 7%, 일본의 11%에 비해 훨씬 높다.

개별기업의 관점에서 볼 때에는 물류가 기업마케팅의 일부로서 고객만족을 추구하면서 기업이익을 추구해야 하지만, 교통혼잡으로 인한 물류비 상승과 경쟁기업과의 치열한 원가경쟁으로 인해 물류시스템의 합리화는 기업의 생존을 위해서 매우 중요하다. 농산물에 있어서 물류표준화 등 물류개선은 산지에서 소비자에게 이르는 운송 · 보관(저장) · 규격포장 · 하역 작업의 표준화와 효율화를 통해 유통비용을 절감함으로써 농산물의 가격경쟁력을 높이는 데 목적이 있다.

농업에서 부가가치의 창출이 생산단계에서 유통과정으로 이전되면서 유통개선의 필요성이 대두되었으며, 그 중에서도 유통비용의 많은 부분을 차지하고 있는 물류비용의 절감이 매우 중요하다는 점이 강조되고 있다.

다른 한편으로 농산물 시장과 유통시장이 개방되면서 수입 농산물에 대응해 국내 농산물이 균질화된 규격으로 대량 공급할 수 있는 체계를 구축하기 위해서는 물류개선이 절실히 필요하게 되었다. 현재와 같이 원거리의 산지에서부터 소비지 소매점포나 도매시장까지 소량출하되고 산물상태로 출하되는 물류상태로는 소비지 대형유통업체를 중심으로 거래물량을 대량화하고 규모화하고 체인화하는 추세에 부응하지 못하고 있다.

산지 입장에서도 농촌인력이 고령화되고 수확 및 선별포장, 상차 등 인건비가 상승하고 단순 육체노동을 기피하는 상태에서는 상차나 선별포장, 저장 등 물류작업이 기계화되지 않으면 작업능률이 크게 낮아질 뿐만 아니라 유통비용을 감당할 수 없을 것이다. 소비자들도 고급화, 균질화, 규격화된 농산물을 선호하는 추세가 뚜렷이 나타나고 있다.

농산물의 물류비는 농민으로부터 소비자에게 이르는 물적인 흐름에 소요되는 포장 및 가공비, 보관비, 운반 및 수송비, 상·하역비, 물류정보를 포함한 물류관리비 등으로 구성된다. 농산물은 공산품과 달리 부패하기 쉽고 재선별이 필요하여 감모비, 재선별비, 쓰레기 처리비용도 물류비에 포함되어 있다.

2010년 농산물 물류비는 8조 6,957억 원으로 생산자 출하액 38.9조에 비교하면 22.3% 수준이다. 이 농산물 물류비는 국가 전체 물류비의 8% 정도에 해당되며, 농산물에 대한 소비자 지불가격에서 14%를 차지하고 전체 유통비용에서 32%를 차지하고 있다. 농산물 생산액 28조 원과 비교하면 약 25% 수준이다.

〈표 10-1〉 우리나라 농산물 물류비의 비중, 2010년 기준

구분	생산자출하액	유통마진(28조 5,138억 원)		소비자구입액
		물류비	기타유통비	
금액	38조 8,937억원	8조 6,957억원	19조 8,181억원	67조 4,085억원
비중	57.7%	12.9%	29.4%	100.0

*자료 : 농산물유통공사
*주 : 출하액 = 생산액(농림수산식품부 「농림수산식품통계연보 2011」 X 상품화율(농촌진흥청 「2010 농축산물 소득자료집」)

2 물류기능과 농산물 물류체계 현황

2.1 물류기능

물류기능 또는 물류활동은 크게 물자유통기능과 정보기능으로 나눌 수 있다. 물자유통기능은 상품의 장소적·시간적 이동에 관련된 기능으로서 도로, 항만 등의 건설 및 유지관리와 관련된 수송 기초시설 기능, 상품의 공간적 이동에 관련된 수송기능, 상품의시간적 이동과 관련된 보관기능, 상품의 수송 및 보관과 관련된 하역기능, 포장 및 가공기능으로 구분된다. 물류정보기능에는 통신기초시설 기능과 전달기능이 포함된다.

수송이란 자동차, 선박, 항공기, 기타의 수송수단으로 사람이나 재화를 장소적으로 이동하는 것을 말한다. 수송과 유사한 용어로 운송, 운반 운수, 교통, 배송(배달) 등이있다. 일반적으로 수송은 장거리 운송을, 배송은 단거리 배달에 관련된 운송을 말하며, 이 두 가지 개념을 합쳐 수배송이라고도 한다.

수송에서 중요한 용어가 유닛로드시스템 또는 단위화물적재시스템(unit load system, ULS)이다, ULS는 화물을 일정한 중량과 부피로 단위화시켜 하역기계화 및 수송서비스를 효율적으로 하는 체계이다. 여기에는 팰릿에 의한 일관 팰릿화(palletization)와 컨테이너에 의한 일관 컨테이너화(containerization)가 있다. 이 중에서 일관 팰릿화는 발하주로부터 수하주에까지 팰릿에 화물을 적재한 채 지게차 등을 이용하여 수송, 보관, 하역하는 방법이다. 우리나라에서 표준 팰릿은 T11로 1100×1100㎜의 규격을 가지고 있다.

ULS의 장점은 하역시 파손과 오손, 분실 등을 방지할 수 있으며, 운송수단의 효율성을 제고할 수 있고, 하역의 효율성을 향상시킬 수 있다. 포장의 간소화와 포장비용의 절감, 높이쌓기가 가능하여 저장공간의 효율성을 높일 수 있다. 또한 물류관리의 시스템화가 용이해져 하역과 수송의 일관화를 가져올 수 있다. 단점으로는 고액의 자본투자가 필요하며 귀로시 공팰릿과 공컨테이너를 회수하기가 어려운 문제점이 있다. 또한 적재효율이 저하되며 지게차 같은 하역기계가 필요하고 공간도 충분히 확보되어야 한다.

ULS가 효율적으로 추진되기 위해서는 제반 장비와 시설이 표준화되어 서로 연계가 잘 되어야 한다. 팰릿 규격에 맞추어 수송적재함의 규격, 포장단위의 치수, 운반하역장비, 창고보관설비, 거래단위 등이 표준화되어야 한다.

수송기능에서 또 다른 중요한 용어는 '**수배송의 공동화**'이다. 수배송의 공동화는 수송수단의 적재효율을 향상하여 물류효율을 높이기 위해 2인 이상의 사업자가 공동으로 수송과 배송 활동을 하는 물류공동화의 일종이다. 예컨대 농산물을 산지에서 수도권으로 주로 운송하는 산지 협동조합 연합사업체가 반대로 수도권에서 지방으로 공산품을 수송하는 제조업체와 수배송을 공동화하여 공차회전율을 낮추어 수송의 효율화를 기하는 경우이다.

보관은 상품을 물리적으로 저장하고 관리하여 고객의 주문에 따라 배송하는 일련의 작업을 수행하는 핵심적인 물류기능이다. 보관은 입고와 출고, 원자재와 생산, 생산과 판매 간 시간과 공간적인 차이를 조정하는 일종의 완충장치 기능을 하며, 수배송 경로의 접점이 이루어지는 거점역할을 수행한다.

보관기능으로는 첫째, 상품의 재고관리를 효율적으로 하여 신속 정확한 발주로 고객의 주문에 부응하는 기능 둘째, 적정량의 재고 보유로 총물류비를 줄이고 셋째, 수송과 배송 사이에서 대량화물을 소량으로 나누어 배송하는 중간기지역할을 수행한다. 넷째, 단순한 보관저장 기능뿐 아니라 분류, 가공, 재포장, 검품 등 유통저장 관련기능도 담당한다.

보관기능에서 중요한 용어로 **오더 피킹**(order picking)이 있는데, 이는 고객의 주문에 대응하여 창고의 재고로부터 주문품을 골라내어 모으고 출하하는 과정을 말한다. 오더 피킹과 유사한 용어로 **분류**(sorting)가 있다. 분류는 상품명세에 따라

물품을 일정한 분류기준에 의해 창고 내 일정한 위치에 집합시키는 물류활동이다.

포장은 물품을 수송, 보관함에 있어서 가치 또는 상태를 보관하기 위해 적절한 재료, 용기 등을 물품에 가하는 기술 및 상태를 말한다. 포장의 종류에는 물품 낱개를 포장하는 낱포장과 포장화물 내부의 포장인 속포장, 외부의 포장인 겉포장이 있다. 포장의 기능으로는 화학적 · 물리적 변질을 방지하기 위한 보호성, 기준규격에 의한 정량성, 라벨과 인쇄를 표시하는 표시성, 가치창조, 패션화, 상품성 제고 등이 있다. 또한 진열과 수송, 하역을 용이하게 해주는 편리성도 있으며, 판매, 하역, 수배송을 효율적으로 해주는 효율성, 구매의욕을 높이는 판매촉진성 등이 있다. 하역은 운송 및 보관에 수반하여 발생하는 부수 작업으로서 화물의 정하, 양하, 운반, 입출고, 분류 등의 작업과 이에 부수되는 작업을 말한다. 상품의 수송, 보관 전후에는 반드시 하역작업이 수반되기 때문에 하역의 합리화는 물류과정 전체의 합리화에 매우 중요한 요소이다.

하역기기에는 연속 운반방식인 컨테이너, 일괄운반방식인 지게차 또는 포크리프트, 팰릿 잭 등이 있다. 시스템화된 기기로 자동분류기도 있으며, 수송차량 후미나 도매시장 데크 등의 일부가 되는 기기에 **도크 레벨러**(dock leveller) 등이 있다.

2.2 농산물 물류체계 현황

농산물 물류체계에는 산지에서 소비지까지의 운송, 표준규격출하, 도매시장 하역체계, 저장과 표준코드 등 정보화가 포함되어 있다. 농산물의 수송은 농가의 출하규모가 영세하고 생산자조직의 공동출하체계가 미흡하여 원거리 산지에서 소비지 도매시장까지 소형차량에 의해 운송되는 비효율성이 상존한다. 또한 농가단위의 소량 · 개별 출하로 인해 산지에서 팰릿 적재출하가 곤란하고도매시장에서도 소량경매로 인해 경매의 신속성과 효율성이 저해받고 있다.

한편, 농산물의 **규격포장화**는 산지유통센터, 작목반 집하장 등에서 공동선별 포장을 수행함으로써 출하농산물의 품질을 균일화하고 통명거래 기반을 조성하므로, 표준규격화 수준은 유통의 효율성을 대표하는 시금석과 같다.

우리나라 농산물의 **표준규격출하비율**은 1998년 75%에서 2007년 93%로 높아지고 있으며, 포장화율도 1998년 17%에서 2004년 50%, 2007년 74%로 높아졌지만, 선진국보다는 매우 낮은 수준이다. 농산물의 평균적인 규격출하비율은 곡물류, 과일류, 서류, 과채류, 그리고 화훼가 높은 편이며, 채소류는 대체로 낮은 수준이다. 그러나 가지, 피망, 열무, 양배추, 시금치 등의 규격출하비율은 꾸준히 향상되고 있다. 배추, 무, 대파 등 산물출하 품목은 성출하기에 도매시장내에서 재선별, 재포장작업을 함으로써 많은 쓰레기를 발생하여 유통비용을 추가시키고 있다.

도매시장의 중도매인이나 수집상 등 일부 중간상인은 표준규격화 출하가 정착되면 기존과 같이 재포장을 통해 얻을 수 있는 물량마진이나 등급마진을 얻을 수 없어 표준규격출하품의 구매를 기피하기도 한다.또한 저온유통 확대 등 물류표준화의 여건변화에 맞는 포장규격의 개발 보급이 미흡하다. 특히, 팔레타이징에 적합한 포장상자나 그물망이 적극 개발 보급되지 않아 팰릿일관수송체계가 추진되지 않고 있다. 이에 따라 2002년 팰릿 출하율이 5%에 불과하다. 농산물 물류기능 중에서 병목현상으로 자리잡고 있어 물류효율화와 유통개혁에 큰걸림돌이 되는 것이 하역문제이다. 물론, 우리나라는 규격화, 포장화, 등급화 등 산지유통 개선이 아직도 미흡하여 하역기계화를 저해하고 있으나, 도매시장에서 그동안 하역을 수작업에 의존하였으며 하역노조에 의한 하역의 독점적 수행과 하역기계화에 대한 거부감 등으로 하역체계 개선이 지지부진한 실정에 있다.

3 물류표준화 현황과 개선과제

물류표준화란 운송, 보관, 하역, 포장 등 물류의 각 단계에서 물동량 취급단위를 표준팰릿으로 단위화하고, 사용되는 시설, 장비를 규격화하여 이들간 호환성과

연계성을 확보하는 '**단위화물적재시스템**'(ULS)을 구축하는 것이다. ULS는 수송, 보관, 하역 등물류활동을 합리적으로 하기 위해 여러 개의 물품 또는 포장화물을 기계·기구에 의한취급이 적합하도록 하나의 단위로 정리하여 상하역을 기계화하고 수송, 보관 등을 일관하여 합리화하는 구조를 말한다.

물류표준화의 대상분야에는 전국적으로 통합이 필요한 것으로 산업의 기초가 되고 광범위하게 사용되는 물품, 국제경쟁력을 강화하고 합리화 촉진을 위해 통일이 필요한 것, 그리고 국제규격과 조화를 위해 통일이 필요한 것 등이다. 이러한 대상기준을 볼 때 운송에서는 운송장비·적재함·냉동탑차·화차·컨테이너 등이 표준화 대상이며, 하역에서는 지게차·컨베이어·기중기 등이, 보관에서는 보관선반·팰릿, 포장에서는 포장치수·재질·강도·포장재 등이 그 대상이 되고 있다. 물류지원 분야로서 물류정보에서는 상품코드·전표·전자상거래 등이 표준화의 대상이 되고 있다.

〈표 10-2〉 물류표준화 대상 구분

생산자출하액		표준화 대상
포장	외포장, 내보장	포장치수, 재질, 강도,포장재 등
운송	트럭, 기차, 선박	운송장비, 적재함, 냉동탑차, 화차, 컨테이너 등
하역	물류기기	지게차, 컨베이어, 기중기 등
보관	물류시설	산지, 소비지의 보관선반, 팰릿 등
정보	물류정보	상품코드, 전표, 상품표전, 전자상거래 등

물류표준화와 관련된 법령 및 제도에 관한 업무는 주로 건설교통부, 산업자원부에서 담당하며, 농산물 물류에 대해서는 '**농산물표준출하규격**'에 관한 사항을 국립농산물품질관리원에서 담당하고 있다.

정부에서는 산업자원부 산하의 국립기술품질원에서 1973년 12월에 처음으로 표준 팰릿 규격을 제정하였으며, 1991년 12월에는 화물유통촉진법을 제정하여 물류표준화보급촉진 등 재정지원의 근거를 마련하고 1995년 12월에 이 법을 개정하였다.

1992년 7월에는 건설교통부에서 주관하여 정부의 물류표준화 추진위원회를 구성하여 운영하였으며, 1995년 12월에는 국립기술품질원에서 물류표준지침서인 유닛로드시스템 통칙을 제정하게 되었다. 1996년 8월에는 수송차량 규격을 제정하였으며(2,120mm에서 2,280mm로), 기존 차량의 적재함을 광폭화하는 구조 변경을 허용하였다. 또한 1997년 10월에는 5톤 차량에 대한 광폭화 생산을 의무화하게 되었다. 농산물 물류표준화의 추진현황을 살펴보면 다음과 같다.

정부는 세계무역기구(WTO) 체제의 출범으로 외국 농산물 수입이 전면 개방됨에 따라 수입농산물과 경쟁하기 위해 산업자원부 산하 국립기술품질원에서 1973년 12월에 규격으로 제정한 물류표준화 기준인 표준 팰릿(1,100×1,100mm)에 맞도록 농산물의 포장규격을 정비하였다.

1997년 3월부터 1998년까지 한국산업규격(KS)에서 정하고 있는 69개 수송포장 계열 치수에 맞도록 농산물 포장규격을 표준 팰릿(1,100×1,100mm)에 맞추어 124개 품목에 대해 4차례에 걸쳐 정비 완료하였다.

또한 농산물 유통여건이 급변함에 따라 2001년까지 쌀, 사과, 배 등 89개 품목에 대하여 품질 · 포장 및 포장단위 무게 규격을 전면 개정하여 상품성 향상과 디지털 유통 지원, 물류비용 절감에 기여하였다.
2002년에는 감자, 채소류 등 38개 품목에 대해서 규격제정을 완료하고, 2003년에는 수삼(인삼) 품목을 추가하여 총 128개 품목에 대해 규격을 제정하여 운용하고 있다.

따라서 ULS를 조기에 정착시키기 위한 과제로는 포장단위의 표준화, 팰릿의 표준화, 상하역장비의 표준화, 수송장비 적재함의 표준화, 창고 및 보관시설의 표준화, 거래단위의 표준화 등으로 상호 병행하여 추진해야 한다.

○ 물류란 상품의 물리적 이동과 관련된 활동을 말하며, 농산물의 수송, 보관, 포장, 하역의 물자유통활동과 물류에 관련되는 정보가 포함된다.

○ 물류관리의 범위에는 최종제품의 판매물류, 원재료의 조달과 관련된 조달물류가 포함되며, 최근에는 상품의 반품과 관련된 회수물류, 사용된 상품의 처리와 관련된 폐기물류도 중요해지고 있다.

○ 광의의 물류인 로지스틱스(logistics)는 원재료의 조달지역에서부터 최종소비지점에 이르기까지 상품의 이동과 보관 활동, 그리고 이와 관련된 정보를 계획, 조직, 통제하는 것으로 정의된다.

○ 물류비에는 상품이 생산지에서 소비지까지 전달되는 데 들어가는 수송비, 포장비, 창고보관비 등 직접적인 비용뿐만 아니라 물류지원에 필요한 부수비용까지 포함되어 있다.

○ 물류표준화란 운송, 보관, 하역, 포장 등 물류의 각 단계에서 물동량 취급단위를 표준팰릿으로 단위화하고, 사용되는 시설·장비를 규격화하여 이들 간 호환성과 연계성을 확보하는 '단위화물적재시스템'(ULS)을 구축하는 것이다.

○ 농산물 물류표준화는 산지에서 소비자에게 이르는 운송, 보관(저장), 규격포장, 하역작업의 표준화와 효율화를 통해 유통비용을 절감하는 데 목적이 있다.

○ 단위화물적재시스템(unit load system , ULS)은 화물을 일정한 중량과 부피로 단위화시켜 하역기계화 및 수송서비스를 효율적으로 하는 체계로, 일관 팰릿화 (palletization)와 일관 컨테이너화(containerization)가 있다.

○ 수배송의 공동화는 수송수단의 적재효율을 높이기 위해 2인 이상의 사업자가 공동으로수송과 배송 활동을 하는 물류공동화의 일종이다.

제11장 농산물 유통 정보와 디지털 유통

1 유통정보의 중요성

유통정보는 생산자 및 유통업자의 의사 결정을 지원하는 중요한 기능을 하며, 유통정보의 분산은 시장참여자간의 공정 경쟁을 촉진하는데도 중요한 역할을 수행한다. 생산자 및 유통업체들은 유통정보의 도움으로 생산, 출하시기 및 출하처를 결정하고 마케팅 전략을 수립하게 되며, 정보의 공정한 분산을 통해 정보 독점에 의한 독과점적 행동을 억제하게 된다.

유통정보의 가치는 정확하고, 신뢰성이 있으며, 적합하고, 익명성이 있으며, 시의적절하고, 신속해야 높다(표 11-1). 농산물 유통에 있어서도 유통정보의 중요성을 과소 평가 할 수 없으며, 유통정보의 정확성, 신뢰성, 적합성, 익명성, 시의적절성, 신속성 등을 높여 유통정보의 가치를 높여야 할 것이다.

〈표 11-1〉 유통정보의 평가 기준

구분	평가 기준
정확성(Accuracy)	실제 상황을 정확하게 반영
신뢰성(Trustworthy)	정보를 어느 한 쪽에 치우침없이 객관적으로 수집
적합성(Relevancy)	이용자의 필요에 따라 수집, 가공, 분산되어야 함.
익명성(Confidentiality)	정보공개 소스의 보호
시의적절성(Timeliness)	이용자가 필요한 시기에 적합하게 제공
신속성(Speed)	정보 분산의 신속성

2 농산물 유통정보화 현황 및 개선 방향

2.1 산지유통 정보화

농산물 산지 유통은 영세한 수집상에 의해 주도되어 정보화가 미비되어 있으며, 작목반, 농협, 영농조합법인 등 생산자조직의 정보화도 미진하다. 상인들은 법인화되지 않은 개인사업자로서 규모가 영세하고 자료의 공개를 극도로 꺼려 정보화를 회피하고 있다.

농협은 도매시장과 물류센터 등의 사후적인 정산자료를 확보하고 있으나 출하시점에서 정보화 시스템이 구축되지 않아 정보의 실시간 수집이 불가능하다. 도매시장 출하시 송품장을 작성하고 있으나 문서가 EDI로 전자화되어 있지 않아 실시간 정보 수집이 불가능하며, 송품장도 도매시장별로 각기 다른 양식을 사용하여 정보의 표준화도 미비하다. 또한 도매시장 출하시 정산이 종료된 이후에 정산서를 농협으로 팩스로 송부하고 있다. 정산서에는 출하자명, 등급, 수량, 경락가격, 수수료 및 제반 공제 내역, 차입지급액 등 표시한다. 아울러 정보화 전문인력 부족, 정보화기기에 대한 투자여력 미흡 등 산지의 정보화 여건도 매우 취약하여 산지유통의 정보화를 제약하고 있다. 이러한 정보화 미비로 산지유통의 경우 가격, 출하량 등 출하의사결정에 필요한 정보의 실시간 수집과 분산이 불가능한 실정이다.

산지유통센터에서는 입출고대장을 통해 저장량 등을 파악할 수 있으나 이들 정보의 온라인 수집체계가 미비되어 정보수집이 불가능하다. 가격정보는 매취의 경우 정산서 등을 통해 수집할 수 있으나 수탁의 경우 일반 계통 출하와 마찬가지로 소비지 출하처에서의 정산이 완료된 이후 정보수집이 가능하다.

2.2 소비지 유통정보화

소비지는 제도화된 공영도매시장 및 대형 유통업체, 종합유통센터 등의 정보화가 산지에 비해 크게 진전되어 있으며, POS시스템 등을 활용하여 판매시점에서 정보를 관리하고 있다.

가. 도매시장

(1) 공영도매시장

공영도매시장 입주 도매법인 및 공판장들은 정산업무 및 관리업무를 전산화하였으나, 도매시장내 중도매인들은 규모가 영세하여 정보화가 미비하다. 도매시장법인들도 업무 전산화를 추진하고 있으나 정산, 경매 등 단위업무의 전산화가 이루어진 수준으로 업무 전반의 MIS 혹은 ERP 시스템 구축은 요원한 실정이다. 가격, 물동량 등 유통정보도 자체적으로 수집되고 있으나 도매시장 관리사무소와의 네트워킹 체계 미구축, 경매후 조정의 필용성 등의 요인으로 정보의 실시간 수집 체계가 불가능하다. 더구나 도매시장 법인별로 송품장의 형식이 다양하며, 상품코드가 표준화되어 있지 않아 정보의 활용성이 제한된다.

(2) 유사도매시장

유사도매시장은 위탁 위주의 거래를 하며, 우리 나라 청과물 도매거래 물량의 30%를 차지하고 있다. 유사도매시장 위탁상들은 전근대적인 상관행을 답습하여 자료 공개를 극도로 꺼리고 있고 규모가 영세하여 정보화 수준이 극히 낮다. 거래시 이용하는 양식은 간이영수증, 송품장, 판매일지 등이며, 이러한 양식을 사용하는 상회는 소수이고 대부분 메모장 등에 그 날의 판매실적 등을 기록하는 원시적인 수준이다. 이러한 전근대적인 상관행 구조하에서 정보화 추진은 매우 어려우며, 앞으로도 정보화가 추진될 가능성이 희박하다.

나. 종합유통센터

종합유통센터(물류센터)는 대형 매장으로서 관리업무의 정보화는 물론 POS 등 판매시점 정보관리체계가 갖추어졌다. 농협이 운영하는 물류센터의 경우 유통관리시스템을 운영하고 있어 유통관련 정보의 수집, 분산이 가능하나 시스템간 네트워킹 체계가 구축되지 않아 종합적인 정보 관리가 되지 않고 있다. 농협이 운영하는 종합유통센터들은 운영조직이 중앙회 분사와 자회사로 이분화되어 정보의 네트워킹이 제약되고 있다. 일부 자회사는 독자적인 시스템을 개발, 이용하고 있어 시스템의 통합이 제약되고 있다.

다. 소매업체

〈그림 11-1〉 상품바코드

대형소매업체들은 POS(Point of Sale) 시스템을 구축하여 판매관련 정보를 실시간으로 수집, 분석하여 경영전략수립에 활용하고 있다. 반면 소규모 구멍가게들은 규모의 영세성, 정보공개 회피 등의 요인으로 POS 도입율이 매우 낮다.

POS 시스템은 판매시점에서 판매에 관련된 정보를 관리하는 시스템으로서 광학식 자동판독(scanner) 방식에 의해 수집된 판매정보와 구입 및 운송단계에서 발생하는 각종 정보를 컴퓨터에 의해 처리, 가공하여 이용하는 것이다. POS 시스템을 이용하면 고객에게 신속한 체크아웃 서비스를 제공할 수 있고 실시간에 판매관련 정보를 수집, 분석할 수 있으므로 매장관리의 효율성을 제고시킬 수 있다. 즉 제품판매에 관련 정보가 판매시점에서 신속, 정확하게 파악되므로 소비자의 욕구 변화를 파악하여 즉각 대처를 가능토록 한다. 이와 같은 POS 시스템의 구성요소는 바코드 리더, 포스터미널, 스토어 컨트롤러, 본부 메인 컴퓨터 등이며 이들이 네트워크로 연결되어 있다. 공산품의 경우 바코드는 KAN(Korean Article Number)로 한국유통정보센터에서 부여되며 제조업자 바코드를 마킹(source marking)하고 있다. 여기서 KAN은 13자리로 구성되어 있으며, 앞의 3자리는 880 국가번호, 그 다음 4자리 제조업체코드, 그 다음 5자리 상품코드, 마지막으로 13자리는 체크디지트를 말한다. 대부분의 공산품은 공통코드로 마킹되어 정보가 표준화되어 있으나 농산물은 제조업체에서 마킹을 하지 않고 점포에서 마킹하며, 업체에 따라 상품코드가 제각기 다르다.

2.3 농산물 유통정보시스템

농산물 유통정보시스템은 농림부가 주관이 되어 각 유통단계의 가격을 조사하여 공포하고 있다. 산지 및 소비지 공판장은 농협, 도매시장 및 소매시장은 농수산물

---

8) 구 농림정보센터가 2012년 농림수산식품교육문화정보원으로 확대 개편되었으며, 약칭으로 농정원이라고 한다.

유통공사가 조사를 담당하며 이를 농림부가 집계하여 다양한 경로를 통해 분산시키고 있다(표 11-2). 정보 분산기관은 농림수산식품/농정원[8], 농협, 농수산물유통공사, 농진청, 품질관리원 등으로 다양하다.

〈표 11-2〉 농산물 유통정보시스템의 조사 품목

구분		품목수	종류
농산물	식량작물	8	9
	채소	25	35
	특용작물	3	5
	화훼	8	24
	과실	11	17
	소계	55	90
축산물		13	41
수산물		19	28
계		87	157

*자료: 농림수산식품부.

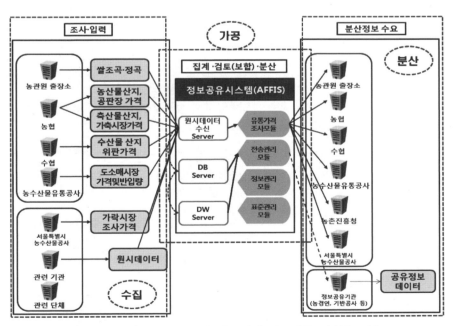

〈그림 11-2〉 농산물 가격 정보의 수집 · 가공 · 분산 구성도

농림수산식품부의 유통정보시스템과 더불어 농협과 농협유통은 자체의 필요성에 따라 종합유통센터(물류센터)의 도매가격과 하나로클럽의 소매가격을 수집, 분산하고 있으며, 농수산물 유통공사는 백화점, 할인점 등 대형유통업체의 가격자료를 수집, 분산하고 있다. 가격 이외의 생산, 기술정보, 해외, 무역 정보 등 유통에 필요한 정보는 농림부, 농진청, 국립농산물품질관리원, 농촌경제연구원, 기상청, 농협, 서울시 농수산물공사, 농수산물 유통공사 등을 통해 수집, 분산되고 있다(표 11-3).

〈표 11-3〉 기관별 유통정보 현황

기관명	주요 정보내역	웹사이트
농림부/Affis	농업정책정보, 통계정보, 관측정보, 병해충정보, 해외농업정보, 유통정보	www.maf.go.kr www.affis.net
농수산물유통공사	가격(도매시장 및 대형유통업체 가격 및 시황), 유통실태, 유통시설, 도매시장통계, 유통사업안내 등	www.kamis.co.kr
농협중앙회	농업경영정보, 농산물가격정보, 날씨정보	www.nonghyup.com
농협유통	농산물시세정보(도매가격 및 하나로클럽소매가격), 종합유통센터안내, 우리농산물 정보	www.kacm.co.kr
서울시 농수산물공사	가격정보, 조사가격정보, 정산가격정보, 물량정보, 출하지정보, 판매실시간중계	www.garak.co.kr
농촌진흥청	영농정보(기상정보, 방제기상, 병해충예찰정보 등), 신농업기술정보, 해외농업정보, 농업경영정보, 영농기술보급, 농업기술 DB	www.rda.go.kr
농촌경제연구원	주요 농산물 관측정보 및 농업경제 연구 정보	www.krei.re.kr
국립농산물 품질관리원	우리농산물 식별정보, 품질인증농산물정보, 농산물표준규격, 농약잔류허용기준, 관련법규, 통계정보	www.naqs.go.kr
서울시	장바구니물가정보, 직거래장터 정보	econo.metro.seoul
기상청	특보 및 경보, 예보, 현재의 날씨, 생활기상정보	www.kma.go.kr
한국은행	생산자물가지수	www.bok.or.kr
통계청	소비자물가동향	www.nso.go.kr

농정원에서는 옥답(www.okdab.com) 사이트를 통해 다양한 농수산물 유통정보를 제공하고 있다. '가격정보'는 도매시장 경락가격정보, 조사가격정보, 해외가격정보를 제공하고 있다. 특히, 도매시장 경락가격은 실시간으로 제공되고 있으며, 가장 많은 정보량을 차지하고 있다. '가격정보'내 실시간 경매속보의 경우 전국 33개 도매시장의 도매법인별 경매결과를 관리사무소(공사)를 통해 제공받아 이를 실시간으로 제공하고 있다. 정보는 경매시간, 품목, 규격, 경락가, 거래량, 도매시장명, 도매법인명, 산지명으로 구분되어 제공되며, 통계정보로는 반입량정보, 수출입통관정보, 출하실적 정보 등을 제공하고 있다. 분석정보로는 권역별, 도매시장별 가격비교, 월평균조사가격, 다년간 출하동향 정보를 제공하고 있다. 또한 유통정보로 전문가 및 관련기관에서 제공하는 동향정보를 중심으로 텍스트 형태의 정보를 제공하고 있다.

2.4 농산물 유통정보시스템 개선 방안

가. 정보 내용 확충 및 종합화

생산자의 의사결정단계별 정보요구에 적합하게 관련 정보를 확충해야 한다. 특히, 주산지 및 품목의 변화 등 산지의 변화추이와 대형유통업체, 물류센터 등 소비지 유통의 변화가 유통정보 조사에 반영해야 할 것이다. 산지에서는 기존 산지 조사가격 뿐 아니라 밭떼기 가격, 산지공판장 가 격 등의 확충이 필요하고 소비지에서는 도매시장 이외의 종합유통센터(물류센터)의 가격 자료와 하나로클럽, 대형유통업체 등 신유통업태의 가격자료도 필요하다. 가격정보 이외에 생산정보, 해외정보, 기상, 물류정보 등이 종합적으로 제공되어야 할 것이며, 제공되는 자료는 단순한 수치의 나열보다는 그래프, 표 등으로 가공되어 제공되어야 한다. 아울러 물류비 절감을 위한 운송, 보관에 대한 정보와 소비지 반입량, 주산지 출하량 등 물동량 정보의 확충이 필요하다.

나. 농산물 표준코드 개선

현행 유통정보시스템에서는 개별기관들이 독자적인 코드를 개발함으로써 기관간의 상호 정보교환 등의 연속성이 없고 이용자들의 비교분석을 곤란하게 한다. 농림부 유통정보사업 5자리, 일반유통업체 KAN코드 인스토어마킹 13자리, 농협 13자리 등 이며, 도매법인 등은 독자적인 코드를 사용하고 있다.

기관간의 정보교류와 정보관리를 원활히 하기 위해서는 공동의 표준코드가 이용되어야 하고, 장차 EDI, 전자상거래 등 정보화 추진시 표준코드의 확립과 사용은 필수적이다. 이처럼 표준코드 이용률을 높이기 위해 기존 표준코드의 문제점을 보완하여 새로운 코드체계의 개발이 필요하다. 기존 표준코드는 18자리로서 입력의 부정확성 문제와 KAN 코드와의 정합성이 없는 문제점이 있다. 또한 표준코드 제정시 실제 코드를 사용하는 유통업체의 입장이 반영되지 않아 유통업체의 사용이 극히 저조하다. 더구나 유통업체의 입장에서는 새로운 코드 도입에 따른 제반 비용 부담 문제를 제기한다. 따라서 표준코드 개선의 기본 방향은 첫째는 기존 기관별 코드체계를 포괄할 수 있고, 둘째는 유통정보 및 통계 목적 뿐 아니라 장차 EDI, 전자상거래 등에 활용될 수 있어야 하며, 셋째는 개별의 상품코드 뿐 아니라 포장박스에 부착되는 물류코드도 함께 개발되어야 할 것이다.

다. 규격 및 품질의 표준화

정보의 유용성을 높이기 위해 등급 및 거래 단위를 시장의 거래관행에 적합하게 개선할 필요가 있다. 현재 거래단위가 가격조사에 반영되고 있지 않으나 크기를 반영하기 위해 포장단위, 포장단위내 과수(예: 41~50개) 등을 가격조사에 반영해야 할 것이다. 현재 품질 등급은 조사원이나 출하자의 자의적인 판단에 의해 설정되고 있으나 실제의 품질을 반영하기 위해 현재보다 상세한 등급기준이 적용되어야 한다. 이는 비단 유통정보에서 뿐 아니라 농산물 유통전반의 문제점으로서 시급히 개선되어야 할 과제이며, 무엇보다도 먼저 시장에서 통용될 수 있는 표준규격의 설정이 필요하고 등급판정의 객관성을 높일 제도적인 장치가 필요하다.

라. 정보의 정확성 제고

수집되는 정보의 정확도를 높이기 위해 정보수집기관의 관심 제고가 필요하며 정보수집기관에 충분한 인센티브를 부여하여 업무의 질을 높여야 할 것이다. 아울

러 정보 수집매뉴얼을 확충하여 경험이 부족한 조사원들도 주어진 절차에 따라 조
사를 수행하도록 하는 등 정확한 정보수집시스템을 구축해야 한다.

3 디지털 유통 현황 및 발전 전략

3.1 전자상거래 발전배경

가. 정보화 사회

정보화사회는 정보기술의 발달로 기업경영은 물론 사회 모든 분야에서 정보의 활
용이 고도화되는 사회를 말하며, 이는 정보기술의 발전에 의해 전에 없이 광범위
하고 상세한 정보를 파악할 수 있기 때문이다. 미래학자인 Toefler는 정보화사회
의 도래를 제3의 물결이라 하였으며, 권력이 과거 물리적인 것에서 무형의 정보
로 이동하고 있다고 한다.

나. 디지털 경제의 이해

디지털이란 0, 1의 조합으로 표시하며, 정보기술(IT) 및 전자상거래에 의한 변화
를 가져왔다. 이는 정보공유의 양방향성, 동시성, 공간을 초월한 네트워크 등 으
로 나타났다. 디지털 경제의 특성은 전지구적이며 아이디어, 소프트웨어, 서비스
등 무형자산의 중요성이 크고, 긴밀히 상호 연관되어 있다.

다. 인터넷의 이해

인터넷은 전세계 컴퓨터 네트워크를 TCP/IP라는 표준 프로토콜을 이용하여 상
호 접속할 수 있어 네트워크의 네트워크라고 말할 수 있다. 발전역사를 살펴보면
1969년 ARPANET이라는 미국 국방성 Advance Research Projects Agency의
백업시스템에서 시작하였으며, 1986년 NSF Net으로서 미국 과학재단의 네트워
크로 연구목적에 활용되었으며, 1990년부터 상업적인 네트워크로 사용되었다.
이와 같이 초기에는 이메일, FTP, Newsgroup 등 소수의 학자나 전문인들의 활

용하였으나 CERN이라는 스위스 입자물리학 연구소가 WWW(World Wide Web)을 개발하여 텍스트 뿐 아니라 그림, 음성, 동영상 등 멀티미디어를 지원하여 이후 인터넷이 일반에게도 활용되면서 폭발적으로 성장하게 되었다.

라. 인터넷의 의의

인터넷의 의의를 보면, 먼저 정보의 바다라고 말할 수 있다. 인터넷 상에서 수많은 정보를 쉽게 접할 수 있으며, www.affis.net에서 보듯이 품목 종합정보 등 많은 농업 정보를 제공해주고 있다.

둘째, 의사소통채널(communication channel)이라 할 수 있다. 전자우편(email), 메신저 서비스 등을 이용하여 서로 의사소통을 할 수 있다.

셋째, 가상시장(Marketplace)이라 할 수 있다. 각종 인터넷 사이트 상에서 상품을 사고 팔수 있는 공간으로 이용되고 있다.

아울러 인터넷의 마케팅적 가치로는 상호작용성, 개인화, 정보지향성, 시간·공간의 무제한성, 측정가능성, 유연성, 경제성 등을 들 수 있다(표 11-4).

〈표 11-4〉 인터넷의 마케팅적 가치

기관명	마케팅 가치
상호작용성(Interativity)	고객의 참여와 대화, 고객관의 관계 형성
개인화(Customization)	개인의 요구에 적합한 서비스 제공
정보지향성(Infocentric)	무한대의 가치있는 정보
시간·공간의 무제한성(Limitless)	24시간 운영, 전세계 대상
측정가능성(Measurability)	방문회수, 구매액, 구매빈도 기록
유연성(Flexibility)	환경변화에 대응한 사이트 변경
경제성(Economic)	물리적 상점구축비용, 재고비용 절감

3.2 전자상거래의 기초적 개념

가. 전자상거래의 개념

자상거래란 종이에 의한 문서를 사용하지 않고 인터넷과 같은 정보기술을 이용한 상거래를 말한다. 전자상거래는 e-commerce, e-business, 인터넷 비즈니스 등 다양한 용어로 사용되기도 한다. 전자상거래는 전자거래기본법에 따르면 제화나 용역의 거래에 있어 전부 또는 일부가 전자문서교환 등 전자적 방식에 의해 처리되는 거래라고 하며, OECD에서는 텍스트, 음성, 화상을 포함한 디지털자료의 처리 및 전송에 기초한 조직과 개인을 포함한 상업적 활동과 관련된 모든 형태의 거래라고 한다. 이외에도 윈스톤교수는 네트워크를 통한 상품의 구매와 판매라고 전자상거래를 정의내리고 있다. 다시 말해 전자상거래는 가상공간을 기반으로 수행되는 재화나 서비스 및 정보를 대상으로 가치교환을 이끄는 행위와 이를 지원하는 모든 상거래 활동이라고 할 수 있다.

다양한 전자상거래 유형중 인터넷 상에 가상 상점을 개설하여 고객에게 상품이나 서비스를 판매하는 것을 사이버 쇼핑, 인터넷쇼핑, 전자직거래 등 이라고 말한다. (그림 11-3)에서 볼 수 있듯이 인터넷을 통해 상품을 주문하고 판매자는 대금입금 여부를 확인한 후 택배로 소비자에게 상품을 배달한다.

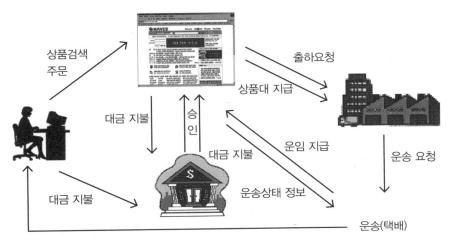

〈그림 11-3〉 인터넷쇼핑 개념도

나. 전자상거래 유형

(1) 기업내 거래

기업내부 활동을 디지털화 하며, 고객 주문의 조직내 이용, 정보공유(e-mail), 인트라넷(intranet) 등이 여기에 포함된다.

(2) 기업간 전자상거래(B2B)

가치 창출이 이루어지는 활동을 기업과 기업의 거래에 초점을 맞춘 것으로 원자재나 부품의 조달활동이 중심이 된다. 여기에는 EDI, 전자우편, Verticalnet. com, Buyerszone.com, meatmartauction.com, b2bhanro.com와 같은 B2B E-Marketplace가 있다.

(3) 기업과 소비자간 전자상거래(B2C)

기업이 고객에게 제품 및 서비스를 인터넷이나 PC통신 등을 통해 전달하는 형태이다. 협의의 개념으로 인터넷마케팅, 인터넷쇼핑, 온라인쇼핑 등으로도 불리고 있다. B2C의 유형으로는 홈쇼핑, MP3, 소프트웨어 등 제품판매, 은행, 보험, 주식거래, 교육 등 서비스, 배너광고 등 온라인광고, mysimon.com, shopbinder.com과 같은 비교검색사이트 등이 있다.

(4) 소비자와 소비자간 전자상거래(C2C)

소비자들끼리 자기가 갖고 있는 불필요한 상품을 인터넷상에서 판매하는 형태이다. 인터넷 경매 사이트로는 e-bay.com, auction.co.kr, Gmarket 등이 있다.

(5) 소비자와 기업간 거래(C2B)

소비자가 원하는 상품 및 서비스에 대한 가격을 제시하고 그러한 조건에 맞는 기업을 선택하는 거래로서 이른바 역경매이다. 항공권, 호텔객실 등에 역경매가 활발하며, 대표적인 역경매 사이트로는 priceline.com, yesprice.com, pricekiss.com 등을 들 수 있다.

3.3 전자상거래의 이점과 제약요인

가. 이점

첫째, 24시간동안 전세계적으로 운영이 가능하여 시간적·공간적 제약없이 편리하다.

둘째, 가격정보 및 유사상품정보, 상품이외의 소비 및 라이프스타일 정보 등 정보 수집이 용이하다.

셋째, 가상공간 운영에 따른 매장운영비 및 중간유통 비용 절감으로 유통비용이 절감된다.

넷째, 적은 투자비용으로 판매망을 구축할 수 있는 낮은 시장 진입 장벽에 있다.

다섯째, 구매패턴 분석에 의한 적절한 판매전략을 수립하는 즉, e-CRM에 의해 획득된 고객정보를 즉시 마케팅에 활용한다.

여섯째, 경매, 입찰 등 다양한 거래 방법을 활용할 수 있다.

일곱째, 소비자가 시장을 주도하는 특성을 가지고 있다. 소비자 참여, 주도의 범위와 영향력이 증대되면서 소비자 의견제시, 커뮤니티 형성 등 게시판 기능을 하고, 단순한 상품 구입 이상의 것을 제공할 수 있도록 가능하게 한다.

나. 제약요인

첫째, 상품과 사이트에 대한 신뢰성 있는 보증장치가 미흡하여 반품 및 환불에 대한 소비자 우려가 크다.

둘째, 대금을 신용카드로 결제할 때 발생하는 보안의 문제점이 있어 여러 가지 보안 기술과 전자 화폐(Electronic Money)의 개발이 필요하다.

셋째, 물류체계가 택배를 의존함으로써 물류비용이 과다하며 낮은 물류서비스를 제공하고 있다.

넷째, 결제 대행 및 신용카드 수수료로 4~5% 정도를 지불해야 한다.

다섯째, 소비자보호 시책, 표준 약관 등 관련 법과 제도가 아직 완전하게 정비되어 있지 않은 문제점이 있다.

3.4 전자상거래 성공 사례

2011년 사이버쇼핑몰 전체 시장규모는 2010년보다 15.3% 성장한 29조 1천억 원 규모이다. 식음료 및 농수산물의 매출액은 3조원 정도에 이르러 전체 사이버 쇼핑몰 시장규모의 10.2%에 달하고 있다. 농산물 판매 인터넷 사이트의 유형에 는 전문몰, 통합몰, 개인 사이트 등이 있다. 농림수산식품부는 물론 일부 지방자 치단체 및 농협중앙회(shopping.nonghup.co.kr) 등 생산자단체에서도 쇼핑몰 을 운영하고 있다. 농산물 유통분야의 전자상거래 성공사례를 몇 가지 살펴보면 〈표 10-5〉과 같다.

〈표 11-5〉 농산물 유통분야 전자상거래 성공사례

해드림쌀 (www.ssal.or.kr)	• 고품질 쌀 만들기에 주력, 고객 중심의 시스템 구축 • 주문후 찧어 배달하여 신선도 유지 • 항상 고객과 대화하면서 가족적인 분위기 연출 • 이메일로 커뮤니케이션
칠곡 토종홍화씨 농장 (www.honghwa.co.kr)	• 홍보용 캐릭터(홍화돌이)를 개발하여, 친근감 있게 접근 • 3개 외국어 홈페이지 운영 • 철저한 고객관리(마일리지제도, 홍보물 우송) • 후불제로 소비자 신뢰 형성
대둔산과수영농법인 (www.totalfarm.net)	• 소량, 혼합 포장 • 친환경농산물(배, 복숭아, 곶감) 판매 • 제수용 과수 세트
배랑농원 (www.verang.co.kr)	• 온라인으로 연 1억2천 매출 • 최상급 품질 유지 • 이벤트로 고객 관심 증대(슬로건 공모, 상품 제공) • 팜스테이 등으로 도농교류

3.5 전자상거래 성공전략

가. 마케팅의 중요성 인식

전자상거래의 성패는 기술적인 측면이 아니라 마케팅 측면에서 결정되기 때문에 단순히 홈페이지를 제작하는 것이 아니라 고객만족을 위한 다양한 방안이 강구되

어야 한다. 보다 장기적인 관점에서의 접근이 필요하며, 농산물의 경우 수입개방에 대비한 경쟁력 강화의 일환으로 접근해야 한다.

나. 고객과의 관계 형성

소비자의 요구사항을 파악하여 적극적으로 대처해야 하며, 이를 위해서는 개별고객의 요건을 만족시켜주는 개객마케팅(one to one marketing)이 중요하다. 아울러 고객과의 의사소통(communication)이 중요하고, 소비자를 하나의 공동체(community)로 형성시키는 것이 중요하다. 예를 들어 농촌과 도시간의 사이버 도농교류가 이에 해당된다.

다. 엄격한 품질관리 및 규격화로 상품의 신뢰성 구성

전자상거래에서는 상품을 실제로 확인하기 어려우므로 신뢰성 확보가 필수적이다. 신뢰성은 쇼핑몰 브랜드 구축에 지대한 영향을 미치며, 소비자들은 불만족시 적극적인 의사표현으로 인터넷의 위력을 과시하고 있다.

라. 물류 체계 개선

중소택배업체를 이용함에 따른 서비스 저하가 문제시 되고 있다. 고객과의 접점이 배송과정을 통해 이루어지기 때문에 물류 서비스가 매우 중요하다. 따라서 신뢰성 있는 택배업체를 선정하고 관리, 감독을 철저히 시행해야 한다. 농산물의 경우 배송시 취급주의가 요망되며, 품목에 따라서는 저온수송 체계의 구축이 필요하다. 또한 공동물류 등을 통한 물류비 절감방안을 모색해야 하며, 편의점, 동네 슈퍼 등을 물류기지로 활용하여 주문은 온라인으로 하고 상품은 물류기지에서 찾을 수(pick-up)할 수 있는 시스템 구축도 필요하다.

마. 홈페이지 관리 수준 제고

전자상거래 홈페이지 사이트 제작 시에도 소비자 편리성을 중요하게 고려해야 하며 주문 및 취소과정을 편리하게 구축해야 한다. 둘째, 단순한 품명의 나열이 아니라 정확한 정보를 제공해야 한다. 품명, 등급, 포장규격 외 생산자 정보, 유효기간 명시, 재고의 보유 유무, 보관 및 기타 유의사항 등의 정보를 제공할 수 있어야 한다. 셋째, 개인정보 보호 시책을 명시, 준수하여 개인정보를 보호해야 한다. 넷째, 조리법 또는 제품의 건강관련 효능 등에 대한 관련 정보를 제공하는 것이 소비자에게 추가적인 편익을 제공한다는 점에서 바람직하다.

○ 농산물 유통에 있어서 유통정보의 중요성을 과소 평가할 수 없으며, 유통정보의 정확성, 신뢰성, 적합성, 익명성, 시의적절성, 신속성 등을 높여 유통정보의 가치를 높여야 한다.

○ 농산물 산지 유통은 영세한 수집상에 의해 주도되어 정보화가 미비되어 있으며, 작목반, 농협, 영농조합법인 등 생산자조직의 정보화도 미진하다.

○ 소비지는 제도화된 공영도매시장 및 대형 유통업체, 종합유통센터 등의 정보화가 산지에 비해 진전되어 있으며, POS시스템 등을 활용하여 판매시점에서 정보를 관리하고 있다.

○ 농산물 유통정보시스템은 농림수산식품부가 주관이 되어 산지 및 소비지 공판장은 농협, 도매시장 및 소매시장은 농수산물유통공사가 조사를 담당하며 이를 농림부가 집계하여 다양한 경로를 통해 분산시키고 있다.

○ 농산물 유통정보시스템을 개선하기 위해서는 정보 내용 확충 및 종합화, 농산물 표준코드 개선, 규격 및 품질의 표준화, 정보의 신속성 제고, 정보의 정확성 제고 등을 해야 한다.

○ 정보화사회는 정보기술의 발달로 기업경영은 물론 사회 모든 분야에서 정보의 활용이 고도화되는 사회를 말한다.

○ 디지털이란 0, 1의 조합으로 표시되며 디지털경제의 특성은 전지구적이며, 무형자산의 중요성이 크고, 긴밀히 상호 연관되어 있다.

○ 인터넷의 의의는 정보의 바다, 의사소통채널(Communication Channel), 가상시장(Marketplace)이라고 할 수 있다.

○ 인터넷의 마케팅적 가치로는 상호작용성, 개인화, 정보지향성, 시간·공간의 무제한성, 측정가능성, 유연성, 경제성 등을 들 수 있다.

○ 전자상거래란 종이에 의한 문서를 사용하지 않고 인터넷과 같은 정보기술을 이용한 상거래를 말한다.

○ 전자상거래의 유형은 기업내 거래, 기업간 전자상거래(B2B), 기업과 소비자간 전자상거래(B2C), 소비자와 소비자간 전자상거래(C2C), 소비자와 기업간 거래(C2B)등으로 나뉠 수 있다.

○ 전자상거래는 시간적 공간적 제약없이 편리, 정보 수집 용이, 유통비용 절감, 낮은 시장 진입 장벽, 획득된 고객정보를 마케팅에 활용, 다양한 거래 방법 활용, 소비자 주도의 시장 등에 이점이 있다.

○ 전자상거래의 제약요인에는 상품과 사이트에 대한 신뢰성 있는 보증장치 미흡, 대금을 신용카드로 결제할 때 발생하는 보안의 문제점, 물류체계 미정립, 높은 결제 대행 및 신용카드 수수료, 관련 법과 제도 미흡 등이 있다.

○ 전자상거래가 성공하기 위한 전략에는 마케팅의 중요성 인식, 고객과의 관계 형성, 엄격한 품질관리 및 규격화로 상품의 신뢰성 구축, 물류 체계 개선, 홈페이지 관리 수준 제고 등을 들 수 있다.

제12장 농산물 유통 정책

1 농산물 유통에 있어서 정부의 역할 및 법·규제 현황

1.1 정부의 역할

농산물 유통에서 정부는 중요한 역할을 수행한다. 먼저 정부는 민간 유통기업들이 잘 작동할 수 있도록 각종 제도적 장치를 만들고, 공정한 경쟁이 일어날 수 있도록 한다. 정부는 "농산물유통및가격안정에관한법률(이하 농안법)" 및 "농산물품질관리법" 등 유통관련 법을 제정, 운용함으로써 제도적 기반을 구축하고 있다.

아울러 정부는 직접 자원을 배분함으로써 유통시스템의 효율화와 발전을 도모하기도 한다. 예를 들어 산지와 소비지 유통시설에 직접 투자함으로써 부족한 재원을 보충하고 유통근대화를 촉진시키기도 한다. 선진국의 경우에는 정부가 직접 농산물유통에 참여하기보다 제도적 장치 확립에 주안점을 두고 있으나 우리의 경우 농업경쟁력 확보 차원에서 정부가 유통인프라를 구축하고 산지유통조직을 육성하는 등 정부의 직접 관여가 큰 편이다.

또한 정부는 농산물의 국가 표준규격을 설정함으로써 품질관리 및 물류표준화에 선도적인 역할을 수행하고 있다. 국립농산물 품질관리원은 농산물의 등급(Grade)과 표준출하규격(Standard)을 제정하여 품질관리의 가이드라인을 제시하고 있다. 아울러 정부는 팔레트 등 물류기기의 표준을 설정함으로써 물류기기의 공동이용을 촉진시키기도 한다.

1.2 농산물 유통 관련 법·규제 현황

농산물 유통에는 다양한 법, 제도가 관련되고 있다. 거래 질서는 물론 표준규격화, 품질관리 등이 법에 규정되고 있으며, 농산물 관련 법뿐만이 아니라 식품위생법, 소비자기본법, 공정거래법 등 타부처의 법도 농산물 유통에 광범위하게 관련된다.

가. 농안법

농산물 유통에서 가장 기본적인 법률은 농림수산식품부가 관할하는 "농수산물 유통 및 가격안정에 관한 법률(이하 농안법)"이다. 이 법은 농수산물의 원활한 유통과 적정한 가격을 유지하게 함으로써 생산자와 소비자의 이익을 보호하고 국민생활의 안정에 이바지함을 목적으로 한다. 농안법은 농축수산물의 생산조정 및 출하조절, 농축수산물 도매시장, 농축수산물 공판장 및 민영 농축수산물 도매시장, 농축수산물 가격안정기금, 농축수산물 유통기구의 정비, 보칙, 벌칙, 부칙 등 총 9장으로 구성되어 있다.

농안법의 구체적인 내용을 보면 다음과 같다. 먼저 농림수산식품부장관은 가격의 등락 폭이 큰 주요 농산물·축산물 및 임산물에 대하여 농업관측을 실시하여야 한다. 아울러 농림수산식품부장관은 계약생산 또는 계약출하를 하도록 장려하고, 주요 농산물의 가격을 예시할 수 있다. 주요 농수산물의 생산자, 저장업자, 도·소매업자 및 소비자 등의 대표는 농수산물의 생산조정 또는 출하조절을 위한 유통협약을 체결할 수 있으며, 농림수산식품부장관은 유통명령을 발할 수 있다.

중앙도매시장은 특별시 또는 광역시가 개설하고, 지방도매시장은 특별시·광역시 또는 시가 개설한다. 도매시장의 개설자는 도매시장에 적정수의 도매시장법인 또는 시장도매인을 부류별로 지정하여야 한다. 중도매인의 업무를 하고자 하는 자는 부류별로 당해 도매시장 개설자의 허가를 받아야 한다. 도매시장법인은 일정 수 이상의 경매사를 두어야 한다. 산지유통인은 부류별로 도매시장의 개설자에게 등록하여야 한다. 도매시장에서 도매시장법인이 행하는 도매는 수탁판매를 원칙으로 한다. 도매시장법인은 도매시장에서 농수산물을 경매 또는 입찰의 방법

으로 매매한다. 도매시장법인 또는 시장도매인은 위탁받은 농수산물이 매매된 때에는 그 대금의 전부를 출하자에게 즉시 결제하여야 한다. 도매시장의 개설자, 도매시장법인, 시장도매인 또는 중도매인은 법정된 항목 이외에는 어떠한 명목으로도 금전을 징수하여서는 안 된다.

생산자단체와 공익법인이 공판장을 개설하고자 하는 때에는 시·도지사의 승인을 얻어야 하며, 민간인 등이 민영도매시장을 개설하고자 하는 때에는 시·도지사의 허가를 받아야 한다. 협동조합 및 공익법인은 산지 경매제나 계통출하 등 산지유통대책을 수립·시행하여야 하며, 농수산물집하장을 설치·운영할 수 있다. 농산물의 포전매매의 계약은 서면으로 하여야 한다. 정부는 농수산물의 원활한 수급과 가격안정을 도모하고 유통구조의 개선을 촉진하기 위한 재원을 확보하기 위해 농수산물가격안정기금을 설치한다.

농림수산식품부장관 또는 시·도지사는 도매시장·공판장 및 민영도매시장의 적정한 운영을 위해 필요한 조치를 명하고, 농수산물소매단계의 합리적 유통개선에 대한 시책을 수립·시행할 수 있다. 협동조합 등은 필요한 경우에는 유통자회사를 설립·운영할 수 있다.

나. 유통조성관련 법률

농산물의 표준화, 품질기준 등 유통조성 기능은 "농산물품질관리법"과 "축산물가공처리법"에 의해 관리되고 있다. 농산물품질관리법은 농산물의 적절한 품질관리를 통하여 농산물의 안전성을 확보하고 상품성을 향상하며 공정하고 투명한 거래를 유도함으로써 농업인의 소득 증대와 소비자 보호에 이바지함을 목적으로 한다. 이 법은 농산물의 표준규격화, 원산지표시, 농산물의 검사, 보칙, 벌칙 등 총 6장으로 구성되어 있다.

농산물의 품질관리를 위해 정부는 표준규격의 설정, 농산물우수관리(GAP, Good Agricultural Practices) 제도, 농산물우수관리시설의 지정 및 취소, 농산물이력추적관리(traceability), 지리적 표시, 안전성 조사, 농산물의 위험평가, 원산지

표시, 유전자변형농산물(GMO, Genetically Modified Organism) 표시, 농산물의 검사, 농산물의 명예감시원, 농산물품질관리사 제도 등을 법에 명시하고 있다. 축산물가공처리법은 축산물의 위생적인 관리와 그 품질의 향상을 도모하기 위하여 가축의 사육·도살·처리와 축산물의 가공·유통 및 검사에 관하여 필요한 사항을 정함으로써 축산업의 건전한 발전과 공중위생의 향상에 이바지함을 목적으로 한다. 이 법은 축산물 등의 기준·규격 및 표시, 축산물의 위생관리, 검사, 영업의 허가 및 신고 등, 감독, 보칙, 벌칙 등 8장으로 구성되어 있다.

축산물가공처리법은 구체적으로 축산물의 기준 및 규격, 용기 등의 규격, 축산물의 표시기준, 가축의 도살 및 축산물 가공 작업자의 허가 및 위생관리기준 설정, 축산물의 위해요소중점관리기준(HACCP, Hazard Analysis Critical Control Points), 부정행위의 금지, 축산물의 포장, 영업의 허가 및 신고, 위해평가, 생산실적 등의 보고 등을 규정하고 있다.

다. 소비자 보호 기능

우리 나라에서 소비자 보호는 '소비자기본법'을 근거로 하여 한국소비자원 등에 의하여 시행되고 있다. 소비자기본법은 소비자 권익을 증진시키기 위해 소비자의 권리와 책무, 국가·지방자치단체 및 사업자의 책무, 소비자단체의 역할 및 자유 시장경제에서 소비자와 사업자 사이의 관계를 규정함과 아울러 소비자정책의 종합적 추진을 위한 기본적인 사항을 규정함으로써 소비생활의 향상과 국민경제의 발전에 이바지함을 목적으로 한다. 소비자기본법은 소비자의 권리와 책무, 국가·지방자치단체 및 사업자의 책무, 소비자 정책의 추진 체계, 소비자단체, 한국소비자원, 소비자안전, 소비자분쟁의 해결, 조사절차, 보칙, 벌치 등 총 10장으로 구성되어 있다.

국가와 지방자치단체의 책무로는 소비자 보호를 위한 위해의 방지, 계량 및 규격의 적정화, 표시의 기준, 광고의 기준, 거래의 적정화, 소비자에의 정보제공, 소비자의 능력 향상, 개인정보의 보호, 소비자분쟁의 해결, 시험·검사시설의 설치함

을 명시하고 있다. 사업자의 책무로서는 소비자권익 증진시책에 대한 협력을 해야 하고, 법에서 정한 소비자 보호업무를 해야 한다.

한국소비자원의 업무는 다음과 같다.
1) 소비자의 권익과 관련된 제도와 정책의 연구 및 건의
2) 소비자의 권익증진을 위하여 필요한 경우 물품등의 규격·품질·안전성·환경성에 관한 시험·검사 및 가격 등을 포함한 거래조건이나 거래방법에 대한 조사·분석,
3) 소비자의 권익증진·안전 및 소비생활의 향상을 위한 정보의 수집·제공 및 국제협력
4) 소비자의 권익증진·안전 및 능력개발과 관련된 교육·홍보 및 방송사업
5) 소비자의 불만처리 및 피해구제
6) 소비자의 권익증진 및 소비생활의 합리화를 위한 종합적인 조사·연구
7) 국가 또는 지방자치단체가 소비자의 권익증진과 관련하여 의뢰한 조사 등의 업무
8) 그 밖에 소비자의 권익증진 및 안전에 관한 업무

라. 불공정 거래 규제

농산물 거래에서 발생하는 불공정행위는 공정거래 위원회에서 관리, 감독하고 있다. 우리나라는 1980년부터 「독점규제 및 공정거래에 관한 법률」(이하 공정거래법)을 제정하여 운용하고 있으며, 불공정거래에 대해 이 법을 적용하고 있다. 공정거래법 시행령 제36조 제2항에 의하여 공정거래위원회는 특정분야 또는 특정행위에 적용하기 위한 세부기준을 정하여 고시할 수 있도록 하고 있으며, 이에 따라 대형유통업체에 대해서는 「대규모소매점업에 있어서의 특정불공정거래행위의 유형 및 기준」(이하 대규모소매점 고시)을 지정·고시하여 운영하였다. '대규모소매점 고시'는 대형유통업체의 불공정거래행위에 대한 실질적인 법적 판단의 기준이 되고 있으며, 이 고시에 따라 대형유통업체의 불공정거래행위 유무에 대한 공정거래위원회의 심결이 이루어지고 있다.

대규모소매점 고시는 2012년 「대규모유통업에서의 거래 공정화에 관한 법률」이
공포될 때까지 부당반품, 부당감액, 대금지급지연, 부당한 강요, 부당한 수령거
부, 판촉비용 등의 부당강요, 부당한 경제상 이익 수령 금지, 사업활동 방해, 서면
계약체결 의무, 부당한 계약변경 등 불이익 제공 금지 등 10가지 항목으로 구분하
여 불공정거래행위를 규제하였다.

2003~2008년간 공정거래위원회의 대규모소매점 고시 심결 중에서 서면계약위
반이 37.3%를 차지하고 있고, 다음으로 부당 계약변경이 19.4%, 판촉비용 강요
가 17.9%를 차지하고 있다.

〈표 12-1〉 대규모소매점의 불공정 거래 사례

위반 내용
• 가격계약이 체결되어 있는 경우 별도의 구매가격할인합의서 작성 요구
• 거래개시일로부터 수개월간 계약체결 지연
• 주문제조에 의해 특정 규격을 충족한 상품임에도 재고를 반품처리
• 상품군 개편시 인테리어 비용 전가
• 매장내 매출이 좋은 위치 사용시 매대사용료 요구
• 납품업체가 원하지 않는 할인행사를 하면서 증정용품 등 해당 비용을 청구
• 매장내 광고판에 강제적인 광고 유치 및 광고료 수수
• 특정 매입후 대금을 정당한 사유없이 수개월간 지급 지연
• 특정매입 계약시 수수료율을 명시하지 않음
• 계약기간중 판매 수수료 인상
• 할인행사 비용의 근거 없이 납품업체에게 예상 비용을 전가
• 사전 약정없이 추석 특별 선물세트를 반품
• 납품업체에서 파견된 직원에게 서면에 의하지 않은 재고정리, 진열 업무 등을 지시

*자료 : 공정거래위원회

최근 들어 대형유통업체의 시장지배력과 불공정 행위가 심해지자 국회는 2011년
10월 대형마트, 백화점, TV홈쇼핑 등 대형유통업체의 정당한 사유 없는 상품대
금 감액, 반품과 같은 불공정행위를 규제하고 대형 유통업체와 중소납품업체 사

이의 동반성장 문화를 확산시키는 내용을 주요 골자로 하는「대규모유통업에서의 거래 공정화에 관한 법률」(이하 "대규모유통업법")을 제정하였다. 이 법의 규제 대상은 소매업종 매출액 1,000억 원 이상 또는 매장면적이 3,000㎡ 이상인 점포를 영업에 사용하는 대규모 유통업자로 백화점, 대형마트(SSM 포함), TV홈쇼핑, 편의점, 대형 서점, 전자전문점, 인터넷쇼핑몰(오픈마켓 사업자 제외) 등이다. 규제 내용은 서면미교부로 인한 피해 방지, 상품판매대금의 지급기한 신설, 판촉 비용 분담, 판촉사원 파견, 매장 설비비용 보상 관련 기준을 정비하였다. 또한 상품대금 감액, 상품 수령 지체, 반품, 배타적거래 강요, 경영정보 제공 요구, 경제적 이익 제공 요구, 상품권 구입 요구 등 각종 이익제공 강요와 같은 각종 불공정 거래행위를 구체화·명확화 하였다. 경쟁제한적 요소가 강하거나(배타적거래 강요, 경영정보 제공 요구) 악질적인 행위(보복조치, 시정조치불이행)는 벌칙 규정을 마련하였다.

2 농산물 유통정책 현황과 문제점

2.1 농산물 유통정책의 변천과정

가. 제1차 유통개혁 대책

제1차 유통개혁 대책은 '94년의 "농안법파동"을 계기로 하여 농수산물유통에 관한 국민적 관심이 증가하면서 수립되었다. '94년 9월에 발표된 정부의 농수산물 유통 개혁대책에서는 도매시장의 개혁은 물론 산지와 소비지를 망라하여 농산물 유통전반에 걸친 개혁방안이 마련되어 있다(표 12-2).

'94년 유통개혁 대책의 기본 방향은 첫째, 산지에 유통시설을 확충하여 산지에서의 선별·포장·저장·공동규격출하를 촉진하며, 둘째, 산지 및 소비지에서 공정하고 투명한 거래질서를 확립한다. 셋째, 물류센터 건설, 직거래 확대 등을 통해 물류의 흐름을 다원화하고, 넷째, 유통정보 제공의 확대로 생산자의 시장교섭력을 높이고 수급안정을 도모해 가격안정의 기틀을 구축한다. 이러한 기본 방향 하에 정부는 유통시설 확충과 유통관련 제도의 개혁을 추진하였는데 대표적인 유통시설 건립 사업으로는 산지의 간이집하장, 포장센터, 종합처리장(미곡, 청과물, 축산물, 임산물, 수산물), 가공공장 등과 소비지에서는 도매시장, 물류센터, 공판장 등이 있다. 관련 제도 개혁으로는 농수산물 품질인증제 확대 실시, 생산자단체 유통자회사 설립, 농수산물 직거래 주말시장 정기화, 소비지협동조합법 제정, 도매시장 운영체계 개선, 물가조사방식의 개선, 유통관련 규제의 완화 등이 있다.

나. 제2차 유통개혁 대책

'97년 3월 정부는 제1차 유통개혁대책을 점검하고 그간의 유통환경 변화 등에 대처하기 위해 유통개혁 2단계 대책을 발표하였다. 제2단계 대책의 기본 방향은 첫째, 농협중심의 산지유통체계를 혁신하며, 둘째, 유통시설 운영활성화와 물류의 효율화를 하고, 셋째, 유통경로의 다원화로 경쟁체제를 구축하는데 있다.

제2차 개혁대책은 제1차 개혁대책의 기본적인 내용에 세부 사항을 추가하고 미진한 점을 보완하였다. 산지유통에서는 농협의 공동출하기능을 강화하고 유통시설 운영활성화 방안을 모색하고 있으며, 제1차 대책에서 다루어지지 않은 수급안정대책과 물류 개선대책을 본격적으로 다루었다. 소비지에서는 대형유통업체와 산지간의 직거래를 새로운 정책대상으로 삼게 되었다.

〈표 12-2〉 농산물 유통개혁대책의 세부 내용

	제1차 대책('94. 9)	제2차 대책('97. 3)	제3차 대책('98. 6)	2000년 이후 시책
산지 유통	• 품목별 전문조직 육성 • 산지유통시설에 대한 투자확대 • 밭떼기 제도화	• 농협의 공동출하기능 강화 • 우수 생산자조직 지원강화 • 간이집하장과 산지 가공공장의 운영활성화	• 농산물 산지유통센터 건설 및 운영혁신 • 산지가공산업 구조조정 • 생산자조직 육성 및 기능강화 • 생산자조직의 공동출하 확대	• 산지유통전문조직 유통활성화 • 공동마케팅조직 육성 • 원예브랜드사업 • 거점APC지원

	제1차 대책('94. 9)	제2차 대책('97. 3)	제3차 대책('98. 6)	2000년 이후 시책
수급 안정		• 품목별 전국 생산자 조직 육성 • 사후적인 가격안정 대책 내실화 • 출하예약제 도입 • 농안기금 운용제도 개선	• 유통협약 및 유통명령제 도입 • 채소류 출하조절 체계 구축 • 채소수급안정사업 확대	• 자조금 제도 도입 • 시설채소 및 과실류 수급안정제도 도입
소비지 유통	• 공영도매시장 조기 건설 • 공영도매시장 개혁 (상장수수료인하, 중도매인 도매행 위 인정, 최저가격 제시제도 도입, 전품목 상장거래) • 물류센터 확충 • 생산자단체의 유통 자회사 설립 • 직거래사업 활성화	• 공영도매시장 확대 • 공영도매시장 제도 개선 • (상장예외제도 활용, 전자경매도입, 도매 시장 평가 내실화) • 물류센터 확충 • 산지와 대형유통업 체간의 직거래 촉진	• 도매시장과 공판 장의 조기확충 및 시설보완 • 도매상제도 도입 및 도매시장 투명성 제고와 비용절감 • 물류센터 조기확충 및 운영개선 • 대형유통업체의 농산물 취급 확대 • 다양한 농산물 직거래 제도화	• 공영도매시장 및 종합유통센터 건립 완료 • 도매시장 표준하역 비 제도 도입 • 도매시장 규제개혁 • 하나로마트 규모화 자금 지원
품질 관리	• 표준규격, 품질인 증제, 원산지표시 제 정착	• 안전성 조사강화 • 품질인증제 확대 • 원산지표시제 강화 및 식육구분판 매제 도입 • 농산물 품질관리 법 제정	• 명품개발 및 수출상품화 추진 • 고품질 안전 농산물 공급체계 구축	• GMO표시제 도입 • 농산물품질관리사 제도 도입
유통 정보	• 전국권 유통정보 망 구축 • 유통정보 조직과 인력 육성	• 농업관측 강화	• 유통정보화 기반 조성 • 농업관측 강화	• 전자상거래 기반 구축
물류 개선		· 포장, 시설, 장비의 물류표준화 · 무,배추 포장출하 촉진 · 파렛트출하체계 구축 · 물류정보망구축	· 농산물 포장화 및 규격화 · 일관수송체계 구축 · 저온유통체계 구축	· 저온유통체계도입

다. 제3차 유통개혁대책

'98년 국민의 정부에서는 유통개혁을 농정의 핵심과제로 인식하여 다시 한 번 유통개혁 대책을 수립하였다. 이번에는 직거래 확대와 유통관련 예산의 증액을 주된 정책 기조로 하였다. 제3차 대책의 기본 방향은 첫째, 농업인이 제 값을 받을 수 있도록 가격진폭이 큰 채소류 등의 구조적인 가격안정 프로그램을 정착시킨다. 둘째, 산지에서부터 수요자가 요구하는 대량의 규격농산물을 지속적으로 공급하는 체제 구축 및 표준화 · 정보화 · 기계화로 물류비를 절감한다. 셋째, 도매시장 이외에도 물류센터 및 직거래망 조기확충으로 다양한 유통 경로간 경쟁에 의한 유통효율화 및 공정거래 질서를 정착한다. 넷째, 공영도매시장에 다양한 거래제도를 도입하고, 마지막으로 대형유통업체의 산지활동 지원 등 소매단계 유통마진 절감대책을 강화하고 소비자조직과 생산자조직간의 연계를 강화시키는 것을 기본 방향으로 하고 있다.

제3차 유통개혁대책의 특징은 다음과 같다.

첫째, 농산물 산지유통센터(구 농산물 포장센터), 미곡종합처리장, 축산물종합처리장 등을 산지유통의 핵심시설로 육성하였다.

둘째, 운영이 부실화되어 있는 가공공장의 구조조정 방안을 모색하였다.

셋째, 유통협약 및 유통명령제 등 수급안정을 위한 제도적 틀을 마련하였다.

넷째, 직거래 확대를 정책의 최우선 과제로 설정하였다.

다섯째, 고품질 안전 농산물 공급체계 및 저온유통체계 구축을 시도하였다.

여섯째, 도매상 제도를 도입하였다.

라. 2000년 이후 시책

첫째, 생산자단체가 자율적으로 수급조절을 도모하는 자조금 제도를 법제화하여 시행하고 있다. 자조금 지원을 확대하고 자조금조성 구성원의 납입비율에 따른 보조금의 차등지원으로 자조금 활성화를 도모하고 있다.

둘째, 수급안정사업을 확대하고 있다. '98년 4개에서 2001년 12개로 증가시켜 기

존 노지 채소류 품목을 확대하고 있다. 게다가 오이, 호박, 가지 등 시설채소 수급안정제도를 시행하고 있다. 사과, 배 등 과실류 출하조정제도 시행하고 있다.

셋째, 2000년부터 산지 유통활성화 사업을 추진하고 있다. 산지유통활성화 사업은 산지유통을 획기적으로 개선시키기 위해 유통사업이 활성화되고 발전 가능성이 있는 건실한 조합에 중기의 저리 유통종합자금을 지원하는 사업이다.

넷째, 도매시장에서의 거래 투명성을 높이기 위해 전자경매 시스템을 확대하였다.

다섯째, 표준하역비 제도를 실시하고 있다. 표준하역비제도란 규격출하품에 대한 표준하역비를 도매시장법인 혹은 시장도매인이 부담토록 하는 제도를 말한다. 규격출하품은 재설자가 업무규정을 정하여 시행하고 있어 도매시장별로 단계적으로 실시 중이다.

여섯째, '농산물품질관리법'을 개정하여 농산물 품질관리사 제도를 도입하였다.

일곱째, 전자상거래 기반을 구축하고 있다. 통합쇼핑몰 운영과 함께 전자상거래 운영활성화 자금을 지원하고 있다.

여덟째, 유통정보화를 추진하고 있다. 도매시장 통합홈페이지 및 출하지원시스템 구축으로 유통정보를 전파하고 있다.

마. 2008년 이후 신규 시책

1) 시군 유통회사 설립

소비지 유통은 대형유통업체 중심으로 규모화되고 있으나, 산지 유통조직은 읍·면단위 지역농협 위주의 영세성을 벗어나지 못하고 있어 산지의 시장교섭력은 계속 저하되고 있다. 이에 대응하여 농어업인, 시군, 지역농협의 공동투자를 통해 지역 농수산물의 1/3을 취급하는 것을 목표로 시군단위 이상의 유통회사 설립을 지원하고 있다. 정부가 정한 요건을 충족하여 시군 유통회사를 설립할 경우, 농업인 출자액 범위 내에서 운영실적과 연계하여 운영자금을 지원한다. 선정 후 3년에 걸쳐 20억원을 한도로 분할 지원하되, 설립 첫해에는 7억원을 지원하고, 2·3차년도에는 운영실적 및 농업인 실제 출자금액에 따라 차등 지원한다. 정부가 지원한 운영자금은 판매촉진을 위한 브랜드 개발, 마케팅·홍보비, 전산구축 비용, 유통시설 임차료, 외부회계감사 비용 일부 지원에 사용한다. 대기업 임원 출신 등을 대상으로 농어업 CEO MBA과정 교육을 통해 CEO 후보자를 교육시키고 있으며, 이들을 시군유통회사의 전문경영인으로 영입하고 있다. 2011년부터는 농협의 공동조합법인을 포함하여 광역유통주체 육성사업으로 사업명과 사업내용이 변경되었다.

2) 전국대표조직 육성

대부분 농산물이 품목별로 지역별·권역별 생산자조직이 결성되어 있으나 아직 조직화 수준이 미흡하여 대표성과 전문성이 낮은 상태이다. 지역농협과 품목조합위주로 전국협의회와 연합회가 구성되어 있으나 대표성과 결속력이 낮아 품목 공통과제를 해결하기에는 역량이 부족하다. 국가간 경쟁체계에 맞는 품목 육성을 위해 생산에서 유통, 수출, 연구까지 주체적으로 관리할 수 있는 전국적인 품목별 대표조직을 육성하고 있다.

3) 거래 체계 다양화

과거 생산자단체 위주로 지원되던 운영자금을 소비지 유통업체에 확대하였다. 유통·식품·외식업체와 생협 등 소비지 단체에 산지조직과의 직거래 매입자금을 융자 지원하고 있다.

B2B, B2C 거래가 가능한 농수산물 사이버 거래소를 설립하여 구매자금 결제 지원 등을 통해 급식·가공 등 대량 거래처를 유치하고 있다. 직거래 장터의 취급품목과 개설일 수를 늘리고, 특히 소매단계의 유통비용이 높은 축산물의 직거래를 대폭 확대하기 위해 브랜드육 타운 조성과 이동판매 차량 운행을 지원한다.

4) 농수산물 도매시장 현대화 사업

가락시장을 비롯한 공영도매시장이 노후화되면서 도매시장 시설 현대화 사업을 추진하고 있다. 가락시장 현대화 사업은 2018년까지 총 7,582억원(국고 보조 30%, 국고 융자 40%, 시비 30%)을 투입할 계획이다.

2.2 성과와 문제점

가. 성과

첫째, 유통시설에 대한 막대한 투자가 집행됨으로써 현대적 유통구조 구축의 기반을 마련하였다. 산지에는 농산물산지유통센터(APC, Agricultural Product Processing Center), RPC(Rice Processing Center) 등이 들어섬에 따라 농산물의 수집, 선별, 저장, 처리, 가공, 판매의 계열화체계 기반이 구축되었다. 소비지에서는 공영도매시장, 종합유통센터(물류센터) 등이 확충되어 출하자의 선택권을 넓히고 유통의 투명성을 높이고 있다.

둘째, 종합유통센터 확충 및 대형유통업체의 산지직거래 확대로 유통효율성이 증가하였다.

셋째, 유통경로가 다원화되고 유통정보가 확충됨에 따라 시장 교섭력이 강화되어 상인들의 일방적인 횡포를 견제하는 등 긍정적인 효과를 가져왔다. 더욱이 공영도매시장 확대로 유사도매시장의 도매행위를 강력히 견제하였다.

넷째, 농업관측사업이 확대되고 주요 채소류 및 과실류에 대한 수급안정사업이 실시되어 부분적으로나마 생산자의 경영안정화를 도모하였다. 채소류 및 과실 수급안정사업에 참여하는 생산자들에 대해서는 최저가격을 보장함으로써 경영의 안정화에 도움을 주고 있다.

다섯째, 정부의 규격포장에 대한 지원 확대로 포장의 규격화가 크게 진전되었다.

여섯째, 잔류농약 검사확대와 품질인증품 확대 등으로 국내산 농산물의 품질향상과 안전성제고에 기여하고 있다.

나. 문제점

첫째, 농산물 유통의 70% 이상을 담당하는 도매시장의 운영개선이 미약하여 소비자와 생산자가 느끼는 유통개선 효과가 미약하다. 조사결과에 의하면 정부 유통개선정책에 대한 만족도는 생산자의 경우 2.6점, 소비자는 2.7점으로 비교적 불만족스러운 것으로 나타났다. 여기서 만족도 평가 척도는 1점(매우 불만족)~5점(매우 만족)으로 하였다.

둘째, 유통정책이 시설 및 장비의 확충, 유통조직 육성에 집중되어 있고 유통조성기능에 대한 정부의 관심이 미흡하다. 반면 미국 농무부 유통국(AMS, Agricultural Marketing Service)의 주요 업무를 보면, 품질규격 설정 및 판정, 시장뉴스 프로그램 운영, 유통협약 및 유통명령제 시행 감독, 연구개발 및 소비촉진, 잔류농약검사, 수송효율 증진 및 유통시설 기획·설계 지원 등이며, 정부에 의한 직접적인 투융자 보다는 유통효율을 간접적으로 높이기 위한 유통조성 사업의 비중이 크다.

셋째, 산지와 소비지에 다양한 유통시설이 건립되었으나 운영효율이 낮은 문제점을 보이고 있다. 산지유통센터의 경우 저온저장고는 나름대로 가동율이 높으나 선별기는 가동률이 매우 낮은 문제점을 보이고 있다. 도매시장의 경우 수도권과 지방중소도시 소재 일부 도매시장의 운영이 부진하며, 종합유통센터도 군위, 천안 등 산지형 유통센터의 가동률이 저하되고 있다.

넷째, 유통개혁대책에 따라 협동조합이 핵심적인 유통주체로 부상되고 있으나 협동조합 유통사업에 대한 구체적인 개혁 프로그램이 미진하다. 이는 협동조합이 산지 및 소비지 유통에서 핵심적인 역할을 수행하고 있으나 협동조합의 비효율성을 극복할 제도적 장치가 미흡한 데 있다.

다섯째, 수급안정사업의 경우 계약재배 대상 농가 및 취급물량이 적어 실제적인 가격안정화 효과가 미진한 상태에 있다.

여섯째, 포장규격화 수준은 획기적으로 높아졌으나 품질 규격화가 미진하여 통명거래, 온라인거래 등 거래비용이 최소화되는 거래방식의 도입이 제약되고 있다.

일곱째, 우리 여건에 적합한 수확후관리 기술체계가 미흡하고 현장지도체계가 구축되어 있지 않아 선별, 등급화, 포장, 예냉, 예건, 저온저장, 수송 등의 기능이 효과적으로 수행되지 못하고 있다.

2.3 농산물 유통정책 개선 과제

가. 소비자 지향적 유통체계 구축

수입개방, 정보 확충 등으로 소비자 파워가 증대됨에 따라 소비자 지향적 유통체계의 구축이 필요하다. 이는 소비자의 다양한 니즈에 대응하는 다양한 유통채널 형성이 필요하기 때문이다. 아울러 고품질, 안전농산물의 신뢰성 있는 유통체계 구축과 효과적인 품질관리 방안을 마련해야 한다.

나. 효율성을 추구하는 유통시스템 구축

과거 공정성 위주의 유통패러다임으로부터 효율 추구형으로 패러다임 전환을 필요로 한다. 최근 유통경로 다원화에 의해 생산자의 출하선택권이 확대되고 유통정보가 확충됨에 따라 과거와 같이 상인의 불공정 행위의 여지가 줄어들었다. 이와 함께 유통단계 축소, 물류합리화 등에 의한 유통비용 절감이 가능하도록 거래방식 등에 있어서 자율성을 확대하고, 경로간 경쟁을 유도해야 한다.

다. 도매시장외 유통을 포괄하는 관리체계 구축

현재의 법 체계가 공영도매시장 위주로 되어 있어 최근 대두되고 있는 대형유통업체의 산지직거래, 유사도매시장 등에 대한 관리체계 구축이 필요하며, 이를 위해서는 농안법의 개정이 요구된다. 또한 상인과 유통업체의 독과점력에는 생산자 조직간 연합에 의한 출하의 규모화로 대응하고, 불공정행위를 감독할 제도적 장 치가 필요하다. 아울러 유통업체와 산지간의 직거래가 확산되는 추세에 발맞추어 유통업자에 대한 신용평가 제도의 도입이 필요하다.

라. 생산자조직에 의한 자율적인 마케팅능력 배양

"선택과 집중"의 원리에 입각하여 능력있는 사업자 중심으로 산지유통전문조직 을 육성하고, 이들을 중심으로 기업마케팅적 경영기법을 도입하여 유통개선을 도 모해야 한다. 아울러 대형유통업체의 연중공급체계에 부응하고 산지의 교섭력 증 대를 위해 조합간 연합마케팅을 통한 출하의 규모화와 출하조절 기능을 제고해야 한다. 수급조절도 지금까지의 사후적인 정부 개입보다는 사전적인 자율조절 체계 구축이 바람직하다.

마. 정보시스템 등 소프트웨어 위주의 정책수단 개발

앞으로의 유통정책은 하드웨어적인 유통시설의 확충보다는 지식정보화 기반을 활 용하는 등 소프트웨어 중심으로 운영효율화를 도모해야 한다. 유통시설의 운영효 율화는 운영주체의 경영능력배양, 정보화, 제도개선 등으로 달성해야 한다. 게다 가 EDI, SCM 등 정보기술 활용 및 전자상거래 기반 조성으로 효율성을 제고해 야 한다. 이처럼 정보시스템 구축을 통하여 유통업체와 생산자간 거래가 일회성 이 아니라 장기적인 거래관계로 발전하고, 전체 유통시스템의 효율화를 위한 상 호 협력체계 구축이 필요하다.

○ 정부는 농산물 유통관련 법 및 제도를 만들고, 표준출하규격을 정하는 등 품질관리 가이드라인도 설정하고 있다. 우리 나라에서는 특히 정부가 유통시설 등에 투자에 참여함으로써 농산물 유통근대화의 선도적인 역할을 수행하고 있다.

○ 우리 나라 정부는 1990년대부터 산지유통, 수급안정, 소비지유통, 품질관리, 유통정보, 물류 개선 등의 분야에서 다양한 정책을 펼쳐오고 있다.

○ 앞으로 농산물 유통정책은 신선농산물 뿐만 아니라 가공농산물을 포함하는 포괄적인 농식품의 관점에서 추진되어야 하며, 소농의 판매처 제공, 대형유통업체의 불공정 행위 대응, 산지유통주체의 육성, 효과적인 수급안정 시스템 도입, 객관적인 품질관리 시스템 확립 등이 강화되어야 한다.

○ 농산물 유통의 기본법은 "농산물유통 및 가격 안정에 관한 법률(농안법)"이며, "농산물 품질관리법"과 "축산물 가공 처리법"에서는 농산물의 표준화, 위생 및 안전성관리 방법 등을 명시하고 있다.

○ 우리 나라에서 소비자 보호는 "소비자 기본법"에 근거하여 한국소비자원 등에서 다루고 있다.

○ 농산물 거래에서 발생하는 불공정 행위는 "독점 규제 및 공정 거래에 관한 법률(공정거래법)"에 의거 공정거래위원회에서 다루고 있다.

○ 최근 들어 대형유통업체의 시장지배력과 불공정 행위가 심해지자 국회는 2011년 10월 대형마트, 백화점, TV홈쇼핑 등 대형유통업체의 정당한 사유 없는 상품대금 감액, 반품과 같은 불공정행위를 규제하고 대형 유통업체와 중소납품업체 사이의 동반성장 문화를 확산시키는 내용을 주요 골자로 하는「대규모유통업에서의 거래 공정화에 관한 법률」(약칭 "대규모유통업법")을 제정하였다.

1. 농산물 품질인증제도인 '친환경육성법'에서 현재 구분하고 있는 친환경 농산물 품질인증 3단계가 <u>아닌</u> 것은?

① 유기재배   ② 무농약재배

③ 저농약재배   ④ 전환기유기재배

2. 농식품의 안전성에 대해 소비자들에게 신뢰를 주기 위해 농산물 생산 및 수확단계에서 도입하고 있는 제도는?

① 우수농산물관리제도(GAP)   ② 친환경인증제도

③ 지리적표시제도   ④ 유전자변형농산물표시제도

3. 친환경인증제도 세부기준에 대한 설명 중 사실이 <u>아닌</u> 것은?

① 유기재배의 경우 2년이상 영농기록을 보관해야 한다.

② 무농약재배는 농약 사용을 하지 않고 화학비료를 1/2 이하로 사용하는 것이다.

③ 저농약재배는 안전성 허용기준치 1/2 이하로 사용해야 한다.

④ 유기재배는 인증신청 전 2년간 유기재배포장을 해야 한다.

4. 농산물 및 그 가공품의 명성, 품질 등이 지리적 특성에 기초하는 경우 일정한 지역이나 지방에서 생산된 제품임을 표시하도록 한 제도는?

① 식품위해요소중점관리기준(HACCP)   ② 우수농산물관리제도(GAP)

③ 생산이력제도(Traceability)   ④ 지리적표시제도

5. 지리적표시제도에 최초로 등록된 품목은?

① 고창복분자   ② 보성녹차

③ 영양고춧가루   ④ 의성마늘

6. 농산물 가격변동의 일반적인 형태와 거리가 가장 먼 것은?

    ① 계절변동

    ② 주기변동

    ③ 콘트라티에프변동

    ④ 추세변동

7. 채소수급안정사업에 대한 설명 중 잘못된 것은?

    ① 채소수급안정화사업은 1995년 실시된 채소유통활성화사업이 근거가 되었다.

    ② 초창기 대상품은 90%이상 포전거래가 이루어지는 고랭지 배추 · 무였다.

    ③ 계약재배는 협동조합만 가능하다.

    ④ 정부와 농협이 공동으로 자금을 조성하였다.

8. 농협 또는 정부의 개입기준 가격을 사전에 예시하여 가격 하락에 신속하게 대응하기 위한 제도는?

    ① 최저보장가격제

    ② 정부수매제

    ③ 자조금제

    ④ 유통명령제

9. 선물계약과 선도계약의 차이에 대한 설명으로 사실과 다른 것은?

    ① 선물계약은 공개입찰방식이다.

    ② 선도계약은 불완전경쟁시장이다.

    ③ 선물계약은 1일 가격변동폭 제한이 없다.

    ④ 선도계약은 양도가 불가능하다.

10. 다음 중 선물시장의 기능이 <u>아닌</u> 것은?

① 선물시장은 위험이전기능이 있다.

② 선물시장에서 투기자의 부동자금을 헤지거래자의 산업자금으로 이전시키는 기능은 불가능하다.

③ 재고자산의 시차적 배분 기능을 한다.

④ 미래의 현물가격에 대한 예시기능을 한다.

11. 다음 중 물류에 대한 설명 중 옳은 것은?

① 협의의 물류는 물적 유통이 아닌 상적 유통을 의미한다.

② 물류는 유형, 무형의 상품에 대한 공급과 수요를 연결하는 경제활동이다.

③ 광의의 물류에는 회수 및 폐기에 대한 것은 포함되지 않는다.

④ 광의의 물류는 조달물류와 생산물류만을 의미한다.

12. 화물을 일정한 중량과 부피로 단위화하여 하역기계화 및 수송서비스를 효율적으로 하는 체계를 무엇이라 하나?

① 유닛로드시스템(ULS)　　　　② 물류표준화

③ 팰릿화　　　　　　　　　　④ 컨테이너화

13. 물류의 각 단계에서 물동량 취급단위를 표준팰릿으로 단위화하고, 사용되는 시설·장비를 규격화하여 이들간 호환성과 연계성을 확보하는 '단위화물적재시스템(ULS)를 구축하는 것은?

① 오더 피킹(order picking)

② 물류표준화

③ 팰릿화

④ 컨테이너화

14. 각 나라마다 표준팰릿 규격이 있다. 우리나라의 표준팰릿 규격은 무엇인가?

① 1100×1100mm   ② 1000×1000mm

③ 1000×1100mm   ④ 900×900mm

15. 상품보관 용어로 고객의 주문에 의해 창고의 재고로부터 주문품을 골라내어 모으고 출하하는 것을 무엇이라 하나?

① 오더 피킹(order picking)

② 물류표준화

③ 팰릿화

④ 컨테이너화

16. 다음 중 유통정보의 직접적인 기능이 아닌 것은?

① 시장참여자간 공정 경쟁을 촉진시킨다.

② 생산, 출하 시기 및 출하처 결정에 도움을 준다.

③ 정보 독점에 의한 독과점 문제를 완화시킨다.

④ 생산량을 증대시킬 수 있다.

17. 관련 기관 간의 정보 교류와 정보관리를 원활히 하고 장차 전자문서교환(EDI), 전자상거래 등을 추진할 때 필수적으로 수반되어야 하는 것은 무엇인가?

① 포스시스템 도입   ② 표준 품목코드의 개발 이용

③ 의사결정지원시스템 도입   ④ 포장재 규격 통일

18. 다음 중 인터넷의 의의가 아닌 것은?

① 정보의 바다   ② 의사소통 채널

③ 가상시장   ④ 인간관계의 단절

19. 다음은 인터넷을 이용한 전자상거래의 이점을 설명한 것이다. 이 중 적합하지
    않은 것은?
    ① 시간적, 공간적 제약이 없어 편리하다.
    ② 택배비가 저렴하여 물류 효율을 높일 수 있다.
    ③ 가격 및 유사 상품에 대한 정보 수집이 용이하다.
    ④ 가상공간 운영에 따른 매장 운영비 및 중간 유통비용을 절감할 수 있다.

20. 전자상거래 제약요인으로 맞지 않는 것은?
    ① 상품과 사이트에 대한 신뢰성 있는 보증장치가 미흡하다.
    ② 대금을 신용카드로 결제할 때 발생하는 보안의 문제점이 있다.
    ③ 결제대행 및 신용카드 수수료가 저렴하다.
    ④ 소비자보호시책, 표준약관 등 관련 법과 제도가 완전하지 않다.

21. 다음 중 농산물 유통에 있어서 정부의 직접적 역할이 <u>아닌</u> 것은 무엇인가?
    ① 유통조직을 육성한다.
    ② 품질규격 및 출하규격을 설정한다.
    ③ 유통관련 법률을 제정하고 관리한다.
    ④ 생산자가 만든 협동조합을 직접 운영한다.

22. 정부가 산지유통주체를 육성하기 위해 규모화되고 전문화된 농협과 영농조합법
    인에 중기의 저리 자금을 지원하는 정책을 무엇이라고 하나?
    ① 산지유통활성화사업
    ② 소비지 출하촉진사업
    ③ 전자상거래 지원사업
    ④ 산지유통센터 건립사업

23. 다음 중 농안법에 포함되어 있는 내용이 <u>아닌</u> 것은 무엇인가?

① 가격 등락폭이 큰 농산물에 대해 농업관측을 실시한다

② 농수산물 도매시장의 설립 및 운영의 기본 사항을 제시한다

③ 대형유통업체의 영업 방식을 규율한다

④ 공판장의 설립 및 운영의 기본 사항을 제시한다

24. 우리 나라에서 소비자 보호는 소비자 기본법을 근거로 하여 어디서 주로 담당
하고 있나?

① 농촌진흥청   ② 한국소비자원

③ 산림청   ④ 농협중앙회

25. 다음 중 공정거래위원회에서 규제하는 불공정 행위가 <u>아닌</u> 것은 무엇인가?

① 소매업자 상표 개발   ② 부당 반품

③ 부당 감액   ④ 판촉 비용 등의 부당한 강요

정답

1. ④   2. ①   3. ②   4. ④   5. ②   6. ③   7. ③   8. ①   9. ③   10. ②

11. ②   12. ①   13. ②   14. ①   15. ①   16. ④   17. ②   18. ④   19. ②   20. ③

21. ④   22. ①   23. ③   24. ②   25. ①

part 3

농산물 마케팅관리

제13장 마케팅의 기초

1 마케팅의 개념

상품은 분류기준에 따라 여러 가지로 구분할 수 있는데, 예를 들어, 그 사용 목적에 따라 구분하면 식료 상품(식품), 의료 상품, 주거용 상품으로 분류할 수 있다. 식품의 대표적인 원천은 농산물이다. 이 단원에서는 주요한 상품군의 하나인 식품의 원천이 되는 농산물의 마케팅에 필요한 주요 내용을 다룬다.

최근 우리나라 유통산업은 급속히 성장하면서 발전을 거듭하고 있다. 특히, 유통업체의 규모와 종류가 다양화되고 있다. 외국 각종 할인점과 편의점이 우리 생활 주변에 보편화되고 있는 것도 하나의 특징이다.

과거의 생산자 위주 유통에서 소매점 중심의 유통으로 유통 구조가 바뀌고 있다. 유통 분야의 혁신이 진행됨에 따라 유통에 직접 종사하고 있는 사람은 물론이고, 장차 유통 분야에서 일하고자 하는 사람들도 유통 및 마케팅의 기본 개념과 전략에 대해 올바른 이해가 필요하다.

이제는 소비자가 원하는 상품을 생산하고, 고객의 욕구를 잘 충족시킬 수 있는 유통 방법을 도입해야 한다. 그리고 유통업도 경영이므로 상품을 합리적으로 구매하고 판매해서 소비자의 복지에 기여함은 물론, 사업의 유지와 성장에 필요한 이윤을 확보해야 한다.

소득이 증가함에 따라 소비자는 보다 질 좋은 상품을 요구하고 있을 뿐만 아니라, 유통 서비스에 대한 요구 수준도 점점 더 높아지고 있다. 그러므로 생산자에게서 소비자에게 상품이 효율적으로 흘러가게 하는 유통 내지 마케팅 활동의 수행이 요구되고 있다.

농산물 유통 비즈니스에서 성공하기 위해서는 마케팅과 시장에 대한 이해가 매우 중요하다. 유통 비즈니스에서는 팔 수 있는 능력, 즉 어떤 기술보다도 세일즈와 마케팅 기술이 더 중요하다. 이러한 활동을 위해서는 다른 사람과 **의사소통** (communication) 할 수 있는 능력이 성공의 기본 기술이다. 세일즈와 마케팅 기술이 대부분의 사람에게 어려운 이유는 무엇보다도 고객의 거절에 대한 두려움 때문이다. 우리가 의사소통과 협상문제, 그리고 거절의 두려움을 더 잘 다룰수록 삶은 더 쉬워질 수 있다.

1.1 마케팅의 정의

마케팅이란 기업이 보다 많은 상품을 팔아서 이익을 올리기 위한 활동 전체를 말한다. 기업 경영은 고객에게 상품을 팔고 이익을 얻는 것이다. 보다 많은 이익을 얻기 위해서는 좋은 상품을 잘 팔아야 한다. 이러한 것을 생각하고, 계획하고, 실행하는 기업 활동을 마케팅이라고 할 수 있다.

우리는 여기서 파는 것만이 마케팅이 아니라는 점에 유의할 필요가 있다. 좋은 상품이란 고객이 사고 싶은 마음이 드는 것이다. 고객의 구매 욕구를 불러일으키지 못하는 상품은 좋은 상품이라고 할 수 없다.

기업이 상품을 팔아서 이익을 올리기 위해서는 우선 고객의 필요와 욕구를 파악해서, 그에 맞는 상품을 만들어야 한다. 고객이 원하는 상품을 만들지 않으면 팔리지 않기 때문이다. 기업은 고객이 어떤 상품을 원하는 지를 정확히 알고 있어야 한다. 그래서, 자주 마케팅 조사를 실시한다. 이것은 고객의 욕구를 파악하기 위해서이다.

고객의 욕구를 파악하고 나면, 다음에는 그것을 상품으로 구체화하는 것이 상품

개발이다. 상품의 기능이나 형태는 물론이고, 브랜드, 포장, 가격 등도 대개 이 단계에서 결정된다. 고객의 필요와 욕구에 맞는 상품을 만들었다고 무조건 팔리는 것은 아니다.

기업이 상품을 생산해서 창고에 쌓아 두기만 해서는 고객이 그것을 살 수 없으므로, 만든 상품을 대리점에 진열해 놓거나, 인터넷 쇼핑몰을 통해서라도 팔아야 고객이 상품을 구매할 수 있다.

즉, 기업은 만든 상품을 도매업자나 소매업자에 팔고 유통시켜야 한다. 상품의 특성에 따라 유통 방법도 달라져야 한다.

상품을 유통시켜서 점포에 진열해 놓는다고 다 팔리는 것은 아니다. 다른 많은 경쟁 상품 속에서 자신의 상품이 선택되어지기 위해서는 또 다른 노력이 투입되어야 한다. TV나 신문에 광고를 하거나, 판매원이 직접 손님에게 상품을 설명하고 권해야 한다. 이처럼 상품을 고객에게 인지시키기 위한 활동을 판매 촉진이라 한다.

또한, 가격도 고객이 상품을 구매할 것인지 여부를 결정하게 하는 중요한 요인이다. 고객이 어떤 상품을 보고 사고 싶은 마음이 들었으나, 가격표를 보니 자신이 생각하는 가치에 비해 비싸면, 그 상품을 구매하지 않을 수도 있다.

결국, 기업이 상품을 판매하기 위해서는, 고객의 욕구에 맞는 상품을 생산하고, 소비자가 살 수 있는 가격을 책정하여, 유통시키고, 거기에 덧붙여서 적극적으로 판매 촉진 활동을 해야 한다. 이러한 일련의 과정이 바로 마케팅이다.

마케팅(marketing)에 대해 미국마케팅학회(AMA)는 개인이나 조직의 목표 달성을 위해 필요로 하는 교환을 창조하기 위해서, 상품 개념을 개발하고, 가격을 결정하며, 상품에 대한 촉진과 유통을 계획하고 수행하는 과정이라고 정의하였다. 이 정의에서 개인과 조직의 목표는 욕구 충족이며, 교환이 마케팅의 중심 활동이라는 것을 알 수 있다.

1.2 마케팅 개념의 생성

지금으로서는 상상하기 어렵지만 불과 몇 십년전만 해도 생산이 부족해서, 즉 물건이 없어서 못 팔던 시대도 있었다. 물건이 부족했던 시대에는 상품을 만들기만 하면 팔렸다. 그래서 기업은 상품을 만드는 것이 문제이지, 파는 것은 걱정할 필요가 없었다. 글로벌 관점에서 보면, 세계 제2차 대전이전 이후 시장에서 많은 변화가 일어났다.

전쟁 중에 급속히 발달한 군수 산업의 생산 시설과 기술을 활용하기 위해서 일반 소비 시장으로 눈을 돌리게 되었다. 이에 따라 일반 소비재 생산 기술이 급격하게 발전하였다. 생산 기술의 발달은 상품의 공급이 수요를 초과하는 현상을 일으켰다.

그 결과, 공급이 부족하던 시대에 통하던 판매자 우위 시장(seller's market) 구조가 **구매자 우위 시장(buyer's market)**구조로 반전되었다. 이러한 구조의 시장에서는 공급량이 수요량보다 많다. 판매자는 구매자의 욕구를 보다 잘 충족시켜 주기 위해서 노력해야만 자기의 물건을 팔 수 있는 것이다. 소비자가 왕인 시대가 된 것이다.

상품 기획에서부터 판매 후 서비스까지 기업의 모든 활동이 소비자의 욕구에 초점을 맞추어야 한다. 이처럼 소비자의 관점에서 기업 활동을 계획하고 실행하는 것을 **소비자 지향적 사고(comsumer orientation)**라 한다. 이것은 마케팅의 기본 철학이다.

상품의 공급이 부족하던 때에는 생산이 중요했다. 지금은 세상에 매일같이 수많은 상품이 쏟아져 나오고 있다. 생산 기술이 급속도로 발달해서 과거에는 상상할 수도 없었던 상품이 수없이 시장에 선보이고 있다.

과거에 첨단 상품이라고 하면 전화, 라디오, 자동차 등과 같은 것이었다. 물론, 이런 상품이 만들어진 초기에는 매우 가격이 비싸서 일반인은 구입할 엄두도 낼 수 없었다. 그러나, 기술의 발달로 대량 생산이 가능해짐에 따라 생산 단가가 대폭

하락해서 마침내 일반인에게 보급되게 되었다.

우리 나라도 해방 후 생필품이 부족하던 시대에는 비누, 설탕, 밀가루 같은 것은 만들기만 하면 잘 팔리는 상품이었다. 이때는 만들기만 하면 팔린다는 **생산 지향적 시대**였다. 상품의 공급이 수요를 따라가지 못하게 되자 많은 공장이 세워지기 시작하였다.

1970년대 중반에 들어서면서 공급 과잉 상태에 빠진 기업들은 자기 회사의 상품을 팔기 위해 광고를 하기 시작하였다. 고객이 자기 회사 상품을 사도록 판매 선전을 대대적으로 하는 **판매 지향적 시대**가 시작된 것이다.

소비자의 실질 소득 증가와 광고 선전 등으로 인해서 한동안 매출이 급격히 늘어났다. 그러나 1980년대에 들어오면서 소비자의 기호가 변화하기 시작하였다. 그러자 기업 측에서는 여러 가지 시장 조사를 통해서 팔릴 수 있는 상품을 만드는데 관심을 기울이기 시작하였다. 치약을 예로 들면, 기존의 치약과는 차별화 된 여러 가지 기능성 치약이 등장하기 시작하였다. 이러한 변화가 바로 **마케팅 시대**의 도래이다.

1.3 마케팅과 판매의 차이

기업의 기본적인 활동은 상품을 만들고 그것을 판매하는 것이다. **판매(sales)**란 상품이나 서비스를 고객에게 파는 것이다. 반면 **마케팅(marketing)**이란 상품이나 서비스를 보다 많이 팔기 위한 전략과 기법이라고 할 수 있다. 판매와 마케팅 모두 교환 활동과 관련이 있다는 점에서는 유사한 면도 있지만, 근본적인 관점에는 많은 차이가 있다.

우선, 마케팅과 판매는 그 목표에 차이가 있다. 판매는 어떻게든 많이 팔기만 하면 된다는 생각이 앞서는 행위이다. 반면에 마케팅은 팔면 팔수록 손해가 되는 상품은 아예 안만들거나 팔지 않는다고 하는 사고방식 하에서 좋은 상품을 소비자에게 제공하고자 하는 기업 활동이다.

둘째, 사고방식이 다르다. 판매에서는 만든 것을 판다고 하는 생각이 우선이다. 만들기만 하면 팔린다라고 하는 생각 속에는 파는 쪽이 유리한 입장이라는 사고를 바탕으로 하고 있다. 마케팅에서는 이와는 반대로 팔리는 것을 만든다는 입장에 바탕을 두고 있다.

셋째, 기업내의 부서간 협력 관계가 다르다. 판매에서는 판매 부서가 파는 일에 전념하고 인사, 제조, 구매, 재무 등 다른 부서는 자기 자신의 업무만 하면 된다는 생각이 지배적이다. 그러나, 마케팅에서는 기업 전체적인 차원에서 파는 업무를 회사 전체적으로 효율화하는 것이다. 고객에게 얻는 정보나 불만 사항을 판매 부서뿐만 아니라, 기술 부문이나 생산 부문에서 활용할 수 있는 회사 전체적인 협력 체제가 요구된다. 이러한 마케팅 활동을 **전사적 마케팅**(total marketing)이라고 한다.

넷째, 서비스에 대한 생각이 다르다. 예전에는 판매 후에 애프터 서비스를 실시하였다. 마케팅 시대에서는 애프터 서비스뿐만 아니라 만들기 전부터 사전 서비스를 실시하고, 판매 중 서비스도 강화해 나간다.

마케팅은 **사회적 마케팅**(social marketing) 개념으로까지 발전하게 되었다. 기업은 이윤을 창출할 수 있는 범위 내에서 타사에 비해 효율적으로 소비자의 욕구를 충족시키도록 노력해야 한다. 그러나 여기서 한발 더 나아가 기업은 단기적인 소비자 욕구 충족이 장기적으로 사회전체에 어떤 영향을 미치게 될 것인지를 고려해야 하며, 이를 위해서는 사회 전체에 부정적인 영향을 미치는 마케팅 활동을 가급적 자제해야 한다. 즉, 사회지향적 마케팅은 기업의 이익달성과 고객만족은 물론이고, 사회전체의 복지에도 기여할 것을 요구하는 개념이다.

2 마케팅 환경 분석

2.1 SWOT 분석의 개요

마케팅 담당자는 상황 분석을 통해서 파악된 중요한 사항으로부터 새로운 마케팅 기회(opportunities)와 위협(threats)이 되는 시사점을 찾아내야 한다. 그러한 시사점을 다시 자기 기업의 강점(strengths)과 약점(weakness)에 비추어서 판단해 보아야 한다. 이러한 활동은 머리글자를 따서 간단히 **SWOT분석**이라고도 한다.

2.2 시장 기회와 위협의 발견

마케팅은 그에 관련된 환경을 분석하는 것에서부터 시작된다. 그 속에서 시장 기회와 위협을 찾아내야 한다. 이때 기업은 마케팅 기회를 찾아내는 것이 필요하다. 기업의 마케팅 기회란 경쟁자가 따라 하기 어려운 자사만의 강점을 발휘할 수 있는 마케팅 활동의 무대를 말한다.

우선 환경의 변화에 따라 기회와 위협의 내용이 달라진다. 여기서 환경이란 기업이 쉽게 바꾸기 어려운 요인을 말한다. 이러한 것들은 주로 기업 밖에서 일어난다. 환경은 일반적인 수준에서의 환경(일반 환경)과 자기 기업의 활동과 직접 관련된 환경(과업 환경)으로 나누어 볼 수 있다.

가. 일반 환경

일반 환경은 정치, 경제, 문화, 자연 등과 같은 거시적인 것으로서, 사회 구성원 모두에게 폭넓게 영향을 미친다. 기업과 소비자도 이러한 일반 환경의 변화에 영향을 받는다. 기업은 일반 환경의 변화에 따라 유리한 기회를 얻기도 하고, 불리한 위협에 처하기도 한다.

오늘날, 여성의 직업 참여가 늘어나고 있다. 이로 인해 가사 노동 시간을 줄여줄 수 있는 가정용 기기와 즉석 식품에 대한 수요를 증가시키는 기회로 작용할 수 있다. 자동 세탁기, 인스턴트 식품 등이 대표적인 예이다. 맞벌이 부부가 퇴근 후에 간

편하게 장을 볼 수 있는 대형 할인 매장이 인기를 끄는 것도 이와 관련이 있다. 반면에, 장을 보는데 시간이 많이 걸리고, 지리적으로 불편한 위치에 있는 재래 시장 상인에게는 위협 요인이 될 수 있다.

이와 같은 일반 환경은 서서히 변하는 것이 보통이다. 따라서, 기업 입장에서는 이러한 환경의 변화를 보다 정확하게 예측하고 대처하는 것이 중요하다. 그러나, 정책이나 제도와 같은 환경 요소는 갑자기 바뀔 수도 있으므로, 사전에 지속적으로 변화를 관찰하고 정보를 파악하는 노력을 기울여야 한다.

나. 과업 환경

한편, **과업 환경**은 특정 기업이 특정 산업이나 시장에서 직접적으로 경험하게 되는 미시적 환경 요인을 말한다. 음료 회사의 대표적인 과업 환경은 음료 분야의 경쟁 업체와 음료를 구매하는 고객이다.

이외에도 이 기업에게 음료 원료나 자재를 납품하는 공급자, 이 기업이 생산한 음료를 구매해서 재판매하는 중간상, 그리고 이 기업의 활동과 관련해서 이해 관계가 있는 공중(publics) 등도 과업 환경에 포함된다.

오늘날 대부분의 업종이 시장에서 경쟁자 수가 증가하는 추세에 있다. 경쟁자수가 증가하게 되면, 경쟁이 더 치열해진다. 기업은 이러한 경쟁에서 승리하지 못하면 시장에서 도태되고 만다. 경쟁자의 수는 기업의 수익성에 직접적인 영향을 미친다. 대체로 경쟁자 수가 증가하면, 가격 인하와 서비스의 질 개선에 대한 경쟁이 더욱 치열해 지는 경향이 있다.

기업은 공중과 우호적인 관계를 형성할 필요가 있다. 시민 단체나 지역 사회 주민은 기업의 사회적 영향을 비판하는 대표적인 공중이라고 할 수 있다. 신문이나 방송의 영향력이 커짐에 따라 이들도 중요한 공중의 하나이다. 자금 조달에 중요한 영향을 미치는 금융 기관, 각종 경제 정책을 수립하고 시행하는 정부 등도 기업이 관리해야 할 공중이다.

또한, 기업내의 근로자, 경영자, 노동 조합 등과 같은 내부 공중도 기업의 성과에 중요한 영향을 미친다.

이러한 과업 환경 요소들이 변하게 되면 마케팅 활동에 직접적인 영향을 미치게 된다. 따라서 개별 기업 입장에서는 해당 기업의 과업 환경이 어떻게 변화고 있는지를 주의 깊게 관찰하고 분석하여야 한다.

2.3 기업의 강점과 약점 분석

기업은 자신의 강점을 활용하고 약점을 보완할 수 있는 마케팅 활동을 수행해야 한다. 이를 위해서는 우선 당해 기업이 가지고 있는 마케팅 자원과 능력에 대한 분석이 필요하다.

기업의 마케팅 자원에는 여러 가지가 있다. 자금과 같은 금전적 자원을 비롯해서, 토지, 건물, 설비 등과 같은 물적 자원, 연구개발, 마케팅 노하우, 브랜드명, 명성, 이미지 등과 같은 무형 자원, 그리고 우수한 인력과 같은 인적 자원 등이 있다.

이러한 자원 중에서 경쟁자보다 유리한 입장에 있는 자원을 찾아내서, 고객의 가치와 만족도를 높일 수 있는 강점으로 활용해야 한다. 경쟁자와 차별화 된 상품, 서비스 및 이미지를 제공하는데 도움이 될 수 있는 자원을 찾아내서 이것을 더욱 강화할 필요가 있다.

마케팅 차원에서는, 금전적 자원이나 물적 자원보다는 무형 자원에서의 우위가 더 중요하다. 금전적 자원이나 유형 자원은 단기 내에 보충이 가능하다. 그러나 마케팅 노하우, 브랜드, 기업 이미지 등과 같은 것은 단기간 내에 경쟁자가 쉽게 모방할 수 없기 때문이다.

2.4 마케팅 목표의 설정

마케팅은 기업 활동 중에서도 매우 중요한 부분의 하나이다. 그러므로 마케팅 활동은 기업 전체의 전략이나 목표와 일관성이 있어야 한다. 마케팅 전략은 그보다 상위 개념인 마케팅 목표를 실행하기 위한 수단이다. 목표와 전략이 서로 다르면, 기업이 추구하는 성과나 목표를 달성하기 어렵다.

큰 기업의 경우에는 하나의 기업 내에 여러 **사업부**를 가지고 있는 경우가 많다. 예를 들어, 어느 사업부가 연간 20%의 성장률 달성을 목표로 설정하고, 이를 추진하기 위한 전략으로 투자 확대 전략이 선택되었다. 그러면, 이러한 사업부 밑에 있는 부서인 마케팅 부서도 자신이 속한 사업부의 목표와 전략을 달성하기 위해 실행 가능한 구체적인 목표와 전략을 수립해야 한다.

예를 들어, 마케팅 목표로 시장 점유율 확대를 설정하였다면, 이를 달성하기 위한 마케팅 전략으로는 시장 침투 전략을 추진할 수 있다. 시장 침투를 위해서는 경쟁자보다 생산 원가가 저렴하거나, 품질이 우수하는 등의 유리한 것이 있어야 한다.

마케팅 목표는 구체적이고 측정 가능한 형태로 설정되어야 한다. 달성이 불가능할 정도로 어려운 목표는 '해봐야 안될 거야'라고 하는 마음이 앞서게 만들 수 있다. 즉, 도전해보고 싶은 마음 자체가 안 생기고 쉽게 포기하게 할 가능성이 있다. 반면 너무 쉬운 목표는 '그래, 한 번 해보자'라고 하는 마음이 들지 않을 것이다. 즉. 도전해 보고 싶은 마음을 불러일으키지 못하는 문제가 있다.

따라서, 어려우면서도 달성 가능한 수준의 목표, 즉, '한번 해 볼만 한데'라고 하는 마음이 들 수 있는 목표를 설정하는 것이 필요하다.

목표는 '전년 대비 매출액 20% 증가'와 같이 수량으로 표시하는 것이 일반적이다. 그러나, '숫자가 아닌 말로 표현할 수밖에 없는 경우도 있다. 특히, 숫자로 표시하는 목표는 반드시 측정할 수 있는 숫자로 설정되어야 한다.

3 마케팅 조사

3.1 마케팅 조사의 의의

오늘날, 생산과 소비 사이의 상품 유통은 매우 복잡하고도 다양하다. 그래서, 마케팅 조사를 통해서 매매 업무를 합리적으로 운영해야 한다.

판매를 통해 많은 이익을 남기기 위해서는, 시장의 사정이나 소비자의 요구 또는 동업자의 실태 등을 조사하거나, 각종 통계 또는 자료 등에 의하여 과학적으로 조사, 연구해야 한다. 이것을 마케팅 조사 또는 시장 조사라고 한다.

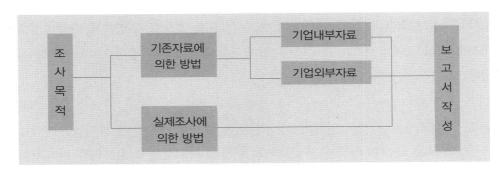

〈그림 13-1〉 마케팅 조사 체계

마케팅 조사는 매입하려는 상품의 공급 상황과 수요 예측을 정확하게 파악하기 위해서 실시하는 과학적인 시장 조사를 의미한다.

수요 예측이란 그 상품의 구입을 원하는 사람이 얼마나 되는 지를 미리 조사하는 일이다. 이것은 과거의 판매 실적이나 실태 조사에 의하여 수집한 자료를 기초로 통계적으로 분석하는 것을 주요 내용으로 한다.

마케팅 조사를 바탕으로 얼마나 팔릴 것인지를 예측하고, 일정 기간 동안 얼마정도를 팔 것인가 하는 판매 목표를 세워 나간다. 마케팅 조사가 과학적으로 이루어져야 정확한 판매 예측을 할 수 있다.

특히, 오늘날은 판매 경쟁이 치열해지고 소비자 기호가 다양해지고 있다. 이러한 상황에서의 수요 예측은 유효 수요 뿐만 아니라, 잠재 수요도 파악해야 한다. 여기서, **유효 수요**란 실제 구매로 연결될 수 있는 수요를 말하고, **잠재 수요**란 일정한 조건만 충족되면 유효 수요로 전환될 수 있는 수요를 말한다.

3.2 마케팅 조사설계

마케팅 조사문제는 조사의 성격에 따라 탐색조사(exploratory research), 기술조사(descriptive research), 인과조사(casual research) 등으로 구분해 볼 수 있다.

먼저 **탐색조사**는 기업의 마케팅 문제와 현재의 상황을 보다 잘 이해하기 위해서, 조사목적을 명확히 정의하기 위해서, 또는 필요한 정보를 분명하게 파악하기 위해서 실시하는 예비성격의 조사이다. 탐색조사에 활용되는 방법으로는 사례조사, 문헌조사, 전문가 의견조사 등이 있다.

둘째, **기술조사**의 목적은 현재의 상태를 있는 그대로 정확하게 묘사하는데 있으나, 주로 여러 사람을 대상으로 설문조사를 통해서 자료를 수집한다는 면에서 탐색조사와 차이가 있다. 기술조사에는 횡단조사와 종단조사가 있는데, 횡단조사는 모집단에서 추출된 표본에 대해 단 한 번의 조사를 통해서 자료를 수집하는데 비해, 종단조사는 동일한 표본을 대상으로 일정한 간격으로 반복적 조사를 통해 마케팅 변수의 변화추이를 파악하기 위한 조사이다.

셋째, **인과조사**는 마케팅 현상의 인과관계를 파악하기 위한 조사이며, 원인변수가 변하면 결과변수가 어떻게 변하는지를 알아보는 것이다. 인과관계 조사에는 실험법이 많이 활용된다.

3.3 자료수집 방법

마케팅 조사를 위한 대표적인 자료수집 방법으로는 **관찰법, 면접법, 설문조사법, 실험법** 등이 있다.

첫째, **관찰법**은 조사대상의 행동이나 상황을 조사자가 직접 관찰하거나 기계장치를 통해서 관찰하여 자료를 수집하는 방법이다.

둘째, **면접법**은 연구자와 응답자간에 면대면 방식으로 언어적 상호작용을 통해 자료를 수집하는 방법이다. 면접조사 유형의 하나로 FGI(focus group interview) 기법이 있는데, 이는 보통 2시간 안에 6~8명을 대상으로 10~30문항을 질문한다. 비교적 운용이 쉽고 비용이 저렴해거 널리 사용되지만, 얻고자 하는 정보는 많은데 비해 시간적 제약이 있어서 즉흥적인 반응을 얻기 쉽고, 상호 토론의 기회가 적다는 한계가 있다.

셋째, **설문조사(survey)**법은 주어진 문제에 대해서 작성한 일련의 질문사항에 대해 응답자가 대답을 기술하도록 하는 조사방법을 말한다.

넷째, **실험법**은 목표시장의 고객을 실제 상황에 놓이게 해서 현상에 대한 인과관계를 조사하는 것으로, 실험실 실험과 현장실험이 있다.

참고로, 마케팅 조사에서 모집단 전체를 조사하는 것을 **전수조사**라 하고, 집단의 일부를 조사해서 집단 전체의 특성을 추정하는 방법을 **표본조사**라 한다.

4 고객만족과 관리

4.1 고객만족

고객만족(CS : customer satisfaction)이란 고객이 상품 또는 서비스에 대해 원하는 것을 기대 이상으로 충족시킴으로써 재구매율을 높이고, 그 상품 또는 서비스에 대한 선호도가 지속되도록 하는 상태를 말한다. 고객만족도를 높이는 것은 고정 고객층의 이탈 방지를 통해 안정적 기업 이익을 확보하는 동시에, 호의적인 구전 광고를 통해 새로운 고객을 창출하고 기업의 판매촉진 비용을 경감시켜줌으로써 기업 이익에 기여할 수 있다.

고객은 일반적으로 금전 가치와 비 금전 가치를 통하여 만족을 느끼게 된다. 금전 가치는 상품 자체의 경제적 가치이며, 비 금전 가치는 서비스나 기업 이미지에 고객이 어느 정도의 대가를 지급하는가 하는 문제이다.

고객 각 개인의 사전 기대보다 사용 실감이 크다면 고객은 만족하고 그 차이가 크면 클수록 크게 만족하고 나중에는 감동의 경지로 이어질 것이다. 만약 사전 기대가 사용 실감과 거의 비슷하다면 그 만족도는 보통 수준이고 크게 영향을 끼치지는 않을 것이다. 또한 사용 실감이 사전 기대에 미치지 않는다면 불만족하게 되고 재구매를 하지 않은 가능성이 높아지는 것이다.

4.2 고객관계관리

고객관계관리(CRM : customer relationship management)는 고객과의 네트워크를 강화해서 고정 고객으로 만들고, 고객과의 관계를 개선함으로써 단골 고객을 확보하여 수익을 실현하려는 고객 밀착형 경영 기법을 말한다. 즉 CRM은 지금까지의 불특정 다수 고객 대상에서 탈피하여 고객과의 1대1 마케팅 및 데이터베이스 마케팅 기법을 기반으로 단골 고객 만들기에 초점을 맞추고 있다.

데이터 베이스 마케팅(data base marketing)이란 고객에 대한 여러 가지 정보를 컴퓨터에 의해 데이터 베이스(DB)화 하고, 구축된 고객의 데이터 베이스를 전략적으로 활용하며, 고객 개개인과의 접촉을 통해 직접적인 반응을 유도하거나 장기적인 1대1 관계를 구축 하고자 하는 제반 마케팅 활동을 말한다.

○ 마케팅은 개인이나 조직의 목표 달성을 위해 필요로 하는 교환을 창조하기 위해서, 상품 개념을 개발하고, 가격을 결정하며, 상품에 대한 촉진과 유통을 계획하고 수행하는 과정이다.

○ 판매자 우위 시장(seller's market) 구조가 구매자 우위 시장(buyer's market) 구조로 반전되었다.

○ 소비자의 관점에서 기업 활동을 계획하고 실행하는 것을 소비자 지향적 사고(comsumer orientation)라 하며, 이것은 마케팅의 기본 철학이다.

○ 생산 지향적 → 시대 판매 지향적 시대 → 마케팅 시대의 도래이다.

○ 판매(sales)란 상품이나 서비스를 고객에게 파는 것이다. 반면에, 마케팅(marketing)이란 상품이나 서비스를 보다 많이 팔기 위한 전략과 기법이라고 할 수 있다.

○ 고객에게 얻는 정보나 불만 사항을 판매 부서뿐만 아니라, 기술 부문이나 생산 부문에서 활용할 수 있는 회사 전체적인 협력 체제가 요구된다. 이러한 마케팅 활동을 전사적 마케팅(total marketing)이라고 한다.

○ 사회지향적 마케팅은 기업의 이익달성과 고객만족은 물론이고, 사회전체의 복지에도 기여할 것을 요구하는 개념이다.

○ 기회(opportunities)와 위협(threats) 강점(strengths)과 약점(weakness)에 대한 분석 활동은 머리글자를 따서 간단히 SWOT분석이라고 한다.

요점정리

○ 마케팅 조사는 매입하려는 상품의 공급 상황과 수요 예측을 정확하게 파악하기 위해서 실시하는 과학적인 시장 조사를 의미한다.

○ 마케팅 조사를 위한 대표적인 자료수집 방법으로는 관찰법, 면접법, 설문조사법, 실험법 등이 있다. 통계조사에서 모집단 전체를 조사하는 것을 전수조사라 하고, 집단의 일부를 조사해서 집단 전체의 특성을 추정하는 방법을 표본조사라 한다.

○ 유효 수요란 실제 구매로 연결될 수 있는 수요를 말하고, 잠재 수요란 일정한 조건만 충족되면 유효 수요로 전환될 수 있는 수요를 말한다.

○ 고객 만족(CS : customer satisfaction)이란 고객이 상품 또는 서비스에 대해 원하는 것을 기대 이상으로 충족시킴으로써 재구매율을 높이고, 그 상품 또는 서비스에 대한 선호도가 지속되도록 하는 상태를 말한다.

○ 고객관계관리(CRM : customer relationship management)는 고객과의 네트워크를 강화해서 고정 고객으로 만들고, 고객과의 관계를 개선함으로써 단골 고객을 확보하여 수익을 실현하려는 고객 밀착형 경영 기법을 말한다.

제14장 소비자 행동분석과 STP

1 소비자 행동분석

1.1 소비자 행동 분석의 의의

소비자가 상품을 구매하는 바탕에는 **욕구(want)**가 존재한다. 소비자의 욕구에는 의식주와 같은 기본적인 것에서부터 사회적 욕구까지 다양한 것들이 포함된다. 소비자는 자신의 욕구를 해결하기 위해 그에 관련된 상품을 구매하는 것이다. 예를 들어, 배가 고프면 음식을 사 먹고, 추우면 옷을 사 입음으로써 욕구를 해결하게 된다. 그러나, 소득이 증가함에 따라 기본적인 욕구 충족은 물론이고, 자아 실현과 같은 사회, 문화적 가치를 중요시하는 경향을 보이고 있다. 또한, 같은 상품을 구매하더라도 자기의 사회적 신분을 과시하거나 문화적인 동질감을 느끼기 위해 특정 상품을 구매하는 경우도 많이 있다.

이제 시장환경이 복잡해지고 소비자 욕구가 다양화됨에 따라 소비자의 생각을 알아내는 것이 점점 더 어려워지고 있다. 소비자를 잘 파악하지 못하고서는 시장 세분화나 표적시장의 선정 등과 같은 마케팅 활동을 효과적으로 수행하는 것이 곤란하다. 따라서, 마케팅관리자는 급변하는 시장 환경 속에서 다양한 소비자 욕구를 만족시킬 수 있도록 소비자행동을 체계적으로 이해할 필요가 있다.

마케팅관리자는 먼저 소비자의 특성을 파악해야 하고, 그들이 무엇을, 어디서, 언제, 얼마나, 어떻게 구매하는지를 이해해야 한다. 또한, 소비자가 시장에서 어떤 반응을 보이는지, 소비자가 어떠한 과정을 거쳐 상품을 구매하는지에 대해서도 파악할 필요가 있다. 결국, 마케팅 관리자는 소비자의 구매행동과 그것에 영향을 미치는 요인들을 잘 파악함으로써 효율적인 마케팅 전략을 수립할 수 있다.

1.2 소비자 구매행동의 유형

소비자의 구매행동은 그가 구매하는 상품이나 서비스의 특성에 따라 다양한 양상을 보이게 된다. 일상적으로 구매하는 과일, 채소, 라면, 음료수 등을 구매할 때와 자동차, 세탁기와 같은 고가 상품을 구매할 때 구매행동이 다르다.

또한, 같은 상품에 대해서도 소비자가 처해 있는 상황이나, 소비자의 특성에 따라 구매 행동이 달라질 수 있다. 예들 들어, 같은 카메라라 하더라도 아마추어가 구매하는 경우에는 구매에 그다지 큰 노력을 기울이지 않겠지만, 프로 사진작가는 다양한 기능이 있는 여러 가지의 고급제품에 대해 시간을 두고 비교 평가한 다음에 구매할 것이다.

이와 같이, 소비자의 구매행동은 상품의 성격 및 상품에 대한 소비자의 관여도에 따라 다양한 유형을 보이게 된다. 여기서는 소비자의 관여도를 **저관여**(low-involvement)와 **고관여**(high-involvement)로 구분하여 소비자 구매행동의 유형을 살펴보기로 한다.

가. 저관여 구매행동

마케팅에서 **저관여**라고 하는 것은 구매행동을 함에 있어서 깊이 고려하지 않고 경험이나 습관에 의해서 쉽게 결정하는 것을 말한다. 예를 들어, 소비자가 과일이나 채소를 구매할 때는 미리 과일이나 채소에 관한 정보를 수집하기 위해 자발적으로 노력하는 경우가 드물다. 대부분 자기가 살고 있는 인근의 슈퍼마켓이나 대형할인점, 재래시장 등에서 습관적으로 구매하거나 아무 상품이나 손에 잡히는 대로 구매하게 된다. 껌, 라면, 음료수와 같은 가공식품들도 소비자는 구매과정에 그다지 큰 노력을 기울이지 않고 있다.

이처럼 소비자가 그 상품이나 서비스에 대해 관심이 적거나 별로 중요한 구매의사결정이라고 생각하지 않는 경우 저관여 구매행동을 보이게 된다. 저관여 구매행동은 상품의 특성에 따라 **습관적 구매행동**과 **다양성 추구 구매행동**으로 나누

어 볼 수 있다.

(1) 습관적 구매행동

소비자가 어떤 상품에 대해 비교적 낮은 관여도를 보이며 상표간 차이가 크지 않을 경우 습관적 구매행동을 보이게 된다. 예를 들어, 과일 쥬스를 구매하는 경우 깊이 생각하지 않고 슈퍼마켓에서 손에 잡히는 대로 구매하는 경우가 많다. 소비자는 일반적으로 상품가격이 비교적 낮으며 일상적으로 빈번히 구매하는 상품에 대해서 습관적 구매행동을 보이게 된다.

습관적 구매시 소비자는 상표에 대해서 그다지 많은 정보를 얻으려 노력하지 않으며, 어떤 상표를 구매할 것인가에 대해 별로 신중하게 생각하지 않는다. 소비자는 TV나 잡지, 신문에서 광고를 볼 때 상품특성을 제시하는 내용에 대해서 그다지 주의를 기울이지 않는다.

소비자가 특정 브랜드를 선택하는 것은 그 브랜드에 대해 특별한 신념을 가지고 있어서가 아니라 그 브랜드가 친숙하다는 이유로 선택하게 된다. 따라서, 반복적인 광고는 브랜드에 대한 확신을 심어주기 보다는 브랜드 친숙성을 이끌어내기 위한 용도로서 적합하다. 저관여 상품의 광고는 짧은 메시지를 반복적으로 강조하고 특징적인 심볼 등을 사용하여 브랜드에 대한 기억을 쉽게 해주는 전략이 필요하다.

(2) 다양성 추구 구매행동

구매하는 상품에 대해 소비자의 관여도가 낮으면서도 상표간의 차이가 뚜렷한 경우 소비자는 다양성 추구 구매행동을 하는 경우가 많다. 소비자는 다양성을 추구하기 위해 **상표 전환(brand switching)**을 하게 된다. 예를 들어, 소비자는 라면을 구매할 때 상품에 대한 깊이 있는 평가 없이 일단 00표 라면을 구매하고 그 상품에 대한 평가를 하게 된다. 그 후 다시 라면을 살 때는 xx표 라면과 같은 다른 상표를 구매하는데 이 경우 소비자는 단순히 이전 것과 다른 상품을 사보겠다는 생각으로 xx 표 라면을 구매한다. 이 경우 상표전환은 기존 상표에 대한 불만족 때문이 아니라 단순한 다양성 추구 때문에 일어나게 된다.

나. 고관여 구매행동

소비자는 상품 구매 시 그의 의사결정이 중요하거나 관심이 클 경우 신중하게 의사결정을 하게 된다. 이처럼 소비자가 어떤 상품의 구매에 있어서 높은 관심을 기울이는 것을 **고관여 구매행동**이라 한다.

소비자는 상품에 대해 관심이 높을수록, 상품의 구매가 개인적으로 중요할수록 구매의사결정에 관한 관여도가 높아지는 고관여 구매행동을 보이게 된다. 소비자는 상품의 가격이 비교적 높고 상표간의 차이가 크며, 일상적으로 빈번하게 구매하지 않고 소비자 자신에 매우 중요한 상품을 구매할 때 높은 관여도를 보이게 된다. 예를 들어, 자동차를 구매할 경우 소비자는 많은 정보를 수집하고 분석한 후에 구매의사결정을 하게 된다. 자동차를 구매할 때 소비자는 제조회사의 명성, 디자인, 색상은 물론 연비, 엔진소음, 승차감, 애프터서비스 등을 종합적으로 고려하게 된다.

이들 정보는 쉽게 구할 수 있는 것도 있지만 상당한 노력이 필요한 것도 있다. 그러나 소비자는 자동차와 같이 가격이 높고 중요한 상품을 구매할 경우 기꺼이 시간을 내서 관련 정보를 수집할 준비가 되어 있다. 이를 통해 소비자는 최선의 선택을 추구하게 되는 것이다.

이처럼 고관여 구매행동의 경우 소비자는 먼저 상품에 대한 지식을 근거로 하여 그 상품에 대해 주관적인 신념(belief)을 가지게 된다. 그 다음으로 그 상품을 좋아하거나 싫어하게 되는 **태도**(attitude)를 형성한다. 마지막으로 가장 합리적인 구매대안을 **선택**(choice)하는 과정을 거치게 된다.

고관여 상품을 판매하는 경우 이들 상품을 구매하는 소비자들의 정보 수집행동과

그들의 구매행동 및 구매후 평가 등을 정확히 이해해야 한다. 고관여 상품의 경우 소비자는 선택대안을 신중하게 평가하여 그 중에서 자기에게 가장 높은 편익을 주는 상품을 선택하게 된다. 이 때문에 광고를 수행할 때는 자사 상품이 경쟁 상품에 비해 어떠한 점에서 이점을 제공하고 있는지를 소비자들에게 효과적으로 알려야 하며, 상표 차별화를 적극적으로 추진해야 한다.

다. 구매의사 결정과정

소비자는 상품구매를 결정하게 되면 구체적인 의사결정과정을 거치게 된다. 고관여 상품의 경우 다음과 같은 5단계의 구매의사결정과정을 거치게 된다.

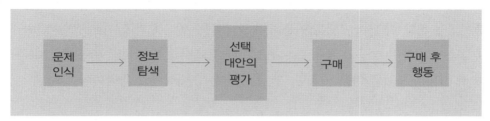

〈그림 14-1〉 구매의사결정과정

소비자의 구매의사결정은 먼저 문제인식에서 출발한다. 어떠한 욕구가 채워지지 않았을 때 소비자는 그것을 채우려고 하며, 그것을 채울 수 있는 방법에 대해 알아보려고 한다. 예를 들어, 어떤 특별한 모임에 정장차림으로 참석해야 하는 소비자가 있다고 하자. 정장이 없는 경우 소비자는 정장을 구입해야 한다. 정장을 구입하려고 결정했다면 그 소비자는 우선 정장을 파는 곳이나 자신에게 어울리는 정장의 스타일은 어떤 것인지 그리고 그러한 스타일은 어떤 수준의 가격에 어떤 브랜드의 상품이 있는지에 대하여 알아보아야 한다. 몇몇 브랜드의 옷이 자신에게 맞는다고 생각되면 소비자는 각 회사의 상품을 평가 할 것이다.

평가하고 난 후에는 자신이 주로 이용하는 점포나 그 옷을 판매하고 있는 점포로 가서 정장을 구입할 것이다. 구입 후 소비자는 그 옷을 입어 보고 그 옷에 대하여 평가할 것이며, 다음 번에 다른 정장을 살 때 이를 참고할 것이다.

이와 같이 소비자는 어떤 문제에 부딪치게 되면 먼저 이를 해결할 수 있는 방법을 생각하여 정보를 수집하고, 몇 가지의 대안을 선정하여 일정 기준에 따라 평가하여, 최종적으로 선택된 것을 구매할 것이다. 그리고, 그 이후에는 자신의 구매결과에 대해 평가하는 과정을 거친다. 이러한 일련의 과정을 소비자의 **구매의사결정과정**이라고 한다.

마케팅관리자는 각 단계별로 나타나는 소비자행동의 특징을 바탕으로 마케팅 활동을 수행할 수 있다. 예를 들어, 관여수준이 높은 고가의 상품을 구매하는 경우에 소비자는 보다 많은 정보를 수집하려고 하며 구체적인 기준을 이용하여 상표를 평가한다. 따라서, 자사의 상품이 고관여 상품이라면 정보제공 시에 구체적인 상품설명을 하고 다양한 매체를 이용하여 광고하는 것이 효과적이다. 반면, 만약 자사상품이 저관여 상품일 경우에는 촉진전략 중에서도 판매촉진 활동이 상대적으로 효과가 높으므로 이를 이용한 마케팅전략을 수립하면 효과적이다.

소비자의 구매의사결정 과정을 5단계로 나누어 이를 보다 상세히 알아보면 다음과 같다.

(1) 문제인식

어느 특정 시점에서 소비자는 자신이 처해 있는 실제 상태와 바람직한 상태라고 생각하는 상태에 차이가 있다고 생각되면 이를 해결하려고 하는 욕구를 느낀다. 소비자가 해결해야 할 욕구가 있다고 인식하는 것을 **문제인식**이라고 한다. 이것이 의사결정을 거쳐 구매로 이어지기 위해서는 실제 상태와 바라는 상태간의 차이가 크고, 발생된 문제가 매우 중요한 경우라야 한다.

(2) 정보의 탐색

문제를 인식하여 구매의사결정을 하고자 하는 소비자는 도움이 될 만한 정보를 탐색한다. 이러한 정보는 자신의 경험, 가족 및 동료, 각종 매체의 광고나 기사, 판매원, 소비자단체 혹은 각종 관련기관에서 발행하는 간행물 등을 통

해 얻는다.

(3) 선택대안의 평가

정보를 입수한 소비자는 평가기준과 평가방식을 결정하여 고려 대상인 상표들을 비교 분석하게 된다. 이 경우 모든 상표를 선택 대안으로 생각하는 것이 아니라 제한된 수의 고려대안들만을 이용하게 된다.

평가기준의 중요성과 수는 상품에 따라 다르다. 특정 상품을 구매 할 때 특정 기준을 사용하는 것은 특정의 대안 평가에 특정기준이 더 중요시된다는 의미이지 단일기준이 사용된다는 뜻은 아니다. 소비자는 오히려 둘 이상의 기준을 사용하는 때가 많다. 평가기준이 설정되면 소비자는 이를 사용하여 평가한다.

예를 들어, 자동차를 구매할 경우 소비자는 제조사의 명성, 연비, 엔진성능, 가격과 같은 속성들을 평가하여 상표를 선택할 것이다. 이 경우 어떤 소비자는 네 가지 속성을 종합적으로 평가하여 대안을 선택하고, 어떤 소비자는 네 가지 속성 중 일부 속성만을 중요시하여 그것을 기준으로 대안을 선택하기도 한다.

(4) 구매

소비자는 여러 상표를 비교, 평가한 후에 특정상표를 결정하고 실제 구매를 하게 된다. 그런데 소비자가 자신이 구매하기를 원하는 상품과 실제 구매하는 상품 사이에는 차이가 나타날 수도 있다.

그 첫 번째 요인은, 주위 사람들이 영향을 미치기 때문이다. 예를 들어 어떤 소비자가 빨간 색상의 자동차를 구매하려고 결정하였는데, 자녀들이 흰색을 강력히 원한다면 빨간 색상의 자동차를 구매할 가능성이 적어지게 된다. 이처럼 실제 구매 시에는 가족, 친지, 친구 등 자기와 가깝거나 영향력을 미치는 사람들에 의해 영향을 받게 된다.

두 번째 요인은, 예기치 않은 상황변수에 의해 특정 상표에 대한 구매결정이 영향을 받는 경우이다. 예를 들어 자동차를 구매하기로 한 소비자가 갑자기 긴급한 상황이 발생하여 구매를 취소하거나 뒤로 미룰 수도 있을 것이다.

구매를 위해 소비자는 특정 점포를 결정한 후 구매를 하기도 하지만 여러 점포를 방문하고 비교하여 구매하기도 한다. 소비자가 어떤 특정 점포를 선택하는 과정은 소매업체의 마케팅활동에 의해 영향을 받는다. 소비자는 입지, 상품구색, 가격, 광고 및 판매촉진, 판매원, 서비스 등을 고려하여 점포를 선택하게 된다. 교통이 편리한 곳을 선호하는 소비자는 똑같은 상표라도 백화점에서 구입하고, 점포의 분위기가 중요하다고 생각하는 소비자는 거리에 상관없이 분위기가 좋은 점포에서 상품을 구매할 것이다.

(5) 구매 후 행동

어떤 상품을 구매한 후 소비자는 그 상품에 대해 **만족** 혹은 **불만족** 등의 반응을 나타낸다. 소비자가 자사의 상품에 대해서 느끼는 평가와 이후의 행동은 추후 반복 구매와 관련되어 있기 때문에 매우 중요하다. 어떤 상품을 사용한 후 만족도가 높은 소비자는 그 상품을 지속적으로 다시 구매할 확률이 높아지게 될 것이다. 반면 만족도가 낮은 소비자는 다시 구매하지 않을뿐더러 그 상품에 대한 나쁜 평가를 다른 소비자들에게도 전달하는 경우가 많다.

소비자는 비싼 상품을 사고 난 다음에 '내가 뭐에 홀려서 잘못 산 것은 아닌가' 하는 생각을 종종 한다. 즉, 고가의 상품을 구매한 후에는 자기의 의사결정이 옳았는지에 대한 확신 부족으로 심리적인 불편 현상을 겪게 된다. 자신이 구매한 상품에 대해 완전히 만족하는 소비자는 이러한 심리적인 불편 현상을 덜 겪게 된다. 대부분의 상품은 장점과 결점을 동시에 가지고 있기 때문에 자신이 구매한 상품에 대해 완전히 만족하는 경우는 드물다. 이 경우 소비자는 어느 정도의 심리적인 불편 현상을 겪을 수밖에 없다.

따라서, 기업입장에서는 구매자의 선택이 현명하였음을 확인시켜 주기 위한

노력을 추가할 필요가 있다. 그렇게 함으로써, 자사의 상품을 구매하였을 때 느낄 수 있는 **부조화**의 원인을 제거시킬 수 있다. 예를 들어 구매 후 확인 전화를 통해 소비자들의 불안요인을 덜어주거나 완벽한 판매 후 서비스(A/S) 체계를 구축하는 것 등이 중요하다.

라. 소비자의 정보처리과정

소비자는 상품구매 관련 의사결정을 할 때 기업이 제공한 정보를 처리하게 된다. 이러한 정보 처리과정을 통해 소비자들의 신념과 태도가 형성 혹은 변화된다. 소비자의 정보처리 과정은 노출, 주의, 이해(지각), 반응, 저장 및 기억 등으로 이루어진다.

(1) 노출

정보처리과정의 첫 번째 단계는 광고 등과 같은 마케팅자극에 노출되는 것이다. 노출은 소비자가 마케팅 자극에 물리적으로 접근하여 감각기관이 활성화되는 것을 말한다. 노출은 우연적 노출과 선택적(의도적) 노출이 있다. 소비자 정보처리과정이 갖는 특징의 하나가 선택적 노출이다. 소비자는 주위환경에서 수많은 마케팅 자극에 노출됨에 따라 불필요한 노출을 가급적 회피하려고 한다. 이와 같이 선택적 노출을 통하여 소비자는 마케팅 자극에 대한 노출을 스스로 선택할 수 있다. 어떤 제품에 대한 관여도가 높아지면, 소비자는 그 제품과 관련된 광고나 제품정보에 자신을 선택적으로 노출시킬 가능성이 보다 커진다.

(2) 주의

소비자는 그에게 들어오는 모든 마케팅 자극을 처리하는 것이 불가능하다. 마케팅 자극 중에서 일부만을 선택하여 주의를 집중한다. 이렇게 주의를 기울인 마케팅 자극에 대해서만 계속적인 정보처리를 하게 된다. 주의는 특정자극에 대해 정보처리 능력을 할당하는 것이라고 할 수 있다.

주의는 자발적으로 혹은 비자발적으로 활성화될 수 있다. 자발적 주의는 개인적 관련성이 높은 정보를 탐색하는 과정에서 이러한 정보에 주의를 기울이는 경우이다. 특정제품에 대한 관여도가 높아질수록 소비자는 관련정보에 대해서만 선택적으로 주의를 집중하게 되는데, 이를 선택적 주의라고 한다.

이에 반해 자신과의 관련성이 높지 않은 제품군에 관한 광고에 대해서는 별로 주의를 기울이지 않는 경향이 있다. 또한, 제품에 대한 관여도가 낮은 소비자는 제품광고에 노출되더라도 광고내용에 주의를 기울이지 않을 수도 있다.

한편, 소비자는 광고에 비자발적으로 주의를 기울일 경우도 있다. 소비자는 특이하거나 잘 만들어진 광고에 대해서 자연스럽게 주의를 기울일 수 있는데, 이를 비자발적 주의라고 한다.

(3) 이해(지각)

소비자가 외부 자극에 노출되어 주의를 기울이고 나면, 다음에는 그러한 자극의 내용을 이해하는 단계로 넘어가게 된다. 이해는 소비자가 마케팅 자극의 요소들을 조직화하고 이것에 의미를 부여하는 과정이다. 소비자가 마케팅 자극을 이해하는 과정을 지각과정이라고도 한다. 지각과정은 소비자의 경험, 기대, 그리고 기억 속에 저장된 관련정보 등으로부터 영향을 받기 때문에 소비자마다 다를 수 있다. 예를 들어, 두 명의 소비자가 동일한 광고를 보았을 때 그 광고가 의미하는 바와 광고에 대한 느낌이 서로 다를 수 있다.

(4) 반응

자극에 대한 소비자의 **반응**에는 인지적 반응과 정서적 반응이 있다. 인지적 반응은 자극을 보면서 자연스럽게 떠올리는 생각이다. 정서적 반응은 자극을 접하면서 갖게 되는 여러 가지 감정, 즉 느낌을 의미한다.

(5) 저장 및 기억

소비자의 정보처리에 있어서 마지막 과정은 처리된 정보가 기억 속에 저장되는 단계이다. 새롭게 처리된 정보는 기존의 관련 정보끼리 통합되어 기억 속에 저장된다. 그리고 나중에 새로운 자극에 접하게 되었을 때는 기억 속에 저장된 정보를 이용하여 새로운 정보를 처리하게 된다. 기억은 정보처리과정의 각 단계에 영향을 미친다. 즉, 기억은 특정자극에 주의를 집중하도록 인지적 자원을 할당하며, 그 속에 저장된 기존지식들을 인출하여 마케팅 자극을 이해하는 데도 영향을 미친다.

마. 구매에 영향을 미치는 요인

우리의 경험에 비추어 보더라도 소비자는 특정 상품이나 상표, 점포를 선택할 때 여러 가지 요인들에 의해 영향을 받는다. 소비자의 구매 선택에 영향을 미치는 요인들은 크게 문화적 요인, 사회적 요인, 인구통계적 요인, 심리적 요인 등으로 구분해 볼 수 있다.

(1) 문화적 요인

사람들이 여러 시대를 거치는 동안에 남겨놓은 사회적인 유산을 문화라 한다. 문화는 사회적이며 공유되기 때문에 욕구충족의 기준이 되고 행동 규범이 된다. 국가간의 음식 문화 차이를 생각해 보면 문화가 소비자 행동에 얼마나 영향을 미치는지를 이해할 수 있다. 예들 들어, 중동의 이슬람 문화권에서는 돼지고기를 금기시 한다. 이러한 문화적 차이를 모르고 이 지역에서 돼지고기가 주원료인 햄이 들어있는 사진을 사용해서 냉장고 광고를 했다가 마케팅에 실패한 사례가 있다. 이처럼 문화는 어떤 상품의 구매와 관련된 수요에 큰 영향을 미치게 된다.

소비자는 어떤 문화의 영향권 안에서 성장하면서 그 문화가 명시적 혹은 묵시적으로 강조하는 기본적인 가치와 인식, 욕구, 그리고 행동양식을 그들의 가족이나 주변 사람들로부터 배운다. 문화는 사람들의 욕구와 행동을 유발하는 가장 근본적인 영향 요인들 중 하나이다. 따라서 마케팅관리자는 한 사회의 기본적인 가치구조와 문화적 변화를 이해하고 그에 따른 시사점을 포착해야 할 것이다.

문화는 국적, 종교, 인종 등과 같은 좀더 작은 하위 문화로 구성되어 있다. 이들 하위 문화는 소비자들의 구매행동에 영향을 미치기 때문에 이러한 하위 문화의 특성을 파악하는 것이 중요하다.

(2) 사회적 요인

① 사회계층

서로 비슷한 사회계층 내의 사람들은 생각이나 관심, 행동 패턴도 비슷한 경우가 많다. 그래서 사회계층별 차이도 소비자행동에 영향을 미치게 된다. 예를 들어, 어떤 상품을 구매할 때 하위층은 가격에 우선순위를 두는 경향을 가지고, 상류층은 가격보다는 품질이나 디자인을 더 중시하는 경향을 보인다.

사회계층은 소득과 같은 하나의 변수만으로 결정되는 것이 아니라 직업, 소득, 교육수준, 재산 등과 같은 변수들이 복합적으로 고려된다. 이런 요소들을 종합적으로 고려하여 한 사회 내의 구성원을 몇 개의 사회계층으로 분류할 수 있다.

마케팅관리자에게 사회계층이 중요한 이유는 소비자는 사회계층별로 유사한 구매행동을 보이기 때문이다. 예를 들어, 상류 계층이 원하는 의류와 중하류 계층이 원하는 의류의 특성이 다르다. 상류층은 스타일, 색상 등 디자인과 차별성을 강조하지만 중하류층은 기능적인 요소를 더 중요하게 생각할 수 있다.

② 준거집단

준거집단은 개인행동에 직접, 간접적으로 영향을 미치는 개인이나 집단을 말한다. 여기에는 학교동료나 직장동료, 종교집단, 스포츠동호회나 동아리 등 여러 가지 형태가 있다.

준거집단은 소비자 행동의 여러 부분에서 영향을 미치게 된다. 실제로 소비자는 준거집단 구성원의 의견을 신뢰성 있는 정보원천으로 간주하는 경우가 많다. 여행상품을 구매할 경우 여행 동호회의 회원이 제공하는 정보가 신뢰성이 높다고 생각한다. 이와 같은 영향력을 준거집단의 정보적 영향력이라 한다.

사람들은 특정집단과 자신을 심리적으로 연관시키려는 욕구를 가지고 있으며, 이 때문에 특정집단의 **규범, 가치**, 행동을 긍정적으로 받아들이게 된다. 이와 같이 준거집단은 소비자가 정보를 수집할 때나 상품을 선택할 때 영향을 미치고 있으므로 마케팅관리자는 이를 이용하여 마케팅 전략을 결정할 수 있다.

③ 가족

소비자의 구매행동에 있어 가족이 중요한 것은 가족 구성원들이 가족공동용 상품뿐만 아니라 개인용 상품의 구매행동에도 서로 영향을 주고받기 때문이다. 구매 의사결정에 있어서 가족구성원의 역할은 정보수집자, 영향력 부여자, 의사결정자, 구매담당자, 소비자 등으로 구분할 수 있다.

예를 들어, 카메라를 구입하려는 계획을 세웠을 때 카메라에 대한 정보수집은 카메라에 관심이 많고 이를 사용할 사람인 자녀들이 주로 하게 되고, 어떤 상표의 카메라를 선택할 것인가는 카메라에 대해 많이 알고 있는 자녀 또는 구매영향력이 큰 부모가 결정할 것이다.

카메라를 실제 구입할 것인지 아닌지는 그 가정에서 구매력을 가진 부모들이 결정할 것이고, 구매여부에 대한 결정이 이루어지면 자녀와 부모가 함께 구매장소에 가서 구입하게 될 것이다. 이 때 구매담당자는 부모와 자녀 모두가 된다. 구매 후 카메라에 대한 평가는 카메라를 직접 사용하는 자녀나 기타 다른 사람이 된다.

이렇듯 하나의 상품을 구매할 때 정보 수집, 상표 평가, 구매결정, 구매, 구매 후 평가 등 각 의사결정단계에서 가족구성원이 행하는 역할은 다르게 된다.

따라서, 마케팅관리자는 자사상품의 마케팅전략을 세움에 있어서 정보수집은 가족 중 누가 하는지, 상표는 누가 선택하는지, 구매는 주로 누가 하는지 등을 파악해야 한다.

대부분의 경우 정보수집은 자녀들이 하기 때문에 광고물은 이들 연령층이 쉽게 접할 수 있는 곳에 배치하고, 광고문안을 선택할 경우에는 구매의 최후결정자인 부모들에 초점을 맞추어 세우는 것이 효과적일 것이다.

④ 라이프 스타일

동일한 사회적 지위나 직업을 가진 사람이라 하더라도 그들의 라이프 스타일은 상당히 다를 수 있다. 라이프 스타일을 구성하고 있는 **활동**(A: activity)과 **관심**(I: interest), **의견**(O: opinion) 등은 소비자의 구매행동과 밀접하게 관련되어 있다. 소비자는 자신이 관심있는 상품은 비싸더라도 구입하려하고, 좋아하는 활동은 시간을 내서라도 하기 때문이다.

따라서, 마케팅관리자는 라이프 스타일의 유형을 파악하고, 각 유형별로 나타나는 소비행동의 특성을 파악하는 것이 판매 효율 증대를 위해 중요하다.

(3) 인구 통계적 요인

① 연령

소비자의 **연령**도 구매행동에 영향을 미친다. 비슷한 연령층의 집단들은 가치관이나 생활태도 그리고 소비행동에 있어 비슷한 패턴을 보여준다. 비슷한 연령층에 있는 사람들은 교육수준과 소득수준이 비슷한 경우가 많고, 특징적인 사회적 사건도 함께 겪기 때문이다.

연령 뿐 아니라 결혼 여부나 자녀의 유무, 결혼 경과 년수 등 **생애주기**(life cycle)도 상품이나 서비스의 구매행동에 영향을 미치고 있다. 같은 연령이라도 결혼 여부 혹은 자녀유무에 따라 특정 상품에 대한 선호도가 다른 것이 일반적이다.

② 성별

남녀 소비자간에 구매행동에 차이가 있다. 어떤 상품에서 소비자는 성별에 따라 다양한 소비패턴과 선호도를 보여준다. 예를 들어, 음료의 경우 남성 위주와 여성 위주로 주소비자 층을 구분하여 시장을 공략하기도 한다.

③ 소득

개인이나 가족의 소득은 전통적으로 구매력과 신분의 척도로 사용되었다. 소득과 같은 소비자의 경제적 상황은 어떤 품목을 구매할 것인가가 결정된 다음 그 품목 내에서 특정 상표를 선택하는데 중요한 영향을 미친다. 특정 상표의 경우 소득 수준에 따라 소비자와 비소비자가 확연히 구분된다. 예를 들어, 고급의류나 고급자동차 등은 소비층이 고소득층으로 한정된다.

④ 교육

교육은 신분의 직접적 척도가 되고 개인의 기호, 가치관, 정보처리능력에 영향을 끼친다. 교육은 비교적 측정하기가 단순하고, 직업과 소득 등과 밀접한 관계를 맺고 있다.

⑤ 직업

소비자의 직업도 상품이나 서비스 구매에 영향을 미치고 있다. 운동선수는 다른 사람들보다 운동복을 많이 구매하고 회사원들은 정장을 주로 구매할 가능성이 높다. 또한 같은 상품을 구매할 경우에도 직업에 따라 고려하는 상품의 속성이 차이를 보이기도 한다.

(4) 심리적 요인

① 욕구

욕구는 본원적 욕구(**필요**)와 구체화된 욕구(**요구**)로 나누어진다. 본원적 욕구는 '어떤 기본적인 만족이 결핍된 상태'를 말하며 필요라고도 불린다. 배가 고플 때 이를 해결하고자 음식을 찾고 추위를 피하고자 따뜻한 쉴 곳을 가지고 싶은 것 등은 필요에 해당된다.

반면에 요구 즉, 구체화된 욕구란 필요를 만족시켜 주는 수단에 대한 구체적 바램을 의미한다. 배가 고플 때 음식을 찾는 것은 필요이지만, 빵, 불고기, 비빔밥 등의 특정한 것을 먹고 싶은 것은 요구에 해당된다.

목이 마를 때 갈증을 해결하고자 마실 것을 찾게 되는 것은 필요이지만, 마실 것 중에서 보리차, 콜라, 우유 등이 먹고 싶은 것은 요구이다.

필요는 시간과 공간에 관계없이 기본적으로 존재하는 것인 반면, 요구는 문화적인 환경에 의해 영향을 받으며 소비자의 인구 통계적 특성이나 그가 속한 사회환경의 변화에 따라 함께 변해 가는 특성을 보이고 있다.

② 동기

동기(motivation)는 사람으로 하여금 행동하도록 충동시키는 데 충분한 압력을 가하는 욕구를 뜻한다. 사람이 가지고 있는 욕구에는 여러 가지가 있다.

욕구이론 중에서 대표적인 것이 **매슬로우(Maslow)의 욕구 5단계론**이다. 매슬로우는 인간에게는 다섯 종류의 욕구가 있고 이들은 서로 계층을 이루고 있다고 하였다. 생리적 욕구, 안전욕구, 사회적 욕구, 존경욕구, 자아실현욕구가 그것이다. 따라서 매슬로우에 의하면, 생리적 욕구가 결핍되어 있는 사람에게는 이를 충족시킬 수 있게 해 주면 의욕이 솟는 것이고, 존경욕구가

결핍되어 있는 경우는 또 이를 채워주면 동기가 유발된다. 그리고 또 하위 욕구가 채워지면 그 다음에는 상위욕구를 충족시켜 주어야 의욕이 솟는다.

이러한 욕구는 계층적 특성을 가지고 있어 앞 단계의 욕구가 충족되지 않으면, 다음 단계에 대한 욕구는 약하며, 앞 단계의 욕구가 충족되어야 다음 단계의 욕구가 강해진다고 하겠다.

③ 태도

태도(attitude)는 한 개인의 어떤 대상에 대한 지속적이며 일관성 있는 평가, 감정, 경향으로 정의된다. 소비자는 어떤 대상에 대한 태도의 결과 그 대상을 좋아하게 되거나 싫어하게 된다.

어떤 상품이나 상표에 대한 소비자 태도는 그 상품이나 상표에 대한 소비자의 평가를 요약한 것이라 할 수 있다. 어떤 특정 상표에 대해 호의적인 태도를 가진 소비자는 그 상표를 구매할 확률이 높을 것이다. 따라서, 마케팅관리자는 태도를 통하여 소비자의 구매행동을 예측할 수 있으며, 자사상표에 대한 소비자의 평가를 알아낼 수 있다.

④ 학습

학습(learning)이란 어떤 사람의 경험으로부터 신념이나 행동의 변화가 일어나는 것을 말한다. 다시 말해 소비자는 상품을 구매, 사용하면서 혹은 외부의 정보를 가지고 기존에 자신이 가지고 있던 신념, 태도 및 행동을 변화시키게 된다. 예를 들어, 어떤 사람이 ○○햄을 먹어본 후 매우 맛있었다고 만족하게 되면 그 사람은 ○○햄에 대한 긍정적인 태도가 강화될 것이다.

⑤ 개성

개성(personality)은 개인이 다양한 주위환경에 대하여 비교적 일관성 있고 지속적인 반응을 가져오는 심리적 특성이라 정의된다. 개성은 몇 가지 유형으로 분류될 수 있고, 특정한 개성유형이 특정 상품이나 상표 선택에 영향을 미치는 경우가 종종 있다.

예를 들어, 자기 과시하기를 좋아하는 사람이나 타인과 구별되어 인정받고 싶어하는 사람은 화장품이나 옷의 선택에 있어 품질보다는 자기의 개성을 나타낼 수 있는 외형적인 면에 치우쳐 상품을 선택할 것이다.

2 시장세분화

자기 회사가 사업이 될만한 마케팅 기회를 발견했다 해도 그 시장에 어떻게 접근할 것인가 하는 것이 문제이다. 모든 시장에 동시에 진출할 것인지, 아니면 우선 쉬운 시장부터 진출할 것인지를 결정해야 한다. 기업은 물적으로나 인적으로나 마케팅에 사용할 수 있는 자원이 제한되어 있다.

기업으로서는 제한된 자원을 잘 배분해서 투입해야 한다. 이를 위해서는 전체 시장을 몇 개의 하위 시장으로 나눌 필요가 있다. 그리고 나서, 경쟁 상대보다 더 잘 할 수 있는 세분 시장을 골라서 거기에 기업의 자원을 집중해야 한다.

갈증이 날 때, 어떤 사람은 생수를 찾고, 어떤 사람은 청량 음료를 찾고, 어떤 사람은 과일 쥬스를 찾는다. 이처럼 소비자는 개인마다 필요와 욕구(wants and needs), 취향(tastes), 선호(preferences)가 다를 수 있다.

기업은 이러한 소비자 개인별 요구를 정확히 충족시켜 주어야 한다. 서로 상이한 모든 소비자의 요구를 충족시켜 주기 위해서는 얻는 이익에 비해 너무 많은 비용이 들어갈 수 있다. 따라서, 소비자 개인의 욕구를 잘 충족시켜 주면서도, 마케팅 비용을 최소화하는 경제성을 달성하는 것이 중요한 과제이다.
소비자의 개인적 욕구를 개별적으로 충족시켜 주기 위해서는 너무 많은 비용이 들

어가고 관리하는데도 어려움이 있다. 따라서, 욕구나 선호하는 것이 비슷한 소비자들을 집단화할 필요가 있다.

유사한 고객별로 공통된 욕구와 취향을 충족시켜주게 되면, 소비자의 개인별 욕구 충족과 기업의 마케팅 비용 절약이라는 두 가지 과제를 동시에 해결할 수 있을 것이다.

이처럼 유사한 욕구와 선호를 갖는 소비자 집단을 **세분 시장**(segments)이라 하며, 이러한 방법으로 소비자 집단을 나누는 과정을 **시장 세분화**(market segmentation)이라 한다.

시장을 세분화하는 일반적인 기준은 성별, 연령, 직업 등과 같은 것이다. 이외에도 라이프 스타일이나 소비 행동의 유사성 등 여러 가지 기준이 있다. 소비자의 욕구와 선호의 동질성을 구분할 수 있는 기준이면 무엇이든지 시장 세분화의 기준이 될 수 있다.

시장을 세분화하는 이유는 마케팅 관리의 경제성 추구와 동시에, 바람직한 표적 고객 집단을 발견해서 공략 목표가 되는 소비자 집단을 선정하는데 있다.

3 표적시장 선택과 포지셔닝

3.1 표적 시장의 선정

각 기업은 자신이 가지고 있는 자원과 능력, 시장 환경의 특성 등을 고려해서, 가장 효과적으로 공략이 가능한 고객 집단을 찾아내야 한다. 경쟁자와 비교해서 더 잘 할 수 있는 강점을 최대한 발휘할 수 있으며, 시장의 매력도가 높은 세분 시장을 선택하여야 한다. **시장의 매력도**는 세분 시장의 규모, 성장률, 수익성, 경쟁 구조 등에 따라 달라진다. 광범위한 시장을 하나의 **표적 시장**(target market)으로 선정할 수도 있고, 일부분의 시장에 초점을 맞추어서 집중적인 마케팅을 할 수도 있다. 일부분을 표적으로 선정하는 경우에는, 어떤 소비자 집단을 표적으로 설정할 것인가 하는 것이 중요하다. 이것은 기업의 능력과 시장 상황을 고려해서 선택되어야 할 것이다.

표적시장 포트폴리오 구성에 유용하게 활용할 수 있는 도구로는 BCG(Boston consulting group) 매트릭스 성장–점유율 분석 모형과, GE 매트릭스 모형이 있다. 먼저, **BCG 모형**에서는 수익의 지표로서 **현금흐름(cash flow)**에 중점을 두고, 세로축에 **시장성장률**, 가로축에 상대적인 **시장점유율**이라고 하는 두 개의 변수를 고려한 2×2 매트릭스를 구성하고 있다.

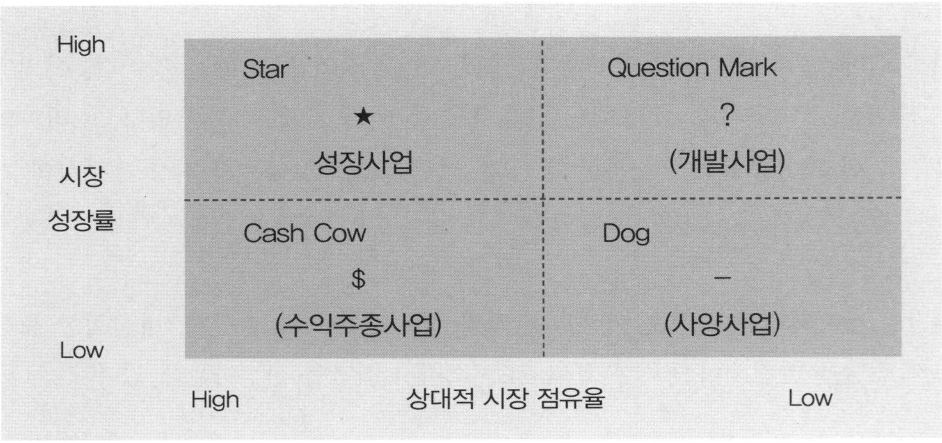

	High	Star ★ 성장사업	Question Mark ? (개발사업)
시장 성장률		Cash Cow $ (수익주종사업)	Dog − (사양사업)
	Low		
		High　　상대적 시장 점유율　　Low	

〈그림 14-2〉 BCG 모형

한편, **GE매트릭스**는 진출하는 시장의 매력도(산업 매력도)가 얼마나 높은가와 해당 시장에서 자사가 어느 정도의 경쟁우위(사업의 강점)를 가지고 있는가하는 것이 주요 변수이다.

3.2 차별화와 포지셔닝

기업이 표적 시장을 선정한 다음에는, 고객들에게 자기 상품을 어떤 의미의 상품으로 인식시킬 것인가 하는 것이 중요한 과제이다. 이제 소비자가 상품을 구매하는 기준의 비중이 변하고 있다.

오래간다, 성능이 좋다, 디자인이 좋다 하는 것은 물리적 기능이다. 반면에, 누가 입었느냐, 이것을 사용하면 남들에게 어떻게 보이느냐, 어떤 심벌이 있느냐 등과 같은 것은 비물질적인 연상들이다. 근래에는 상품의 물리적 기능보다는 상품에 대한 비물질적 연상 또는 인식이 차지하는 비중이 높아지고 있다.

마케팅에서 **포지션**(position)은 소비자가 인식한 자사 상품과 경쟁 상품에 대한 상대적 위상을 말한다. 즉, 기업이나 상품, 상표 등과 같은 마케팅 활동 대상들이 잠재 고객의 마음 속에서 그려지는 모습을 말한다. 잠재 고객들은 마케팅 대상의 중요한 속성에 따라 '그것은 이러한 것이다'라고 생각하며, 그러한 생각들이 종합적으로 모여진 것이 결국 포지션이다.

한편, **포지셔닝**(positioning)이란 마케팅 목표를 효과적으로 달성하기 위해서 바람직한 목표 포지션을 결정하는 일 즉, 잠재 고객의 머리 속에 자리 매김을 하는 것을 의미한다.

따라서, 자동차 회사의 마케팅 책임자라면 외국 시장에서 한국차 하면 소비자들에게 무엇이 가장 먼저 연상되도록 할 것인가 하는 것을 결정해야 한다.

일단 바람직한 목표 포지션이 선정되고 나면, 그러한 포지션에 해당하는 이미지가 고객들의 머리 속에 형성되도록 해야 한다. 이를 위해서 마케팅 책임자는 상품, 가격, 유통, 촉진 등과 같은 마케팅 믹스에 포함되는 여러 요소들을 효과적으로 결합해야 한다.

이러한 포지셔닝은 표적 시장에서 고객에게 자사의 상품이 경쟁 상품보다 상대적으로 매력적인 것으로 인식되도록 할 목적으로 행해진다. 즉, 포지셔닝은 자사의 상품에 대해 경쟁자의 상품과 차별화 된 위상을 구축하기 위한 것이다. 이렇게 차별화 된 위상은 상품에 대한 소비자의 생각, 느낌, 태도, 이미지 등이 혼합되어서 만들어진다.

고객이 이상적으로 생각하는 포지션에 자사 상품이 자리잡도록 해야 한다. 이를 위해서는 그것과 일치하는 상품 특성, 가격, 유통, 촉진 활동 등을 체계적으로 전개해야 한다.

따라서, 포지셔닝이 제대로 이루어지기 위해서는 우선 경쟁 상품에 비해 차별적인 우위가 있어야 하며, 그것은 고객들이 이상적으로 생각하는 상품 특성에 근거해야 한다.

포지셔닝 전략은 포지셔닝 분석을 전제로 하는데 다음과 같은 절차에 따라 수행한다.

① 자신과 경쟁자들의 포지션을 평가하여 경쟁 구조를 파악한다.
② 잠재고객들이 원하는 것이 무엇인지를 분석하여, 자기 회사의 상품에 어떤 특성을 강화하면 그들이 원하는 것을 잘 충족시켜줄 수 있을지를 찾아낸다.
③ 잠재 고객들이 원하는 것과 경쟁자들의 상대적 위치를 고려하면서, 마케팅 목표를 효과적으로 달성하는데 바람직한 목표 포지션을 선정한다.
④ 목표 포지션을 소비자들에게 효과적으로 알리기 위한 활동을 설계한다.

4 마케팅 믹스

다음 단계는 마케팅 믹스를 결정하는 것이다. 아무리 매력적인 상품이 개발되었다 해도 그 정보가 고객에게 정확하게 전달되지 않으면 판매할 기회를 얻을 수 없다. 정보가 전달되었다 해도, 고객이 어디에서 그 상품을 구입할 수 있는지를 알 수 없다면 역시 판매 기회는 돌아오지 않을 것이다.

나아가, 고객이 상품에 대한 정보를 듣고, 상품을 찾아냈다 해도, 그 가격이 고객의 기대와 차이가 크면, 고객은 그 상품을 사지 않을 수도 있다.

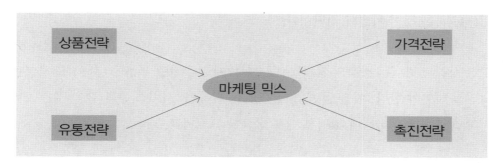

〈그림 14-3〉 마케팅 믹스의 구성 요소

마케팅 믹스(marketing mix)는 표적 시장의 욕구와 선호를 효과적으로 충족시켜 주기 위해서 기업이 제공하는 마케팅 수단들을 말한다. 상품을 보다 많이 팔기 위해서 마케팅에서는 보통 4가지 요소를 조합해서 전략을 세운다.

이것은 **상품전략**(product), **가격전략**(price), **유통전략**(place) 및 **촉진전략** (promotion)이며, 간단히 4P라고도 한다. 이들 네 가지 수단은 사전에 설정된 포지션에 부합되도록 일관성 있게 조정되고 통합된다는 의미에서 **믹스**(mix)라고 한다.

기업의 관점에서 4P가 상품(product), 가격(price), 유통(place), 촉진(promotion)이라면, 이에 대응하는 고객 관점에서 4C는 고객가치(customer value), 비용(cost), 편리성(convenience), 의사소통(communication)이라고 할 수 있다.

4P의 첫 번째인 상품전략은 소비자의 욕구에 맞는 상품을 개발해서 만드는 것이다. 많이 팔리는 상품이 되기 위해서는 고객의 욕구를 충족시킬 수 있어야 한다. 이 때문에 상품 전략에서는 소비자 욕구를 정확하게 파악하는 것이 매우 중요한 과제이다.

또한 고객이 수많은 유사한 상품 중에서 자사의 상품을 선택하도록 해야 한다. 이를 위해서는 자기 기업의 상품이 다른 기업의 상품에 비해 우수해야 한다. 이와 같이 고객이 자사의 상품에 대해 경쟁 상품에 비해 높은 가치가 있다고 인정할 수 있도록 하는 것이 **차별화 전략**이다.

또한 상품 전략에는 상품의 본질적 기능 이외에 부수적인 부분에 대해서도 충분한 고려를 하여야 한다. 예를 들면, 포장, 상표, 디자인, 서비스 등과 같은 것은 소비자가 상품을 선택하는데 있어서 매우 중요한 요소이다.

다음에 **가격전략**이란 상품의 가격을 얼마로 결정할 것인가 하는 것이다. 가격을 결정하는 방법은 여러 가지가 있다. 첫 번째 방법은, 생산자 입장에서, 상품을 생산하는데 들어간 비용(원가)에다 영업비와 이익을 가산해서 가격을 결정하는 방법이다.

다른 방법은, 소비자가 이 상품에 대해 얼마까지를 지불할 수 있을 것인가를 고려해서 가격을 설정하는 것이다. 이 밖에도 가격은 경쟁 상품의 가격이나 경기 동향 등에도 영향을 받는다.

유통전략에서 중요한 것은 상품을 어떻게 유통시킬 것인가를 계획하고, 그에 적합한 유통 경로를 선택하는 것이다. **유통경로**란 생산자에게서 소비자에게 이르기까지 상품이 움직이는 경로를 말한다. 일반적으로 생산자 → 도매상 → 소매상 → 소비자의 단계를 거친다.

유통 계획을 잘못 세우면 수요가 없는 곳에 상품이 많이 운반되는 반면에, 수요가 많은 곳에서는 상품이 부족하게 되는 현상이 발생할 수도 있다. 따라서, 상품의 특성에 적합한 유통 경로가 무엇인가를 심사숙고해서 유통 경로를 결정해야 한다.

촉진전략은 소비자가 상품을 사고 싶은 마음이 들도록 만들어서, 실제의 구매로 이어지도록 하는 것이다. 신문이나 TV광고를 어떻게 할 것인가, 세일즈맨과 같은 인적 자원은 어떻게 활용할 것인가 등을 결정하는 것이다.

5 집중적 마케팅과 차별적 마케팅 전략

집중적 마케팅전략은 단일 세분시장전략이라고도 한다. 이는 기업의 특별한 목적에 따라 또는 자원의 제약으로 인해 전체 시장을 대상으로 마케팅 활동을 하는 것이 어려운 경우에, 세분화된 소수의 세분시장만을 목표시장으로 선정해서 기업의 마케팅 노력을 집중하는 전략이다. 대규모 시장에서 낮은 시장점유를 얻기보다는 선택한 소수의 세분시장에서 보다 높은 시장점유를 추구해 강력한 시장 지위를 확보하려는 전략이라고 할 수 있다. 이것은 기업의 힘을 집중하여 세분시장에 집중함으로써 시장 요구를 정확히 파악할 수 있고, 또 생산, 유통, 촉진에서도 전문화에 의해 운영비의 절약을 기할 수 있는 이점도 있다. 따라서 세분시장을 잘 선정하면 기업은 투자에 비해 높은 이익을 얻을 수가 있는 반면에, 선정된 목표 시장이 부적절한 것으로 밝혀질 경우 많은 마케팅 자원의 손실이 초래되는 위험이 따를 수도 있다. 또한 고객의 구매 선호가 갑자기 변하거나 대기업이 동일한 세분시장에 참여할 경우에도 마찬가지의 위험이 발생할 수 있다.

한편, **차별적 마케팅전략**은 복수 세분시장전략이라고도 한다. 이는 전체 시장을 여러 개의 세분시장으로 나누고, 세분화된 시장 모두를 목표시장으로 삼아 각기 다른 세분시장의 상이한 요구에 부응할 수 있는 마케팅믹스를 개발해서 적용함으로써 기업의 마케팅 목표를 달성하고자 하는 전략이다. 이 전략은 특성상 상당히 고객 지향적인 전략이라고 볼 수 있다. 이러한 마케팅전략을 구사하는 기업은 대부분 해당 업계를 선도하고 있는 기업으로, 차별화 전략의 가장 큰 목적은 제품 및 서비스 마케팅 활동에서 다양성을 제시함으로써 각각의 세분시장에 있어 지위를 강화하고, 제품 및 서비스에 대한 반복 구매를 유도하는데 있다.

○ 소비자가 상품을 구매하는 바탕에는 욕구(want)가 존재한다.

○ 마케팅에서 저관여라고 하는 것은 구매행동을 함에 있어서 깊이 고려하지 않고 경험이나 습관에 의해서 쉽게 결정하는 것을 말한다.

○ 저관여 구매행동은 상품의 특성에 따라 습관적 구매행동과 다양성 추구 구매행동으로 나누어 볼 수 있다.

○ 소비자는 상품 구매 시 그의 의사결정이 중요하거나 관심이 클 경우 신중하게 의사결정을 하게 된다. 이처럼 소비자가 어떤 상품의 구매에 있어서 높은 관심을 기울이는 것을 고관여 구매행동이라 한다.

○ 고관여 구매행동의 경우 소비자는 먼저 상품에 대한 지식을 근거로 하여 그 상품에 대해 주관적인 신념(belief)을 가지게 된다. 그 다음으로 그 상품을 좋아하거나 싫어하게 되는 태도(attitude)를 형성한다. 마지막으로 가장 합리적인 구매대안을 선택(choice)하는 과정을 거치게 된다.

○ 고관여 상품의 경우 다음과 같은 5단계의 구매의사결정과정을 거치게 된다.

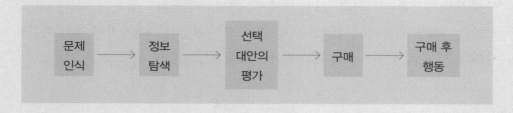

○ 소비자의 정보처리 과정은 노출, 주의, 이해(지각), 반응, 저장 및 기억 등으로 이루어진다.

○ 소비자의 구매 선택에 영향을 미치는 요인들은 크게 문화적 요인, 사회적 요인, 인구통계적 요인, 심리적 요인 등으로 구분해 볼 수 있다.

○ 사람들이 여러 시대를 거치는 동안에 남겨놓은 사회적인 유산을 문화라 한다. 문화는 사회적이며 공유되기 때문에 욕구충족의 기준이 되고 행동 규범이 된다.

○ 준거집단은 개인행동에 직접, 간접적으로 영향을 미치는 개인이나 집단을 말한다. 여기에는 학교동료나 직장동료, 종교집단, 스포츠동호회나 동아리 등 여러 가지 형태가 있다.

○ 동일한 사회적 지위나 직업을 가진 사람이라 하더라도 그들의 라이프 스타일은 상당히 다를 수 있다. 라이프 스타일을 구성하고 있는 활동(A: activity)과 관심(I: interest), 의견(O: opinion) 등은 소비자의 구매행동과 밀접하게 관련되어 있다.

○ 연령 뿐 아니라 결혼 여부나 자녀의 유무, 결혼 경과 년수 등 생애주기(life cycle)도 상품이나 서비스의 구매행동에 영향을 미치고 있다.

○ 욕구는 본원적 욕구(필요)와 구체화된 욕구(요구)로 나누어진다. 본원적 욕구는 '어떤 기본적인 만족이 결핍된 상태'를 말하며 필요라고도 불린다. 반면에 요구 즉, 구체화된 욕구란 필요를 만족시켜 주는 수단에 대한 구체적 바램을 의미한다.

○ 동기(motivation)는 사람으로 하여금 행동하도록 충동시키는 데 충분한 압력을 가하는 욕구를 뜻한다. 사람이 가지고 있는 욕구에는 여러 가지가 있다.

○ 태도(attitude)는 한 개인이 어떤 대상에 대한 지속적이며 일관성 있는 평가, 감정, 경향으로 정의된다. 소비자는 어떤 대상에 대한 태도의 결과 그 대상을 좋아하게 되거나 싫어하게 된다.

○ 학습(learning)이란 어떤 사람의 경험으로부터 신념이나 행동의 변화가 일어나는 것을 말한다.

○ 개성(personality)은 개인이 다양한 주위환경에 대하여 비교적 일관성 있고 지속적인 반응을 가져오는 심리적 특성이라 정의된다.

○ 유사한 욕구와 선호를 갖는 소비자 집단을 세분 시장(segments)이라 하며, 이러한 방법으로 소비자 집단을 나누는 과정을 시장 세분화(market segmentation)이라 한다.

○ 시장의 매력도는 세분 시장의 규모, 성장률, 수익성, 경쟁 구조 등에 따라 달라진다. 광범위한 시장을 하나의 표적 시장(target market)으로 선정할 수도 있고, 일부분의 시장에 초점을 맞추어서 집중적인 마케팅을 할 수도 있다.

○ BDG 모형에서는 수익의 지료로서 현금흐름(cash flow)에 중점을 두고, 세로축에 시장성장률, 가로축에 상대적인 시장점유율이라고 하는 두 개의 변수를 고려한 2×2 매트릭스를 구성하고 있다.

○ GE매트릭스는 진출하는 시장의 매력도(산업 매력도)가 얼마나 높은가와 해당 시장에서 자사가 어느 정도의 경쟁우위(사업의 강점)를 가지고 있는가하는 것이 주요 변수이다.

○ 마케팅에서 포지션(position)은 소비자가 인식한 자사 상품과 경쟁 상품에 대한 상대적 위상을 말한다. 포지셔닝(positioning)이란 마케팅 목표를 효과적으로 달성하기 위해서 바람직한 목표 포지션을 결정하는 일 즉, 잠재 고객의 머리 속에 자리 매김을 하는 것을 의미한다.

○ 마케팅 믹스(marketing mix)는 표적 시장의 욕구와 선호를 효과적으로 충족시켜주기 위해서 기업이 제공하는 마케팅 수단들을 말한다. 이것은 상품 전략(product), 가격 전략(price), 유통 전략(place) 및 판매 촉진 전략(promotion)이며, 간단히 4P라고도 한다.

○ 고객이 자사의 상품에 대해 경쟁 상품에 비해 높은 가치가 있다고 인정할 수 있도록 하는 것이 차별화 전략이다.

○ 집중적 마케팅전략은 단일 세분시장전략이라고도 하는데, 이는 기업의 특별한 목적에 따라 또는 자원의 제약으로 인해 전체 시장을 대상으로 마케팅 활동을 하는 것이 어려운 경우에, 세분화된 소수의 세분시장만을 목표시장으로 선정해서 기업의 마케팅 노력을 집중하는 전략이다.

○ 차별적 마케팅전략은 복수 세분시장전략이라고도 하는데, 이는 전체 시장을 여러 개의 세분시장으로 나누고, 세분화된 시장 모두를 목표시장으로 삼아 각기 다른 세분시장의 상이한 요구에 부응할 수 있는 마케팅믹스를 개발해서 적용함으로써 기업의 마케팅 목표를 달성하고자 하는 전략이다.

제15장 상품 관리

1 상품과 품질

1.1 상품의 개념

우리들의 생활에 직접, 간접으로 필요한 물자로서 현대 경제 사회의 시장에서 교환을 목적으로 생산되고, 그 생산된 재화가 유통 기관을 통하여 최종 소비자의 손에 들어갈 때까지의 과정에 있는 모든 유형·무형의 재화를 **상품**이라 한다.

지구상에서 생산, 유통 및 소비되고 있는 상품의 종류는 셀 수 없을 정도로 다양하다. 앞으로 과학 기술의 진보, 문화의 발전, 생활 양식의 변화, 유행의 변천 등에 따라 상품의 종류는 한층 더 증가할 것이다. 이처럼 끝없이 증가하는 상품을 총체적으로 정리하고 분류하는 것은 학문적 목적에서는 물론 실용적 목적에서도 매우 필요하다.

상품 분류의 주요 유형에는 ① 상품의 가공 정도에 의한 구분, ② 상품의 사용 목적에 의한 구분, ③ 상품의 구매 목적에 의한 구분 등과 같은 것이 있다.

이 중에서도 상품의 사용 목적에 의한 구분은 식료 상품(식품), 의료 상품, 주거용 상품으로 구분하는 방식을 말한다. 이것은 전통적인 분류 방식의 하나인데, 그 이유는 의, 식, 주라고 하는 상품군이 우리 생활에 있어서 가장 기초가 되는 것이기 때문이다.

식료 상품(식품)이란 사람에게 영양을 제공하여 주는 음식물을 총칭하며, 의료 상품은 섬유를 원료 또는 재료로 하여 만든 모든 상품군을 의미한다. 주거용 상품은

식료 상품이나 의료 상품과 아울러 인간 생활의 필수품의 하나로서 보통 건축이나 토목에 필요한 재료와 그에 따르는 부속 재료가 그 중심이 되고 있다.

일반적으로 **식품**이란 **영양소**를 한 가지 이상 함유하고 유해한 물질을 함유하지 않은 천연물 또는 가공품을 말한다. 그러나 좁은 의미에서는 어느 정도의 가공 공정을 거쳐 직접 먹을 수 있는 상태가 된 것을 식품이라 하고, 이에 비하여 직접 섭취할 수 없는 상태의 것을 식품 재료 또는 식료품이라 한다. 예를 들면 쌀, 배추는 식료품이고 밥이나 김치는 식품이라 할 수 있으며, 우유, 과일 등은 식료품인 동시에 식품이라 할 수 있다.

1.2 농산물의 상품적 특성
농산물은 공산품과는 달리 다음과 같은 특성이 있다.

가. 부피와 중량성
식품은 그 가치에 비하여 부피가 크고 무겁다. 이와 같은 특성 때문에 운반과 보관이 곤란하며, 유통 비용이 많이 든다.

나. 계절성
식품의 원료가 되는 대부분의 농산물은 그 수확기가 일정하기 때문에 판매, 보관, 운송 또는 금융상 계절성을 가진다.

생산이 계절적이기 때문에 수확 및 시장 출하도 계절성을 가지게 된다. 따라서, 수확기에는 홍수 출하가 이루어져 가격이 하락하고, 반대로 비수확기에는 가격이 상승하게 된다.

다. 부패성
식품은 대부분 수분이 많은 관계로 저장성이 낮고 부패되거나 손상되기 쉽다. 따라서, 저장 및 수송 중에도 부패 방지를 위한 특수 시설이 필요하다. 근래에는 전처리, 저장, 포장 및 수송 방법 등이 개선됨에 따라 비교적 먼 거리나 계절에 관계없이 시장 공급이 가능해지고 있지만, 이와 같은 방법을 이용하는 경우에는 추가적인 비용이 들게 된다. 특히, 대부분의 식품이 신선도를 요구하기 때문에 유통에 많은 제한을 받게 된다.

라. 질과 양의 불균일성

식품은 같은 종류라 하더라도 품질과 크기가 같지 않은 경우가 많다. 품질이나 크기가 균일하지 않기 때문에 표준화나 등급화가 어렵다.

마. 용도의 다양성

식품은 용도가 다양할 뿐만 아니라 대체 이용이 가능한 품목이 많다. 상황에 따라 용도가 변경되고 대체성이 크기 때문에 각 품목의 거래량이나 시장 가격을 예측하기가 어렵다.

바. 수요와 공급의 비탄력성

식품은 수요와 공급이 비탄력적인 특징이 있다. 일반적인 상품은 소득이 증가하면 수요와 공급이 증가하고 소득이 감소하면 수요와 공급이 감소한다. 즉, 수요와 공급이 탄력적이다. 그러나 식품은 소득 수준에 따라 다르기는 하나, 그 반대의 경우도 많다.

소득 수준이 낮은 사회에서는 소득이 증가하면 식품의 수요도 증가하나, 소득 수준이 높은 사회에서는 반대의 현상이 나타나 일부 식품의 수요는 감소한다.

일반적으로 소득 수준이 증가하면 수요의 증가율은 소득 증가율보다 완만하게 증가하고, 어느 단계에 도달하면 오히려 수요가 감소하게 된다. 이러한 현상을 소득에 대한 수요의 비탄력성이라고 한다.

1.3 품질의 정의와 이원성

가. 품질의 정의

상품은 언젠가는 소비 내지 사용되기 마련이다. 소비나 사용 시에 여러 가지 의미로 기여할 수 있는 능력의 크고 작음은 품질에 의해 결정된다. 따라서 품질의 좋고 나쁨이 상품화 가능 여부의 결정적인 요소가 된다.

한편, 소비자는 자기의 욕구를 충족시키고, 사용 목적을 달성하기 위해 상품을 구매한다고 할 수 있으나, 실제로는 상품 그 자체의 획득보다는 상품이 지니는 적절한 품질의 실현에 의한 편익이나 쾌적성을 구매하고 있는 것이다.

원래 **품질**의 어원은 라틴어의 'qualitas'에서 유래한 것으로, 어떤 물질을 구성하고 있는 기본적 내용, 속성, 종류, 정도 등을 의미한다. 따라서 "물품 자체가 지니는 원래의 성질, 특성, 개성"의 뜻으로 해석되는 것이 품질의 원래 의미였다.

품질이라는 개념에는 처음부터 '물품의 자연적 **속성**'이라는 의미가 짙게 포함되어 있으며, 사용 목적에 결합시켰을 경우 당해 물품의 유용한 자연적 속성, 즉 물리적 내지 화학적 성질에 따른 실질적 성능이나 기능을 의미하는 것이었다. 오늘날엔 품질의 의미를 보다 넓은 의미로 해석하는 것이 일반적이다.

시장에서 유통되며 소비에 유익한 상품으로서의 품질이란 내구성이나 고유 기능과 같은 단순한 자연적 속성이나 실질적 유용성뿐만 아니라, 외관이나 색감, 또는 상표나 포장과 같은 후천적인 속성도 포함되는 개념이어야 하는 것이다.

여러 상품 중에서도 특히 식품의 경우, 그것의 성질과 바탕을 이루는 것은 모양, 색택, 성분 특성, 저장성, 상품성 등 여러 가지이며, 이들은 외관적 특성, 소비적 특성, 가공적 특성, 유통적 특성 등으로 구별할 수 있다.

나. 품질의 이원성

품질은 이원적 관념요소를 지닌 개념이라 할 수 있으나 그 통속적인 호칭은 매우 다양하다. 결국 '품질의 이원성'이란 광·협이라는 두 가지의 개념이라 할 수 있다.

협의의 개념으로서 품질을 나타내는 대표적인 표현은 1차적 품질(primary), 자연적 품질(natural), 기본적 품질(fundamental), 실용적 품질(practical) 등이 일반적이다. 협의의 품질은 사회통념상의 일반적 품질개념으로서, 상품의 사용에 있어 직접적으로 유용한 실제적 효용이나 실용적 성능이 그 주체가 되고 있다.

협의의 품질에 반해 광의의 품질을 구성하는 요소는 전혀 다르다. 광의의 품질을 나타내는 대표적인 표현은 2차적 품질(secondary), 사회적 품질(social), 부가적 품질(additional), 장식적 품질(decorative) 등이 일반적이다. 광의의 품질개념은 그 폭이 상당히 넓다.

협의의 품질이 주로 자연적 속성을 그 근본으로 하고 있는 데에 비해 광의의 품질은 사회적, 시장적 내지 심리적 조건이 반영된 것이다. 따라서 상품은 광의의 품질형성에 의해 비로소 '상업의 객체'로서 존재가치를 인정받을 수 있다.

1.4 품질관리와 상품감정

가. 품질관리의 의의

과학적 원리를 응용하여 제품 품질을 유지 또는 향상시키기 위한 관리를 의미한다. 넓은 뜻으로는 가장 시장성이 높은 제품을 가장 경제적으로 생산하기 위한 일련의 체계적 조치를 가리키나, 일반적으로는 앞의 좁은 뜻의 해석이 통용된다.

품질 표준의 설정에서 기본적으로 중요한 것은, 품질의 최종 판정 자는 소비자이므로 품질 표준에 소비자의 동향을 반영하는 일이다.

식품은 위생적으로 안전해야 한다. 만일 식품이 안전하지 못하면 식품이라 할 수 없다. 이를테면 신선한 농산물은 식품이지만 썩어서 식용할 수 없을 때는 이미 식품이 아니다. 또 화학 합성품은 원칙적으로 독성이 있어 어느 나라에서나 식용으로 해도 좋은 것은 특별히 사용 기준을 정하고 일정한 범위 내에서 허가한다. 한국에서는 식품의 안전성을 규제하기 위하여 식품 위생법과 그 세부 기준인 식품 공전이 시행되고 있다.

소비자의 다양한 욕구를 충족시키기 위해 가공 식품의 종류와 수가 급격하게 증가하고 있다. 또, 식품 가공의 기술이 발달함에 따라 식품의 형태는 비슷하지만 내용이 상식적으로 생각하는 재료와는 다른 것으로 만들어지는 경우가 많다. 이러한 것을 부정 식품이라 하며, 영양 가치 또는 위생적으로 문제되는 경우가 많다. 따라서 식품의 규격을 정하여 내용을 임의로 바꾸지 못하도록 하고 있다. 즉, 가공 식품에서는 식품 위생 법규에 의해 사용 재료를 명시하거나, 필요한 경우 제조 연월일, 유통 기한을 명시하도록 규제하고 있다.

나. 품질관리를 위한 상품감정

상품의 품질을 검사하여 상품의 가치를 평가하고, 상품의 진위와 종류를 알아내며, 또한 품위나 등급을 결정하고 표시하는 수단을 상품 감정이라 한다. 이는 상품 감식, 상품 분석 또는 상품 시험이라고도 한다.

상품 감정의 대상은 상품이 지닌 형태적, 물리적 요소와 실질적, 화학적 요소들이다. 상품 감정은 상품의 생산, 유통, 소비의 전 과정을 통하여 상품 연구와 응용에 있어서 중요한 부분을 가리킨다. 상품 감정에는 다음과 같은 방법들이 흔히 쓰인다.

(1) 상용 감정법

이것은 오랜 세월의 취급 경험에서 체득한 숙련에 의해서 감별하는 것으로 경험적 감정법, 감각적 감정법이라고도 한다.

이 방법의 장점은 진위, 우열을 빠르고 정확하게 판단할 수 있으나, 단점으로는 다년간의 경험과 숙련이 있어야 하고, 주관성이 들어가기 쉬우며 과학적 방법이 아니기 때문에 정밀성이 부족하기 쉽다. 이러한 감정방법에는 육안 감정법, 촉감 감정법, 음향 감정법, 후미 감정법, 사용 감정법 등이 있다.

(2) 과학적 감정법

이 방법은 기계 또는 기구를 사용하거나 과학적 방법에 의하여 학리와 법칙을 응용하고, 기술을 가지고 상품의 본질과 품위를 감정하는 방법이다. 기계적 감정법 또는 이화학적 감정법이라고도 한다.

장점으로는 감정 결과가 정밀, 정확하고 객관적이어서 신뢰할 수 있다는 것이다. 단점으로는 특별한 설비나 자재가 필요하고, 복잡한 조작 과정을 거쳐야 하며, 비용이 많이 든다는 것이다.

① 물리적 감정법 – 이 방법에는 ① 현미경 감정법으로서, 상품의 표면이나 내부 조직의 상태 및 성질 등을 현미경을 사용하여 확대, 관찰하여 좋고 나쁨을 식별하는 방법과, ② 물리성 감정법으로서, 상품이 지닌 물리적 성질을 특정한 기계나 기구, 장치 등을 이용하여 시험하고, 그 결과를 가려서 좋고 나쁨을 구별하는 방법으로 대별된다. 상품의 물리성으로 중요한 것을 들면 색상, 광채, 비중, 경도, 항장도와 신장도, 용융점, 응고점, 점도, 발열량, 섬도 등이 있다.

② 화학적 감정법 – 이 방법의 하나인 ① 정성 분석법은 시료 중의 성분 물질의 종류를 검출, 조사하는 것으로, 시약을 첨가하여 화학적 반응을 보는 방법, 용해성의 유무와 다소를 알아보는 방법, 연소 시험으로 타는 상태나 가스의 리트머스 반응, 냄새, 회분의 유무와 상태 등을 감정하는 방법 등이 있다.
　그리고 ② 정량 분석법은 시료 중의 성분 물질의 함량을 조사하는 방법이며, 원소 분석법은 어떤 물질이 가지고 있는 성분량을 측정하여 그 차이로 상품의 좋고 나쁨을 가리며, 회분 검사법은 각종 유기성 상품 중에 포함되어 있는 불연성

의 무기물인 회분량을 검출하여 가공 적부와 불순물의 다소로 그 상품의 양부를 식별한다.

(3) 감정 대상

① 가짜 – 진품과는 전혀 다른 성분 또는 원재료를 사용한 열악한 상품이면서도 마치 진품인양 일정 명칭을 사칭한 상품을 말한다.

② 복제품 – 이는 유명한 그림이나 조각 등 진품은 단 하나밖에 없는 귀중한 예술품 또는 법적으로 재산권이 보호되는 상품과 같은 경우에, 똑같이 본을 따서 만든 가짜품을 말한다.

③ 모조품 – 이는 진품을 본 따 만든 것이지만, 그 외관이나 모양이 떨어지며 재료값이 싼 것이기 때문에 진품과 다르다는 것이 쉽게 판별될 수 있는 경우에 적합한 표현이다.

④ 대체품 – 성분상의 실제 내용은 다르지만, 상품의 성질이 비슷하기 때문에 어떤 상품의 대용으로 사용되는 것을 말한다. 처음에는 대용품으로서만 기능을 하였으나, 점차 대용품의 품질이 향상됨에 따라 경쟁 상품으로서의 위치를 확립해 가고 있는 것도 많다.

⑤ 인조품 – 종래 천연 상품으로서만 존재하고 있던 것을 과학 기술의 진보에 따라 인공적으로 생산하게 된 것을 말한다. 이와 유사한 용어로 합성품이라는 것이 있는데, 이는 고분자 화학이나 합성 화학의 발전에 의해서 만들어진 것들을 지칭한다.

2 상품수명주기와 신상품 개발

2.1 상품 전략의 기초

가. 상품 전략의 방향

마케팅 믹스 전략 중에서도 상품 전략은 유통 관리상 매우 중요하다. 대체로 상품 전략이 정해진 후에 이에 적합한 유통 경로가 설계되기 때문이다. 유통 경로 설계를 위해서는 우선 시장을 세분화해야 한다.

시장을 세분화한 다음에는 표적 시장을 선정해야 한다. 이 때, 표적 시장은 성장성, 수익성 및 경쟁 정도 등의 측면에서 매력적이어야 한다. 동시에, 자기 기업이 가지고 있는 마케팅 자원 능력에 적합한 세분 시장이어야 한다.

표적 시장에서 고객들이 가장 이상적으로 생각하는 상품의 포지션이 무엇인가를 알아내야 한다. 그리고 나서는, 해당 포지션에 정확하게 자리잡을 수 있는 상품을 기획하여야 한다. 상품은 소비자가 자신의 욕구 충족을 위해서 구매, 소유, 사용하는 것이다.

다음에는, 특정 상품이 이러한 소비자의 욕구를 제대로 충족시켜주기 위해서 갖추어야 할 속성을 결정해야 한다. 이를 위해서는 상품이 충족시켜 주고자 하는 소비자의 욕구와 효용에 대한 조사가 이루어져야 한다. 이를 바탕으로 상품 특성과 그러한 상품 특성을 나타내 보여줄 수 있는 상표, 디자인 등과 같은 관련 요소를 결정해야 한다.

나. 상품의 개념

일반적으로 사람들은 상품이라고 하면 자동차나 라면 같은 것을 연상한다. 즉, 물리적인 형태를 갖추고 있어서 눈으로 보고, 손으로 만져 볼 수 있는 것을 먼저 생각한다.

그러나, 마케팅에서는 물리적인 형태를 가지고 있지 않더라도 소비자의 필요와 욕구를 충족 시켜줄 수 있는 능력이 있으면, 무엇이든지 **상품**이 될 수 있다.

따라서, 유형의 재화는 물론이고, 서비스, 장소, 사람, 아이디어 등과 같이 소비자의 결핍된 욕구를 만족시켜 줄 수 있는 것이면 무엇이든지 상품이 될 수 있다.

상품 중에서 물리적 실체를 가지고 있는 것을 재화(goods), 또는 **유형재**(tangible product)라고도 한다. 이에 비해 물리적 속성을 가지고 있지 않은 상품을 서비스(service), 또는 **무형재**(intangible product)라 한다. 그러나, 대부분의 상품은 물리적 속성과 서비스가 결합된 형태를 가지고 있는 것이 보통이다.

예를 들어, 자동차를 구매한다고 하는 것은 단지 물리적 속성을 지닌 재화만 구매하는 것이 아니다. 여기에는 보증, 배달, 애프터 서비스, 할부 금융 등 다양한 서비스가 동시에 제공된다.

물론, 금융, 보험, 의료 서비스 등과 같이 물리적 속성을 갖는 상품의 제공 없이, 순수한 서비스만 판매되는 경우도 있다.

소비자는 자신의 욕구 충족을 위한 수단으로 상품을 구입한다. 물리적 속성 자체를 구매한다기보다는 상품이라는 수단을 통해서 그것이 제공하는 효용이나 가치를 얻고자 하는 것이다.

음료수는 그것을 가지고 있기 위해서 구입하는 것이 아니다. 음료수를 마심으로써, 갈증 해소라고 하는 효용을 얻기 위한 것이다. 화장품을 사는 것은 예쁜 병에 담겨있는 화학 물질을 구매하려는 것이 아니다. '아름답게 보이고 싶다'라는 희망을 구매하는 것이다. 즉, 상품의 소유나 사용을 통해서 궁극적으로 얻고자 하는 효용이나 가치를 사는 것이다.

따라서, 기업은 상품을 물리적 속성의 집합이라는 차원에서 기획할 것이 아니라, 소비자의 관점에서 상품을 효용의 집합체로 보고 상품 기획을 하여야 한다.

다. 상품의 구분

상품은 소비자의 욕구 충족을 위한 효용의 집합체라고 할 수 있다. 따라서, 상품에 관련된 요소들은 소비자의 욕구와 효용을 충실하게 반영해서 결정되어야 한다. 상품은 다양한 속성들로 구성되어 있다.

이러한 속성들은 소비자가 상품을 소유하거나 사용함으로서 얻고자 하는 효용을 효과적으로 충족시켜줄 수 있어야 한다. 그리고, 상품이 지닌 효용을 소비자가 쉽게 알아볼 수 있도록 만들어져야 한다.

이러한 관점에서, 일반적으로 상품은 핵심 상품, 실체 상품 및 확장 상품과 같이 세 가지 수준으로 구분할 수 있다.

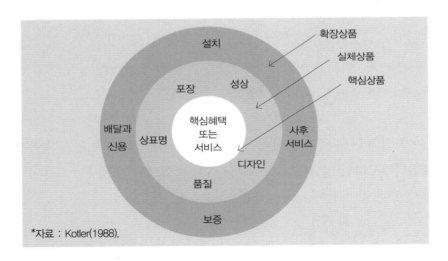

〈그림 15-1〉 상품의 구성 차원

(1) 핵심 상품

이것은 가장 기초적인 수준의 상품을 말한다. 즉, 소비자가 상품을 소비함으로서 얻을 수 있는 핵심적인 효용을 **핵심 상품(core product)**이라고 한다.

예를 들면, 음료수의 경우 갈증 해소나 기분 전환이 여기에 해당한다. 상품이 제공하는 핵심 효용이 소비자가 추구하는 욕구에 적합하지 않으면 상품으로서 의미를 상실한다. 핵심 효용이 무엇인가에 따라 상품의 종류도 달라지고, 경쟁 상품도 달라진다.

자동차를 사는 목적이 편리한 장소 이동인지, 아니면 사회적 신분을 나타내기 위한 것인지에 따라 상품의 성격이 달라진다. 또, 채소를 사는 목적이 식사용 반찬을 만들기 위한 것인지, 아니면 건강을 위한 식이 요법을 위한 것인지에 따라 상품의 성격이 달라진다.

쌀도 배고픔을 해결하기 위한 것이냐, 아니면 여러 가지 건강을 위한 기능성에 중점을 두느냐에 따라 상품의 성격이 달라진다. 요즈음 다양한 종류의 기능성 쌀이 시장에 나오고 있다. 이는 전통적인 의미에서의 쌀의 핵심 효용을 다시 정의한 결과라고 할 수 있다.

즉, 쌀의 핵심 효용을 '건강을 위한 다양한 영양소 공급'이라고 다시 정의한 결과에 따라 새롭게 기획된 상품이라고 할 수 있다. 따라서, 상품을 기획할 때 먼저 해야할 일은 자기 상품이 제공해야 할 핵심 효용을 무엇으로 할 것인가를 명확히 하는 것이다.

(2) 실체 상품

상품의 핵심적인 편익이 눈으로 보고, 손으로 만져 볼 수 있도록 구체적으로 드러난 물리적인 속성 차원에서의 상품을 **실체 상품**(actual product)이라고 한다. 실체 상품은 소비자가 실제로 느낄 수 있는 수준의 상품이다.

흔히 상품이라고 하면 이러한 차원의 상품을 말한다. 즉, 핵심 상품에 품질과 특성, 상표, 디자인, 포장, 라벨 등의 요소가 부가되어 물리적인 형태를 가진 상품을 말한다.

예를 들어서, 일반적으로 화장품의 핵심 효용은 '아름다워지는 것'에 대한 희망이다. 그러면, 이에 맞게 화장품의 상표나, 디자인, 품질, 포장, 라벨 등이 만들어져야 한다. 그렇게 해서, 이와 같은 요소들은 상품이 제공하는 핵심 효용을 소비자가 실제로 느낄 수 있게 해준다.

대부분의 농산물의 경우에는 상품간에 차별화가 쉽지 않고, 시장 경쟁이 치열하다. 과거에는 아무런 상표 없이 포대나 자루에 담아서 팔던 쌀도 이제는 다양한 상표를 붙여서 시장에 내놓고 있다. 이것은 상표를 통한 실체 상품의 차별화라고 할 수 있다.

(3) 확장 상품

실체 상품의 효용 가치를 증가시키는 부가 서비스 차원의 상품을 **확장 상품(augmented product)**이라고 한다. 즉, 실체 상품에 보증, 반품, 배달, 설치, 애프터 서비스, 사용법 교육, 신용(금융 제공), 상담 등의 서비스를 추가하여 상품의 효용 가치를 증대시키는 것이다. 이러한 요소들을 추가함으로써, 경쟁 상품과 다르게 보이게 할 수 있다. 즉 상품의 차별화를 할 수 있다.

실체 상품에 별 다른 차이가 없는 경우, 확장 상품을 구성하는 요소들에 의해서 소비자의 선호도가 크게 달라질 수 있다. 그러나, 이러한 요소들을 추가할수록 상품의 원가 상승과 그에 따른 판매 가격의 상승으로 이어지게 된다. 따라서, 소비자가 가격에 민감한 경우에는 확장 요소의 범위를 신중하게 결정해야 한다.

쌀의 경우, 교통 수단이 불편했던 과거에는 동네마다 쌀가게가 있어서, 주문한 쌀을 종업원이 자전거로 배달해 주었다. 그러나, 자가용이 보편화된 근래에는 동네 쌀가게가 대부분 없어졌다. 대신 대형 마켓에서 부식과 함께 구매한다.

쌀이라는 상품의 중요한 확장 요소였던 '배달'이라고 하는 요소의 중요성이 없어졌기 때문이다. 대신에, 실체 상품의 구성 요소인 포장부터 바뀌었다. 한가마니 단위의 포장에서 가정 주부도 쉽게 다룰 수 있게 10kg, 20kg 등의 포장 단위가 작게 변했다.

2.2 상품수명주기

이제 PC는 기업이나 가정 어디에서나 없어서는 안 되는 필수품이 되었다. 그러나, 우리가 보아 온 PC만큼 수명 주기가 짧은 상품도 드물 것이다. 성능이 향상된 새로운 PC가 나오면서, 이전의 것들은 수명을 다하고 시장에서 사라져 버리곤 한다.

현재 잘 팔리고 있는 대부분의 상품들도 기술 혁신이나 시장 환경 변화 등으로 인해 언젠가는 매출액이 줄어들고, 결국에는 시장에서 사라질 가능성을 가지고 있다.

이와 같이 상품도 생명체처럼 수명이 있다. 이것은 상품이 언젠가는 고장이 난다는 의미가 아니다. 상품 수명 주기는 특정 상품이 시장에 처음 출시되어서 도입, 성장, 성숙, 쇠퇴의 과정을 거쳐서 시장에서 철수되는 것을 의미한다.

급속한 기술 혁신과 생활의 급변은 상품의 수명을 단축시키고 있다. 따라서, 상품 수명의 존속 중에 다음 상품을 개발해 두지 않으면 기업은 계속 발전할 수 없다. 신상품 개발이 기업의 존속과 성장에 가장 중요한 이유가 바로 여기에 있다.

상품수명주기(PLC; product life cycle)란 상품이 시장에 도입되어 시장에서 쇠퇴할 때까지 거치게 되는 매출액과 이익의 변화 과정을 말한다. 수명 주기는 도입기, 성장기, 성숙기, 쇠퇴기로 구분된다. 각 수명 주기 단계에 따라 매출액, 이익, 경쟁과 소비자의 특성이 달라진다.

따라서, 기업은 자사의 상품들이 상품 수명 주기 단계 중에서 어떤 단계에 있는지를 정확히 분석해야 한다. 그리고 나서, 그에 따라 적합한 마케팅 목표와 전술을 계획하고 실행하여야 한다.

위의 [그림]은 상품 수명 기간 동안에 판매와 이익이 어떻게 되는가 하는 과정을 가설적으로 나타낸 것이다. 여기서 보면, 상품 개발기에는 비용 증대가 누적된다. 상품이 출시되어 도입기에 접어들면 판매가 점차 늘어난다. 뒤이어 강한 성장기를 거치고, 성숙기에 접어들었다가 마침내 쇠퇴하게 된다. 그 동안 이익은 적자에서 흑자로 된다.

성장기나 성숙기에 가장 이익이 높아졌다가 이후 감소하게 된다. 기업 및 사업부 수준에서 다루어지는 상품 구성 관리는 바로 이러한 상품 수명 주기 개념을 그 바탕으로 하는 것이다.

전형적인 상품 수명 주기의 형태는 S자형을 가진다. 각 단계별 특성과 그에 대응할 마케팅 전략은 다음과 같다.

가. 도입기

새로운 상품을 개발하고 도입하여 판매를 시작하는 단계이다. 수요량이 적고 가격 탄력성도 적다. 경기변동에 대하여 민감하지 않으며, 조업도가 낮아 적자를 내는 일이 많은 단계이다.

아직 상품에 대한 인지도가 낮은 단계이므로, 소비자들에게 상품을 알려서 인지도를 높이는 것이 우선이다. 기업 이미지 광고보다는 당해 상품이 얼마나 좋은 것인가를 알리기 위한 광고를 할 필요가 있다.

유통 경로를 어떻게 확보할 것인가 하는 것도 중요한 과제이다. 어떤 상품이든 좋은 판매 장소는 이미 잘 팔리고 있는 기존 상품이 점거하고 있게 마련이다. 새로 창업한 기업이 개발한 신상품은 이러한 유통 경로를 뚫고 들어가는 것 자체가 힘든 과제이다. 지금은 우리와 친숙한 상품이 된 것들도 처음 도입 단계에서는 시장을 획득하기 위해 어려움을 겪은 경우가 많다.

나. 성장기

어떤 상품이 도입기를 무사히 넘기고 나면, 그 상품의 매출액은 늘어나고 시장도 커진다. 성장기에는 수요량이 증가하고 가격 탄력성도 커진다. 초기 설비는 완전

히 가동되고, 증설이 필요해 지기도 한다. 조업도의 상승으로 수익성도 호전된다.

이 때 가장 조심해야 할 점은 장사가 잘되면 그만큼 경쟁자의 참여도 늘어난다는 것이다. 단순히 좋은 상품을 만드는 것만으로는 시장을 지킬 수 없다. 이제는 상품 개발, 유통, 판매 촉진, 가격 등 모든 면에서 경쟁자에 비해 앞서는 마케팅 전략이 필요하다.

경쟁에 이기기 위한 기본적인 방법은 상품 차별화와 가격 차별화이다. 좋은 상품을 만들기 위해서는 소비자의 욕구에 맞는 상품으로 개선해 나가는 것이 필요하다. 가격을 내리기 위해서는 상품의 생산과 유통에 들어가는 비용을 최소화해야 한다. 성장기에는 시장이 커지는 것에 맞추어서 생산 능력도 키워나가야 한다. 인기 있는 상품을 먼저 개발했다하더라도, 자금력이 있는 후발 기업에게 뒤지면 경쟁에서 밀려날 수도 있다.

다. 성숙기
성숙은 클 만큼 다 컸다는 말이다. 대량 생산이 본궤도에 오르고, 원가가 크게 내림에 따라서 상품 단위별 이익은 정상에 달한다. 경쟁자나 모방 상품이 많이 나타난다.

대다수의 잠재적 구매자에 의해 상품이 수용됨으로써 판매 성장이 둔화되는 기간이다. 이 때 이익은 최고 수준에 이르나, 이 후부터는 경쟁에 대응하여 상품의 지위를 유지하기 위한 비용이 늘어나서 이익은 감소하기 시작한다.

성숙기에 고려해야 할 수 있는 마케팅 전략은 원감 절감과 새로운 용도의 개척이다. 우선, 비용 절감을 통해서 가격 경쟁력을 길러야 한다. 생산 부문은 물론이고, 유통 부문에서도 원가를 절감하도록 노력해야 한다.

성숙기에 들어간 상품의 새로운 용도를 개발해서 새로운 시장을 개척할 수도 있다. 대표적인 예가 나일론이다. 나일론이 처음 개발되었을 때는 각종 의류의 소재로 널리 사용되었다. 그러나, 흡수성이 나쁘다는 결점 때문에 차츰 의류품에 사용되지 않게 되었다. 의류 시장에서 나일론 수요가 급격히 감소하자, 나일론 생산자는 의류와는 전혀 다른 곳에서 나일론의 새로운 용도를 찾아냈다. 즉, 타이어 코드나 로프 등과 같이 나일론의 질긴 성질을 필요로 하는 분야를 지속적으로 찾아내고 있다.

라. 쇠퇴기

어떤 상품이 시장에서 쇠퇴하게 되는 이유는 여러 가지가 있다. 기술발달로 인해 대체품이 나오거나, 소비자의 기호 변화 등으로 인해 당해 상품에 대한 소비자의 욕구가 사라지는 경우이다. 예들 들어, PC의 경우 386 모델은 비교적 단명하였다. 386 모델이 출시된 후 얼마 지나지 않아서 성능은 훨씬 우수하지만, 가격은 더욱 저렴해진 486이나 팬티엄 PC가 나왔기 때문이다.

쇠퇴기에는 수요가 경기 변동에 관계없이 감퇴하는 경향을 나타낸다. 광고를 비롯한 여러 판매 촉진도 거의 효과가 없다. 시장 점유율은 급속히 떨어지고, 손해를 보는 일이 많아진다.

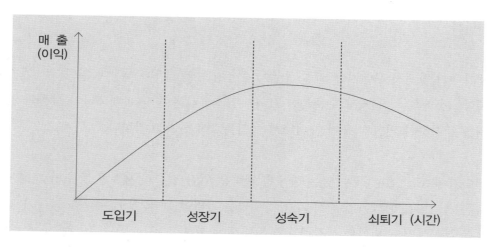

〈그림 15-2〉 상품의 수명주기

쇠퇴기에 접어들면 당해 상품을 계속 생산할 것인가 말 것인가를 결정해야 한다. 갑자기 기존 상품 생산을 중단하고 새로운 사업을 시작하는 것도 어려운 일이다. 기존 사업에 대한 미련이 남아있어서 철수하기 어려운 경우도 있다.

2.3 신상품 개발

가. 신상품 개발의 의의

매일같이 새로운 상품이 쏟아져 나오고 있다. 새로운 상품이 모두 성공하는 것은 아니다. 신상품이 시장에서 성공하기 위해서는 중간상의 역할이 매우 중요하다. 중간상은 신상품 개발에 필요한 정보의 원천이다.

그리고, 이들이 신상품을 어떻게 취급하느냐에 따라 시장에서 신상품의 성공 여부에 중요한 영향을 미친다. 기업은 신상품을 개발할 때 기존의 유통 경로를 고려해야 한다.

소비자 취향의 변화와 새로운 기술의 개발은 필연적으로 신상품의 출현을 촉진하게 된다. 자사에서 신상품을 내어놓지 않으면 경쟁사의 신상품에 의하여 시장을 잠식당하게 될 것이다. 최근의 시장 상황을 보면 경쟁사의 신상품에 의하여 심각한 타격을 입는 사례를 많이 찾아 볼 수 있다.

역으로 신상품의 성공으로 선도 기업의 자리를 확고히 하는 경우도 있다. 또한 신상품의 매출 의존도가 점차 높아져 가고 있으며, 신상품 개발을 위한 연구 개발비와 촉진 비용이 증가하고 있는 데서도, 신상품의 개발과 성공의 중요성을 알 수 있다.

개별 기업의 마케팅이라는 관점에서는 '시장에는 이미 있으나, 그 기업에게는 전혀 새로운 상품을 새로 제조 · 판매하게 되는 경우'가 신상품의 개념이 되어야 할 것이다.

이 경우 신상품이란 엄밀한 의미에서 기존상품의 개량이나 그 새로운 용도 개척과 같은 성격의 것이 아니라, 그 기업으로서는 전혀 새로운 상품이어야 한다.

신상품의 개념은 상대적인 것으로서, 어떠한 시점에서, 누가, 어디서, 어떻게 판정하는가에 따라 달라지는 개념이라 할 수 있다.

나. 신상품 개발의 단계

(1) 신상품 아이디어의 창출
신상품의 개발은 바로 아이디어의 창출과 그 탐색으로부터 시작된다. 여러 가지 아이디어 원천으로부터 적당한 아이디어를 수집하는 것이 그 시작이다. 신상품 아이디어를 얻을 수 있는 원천에는 여러 가지가 있다.

소비자는 사실상 신상품 아이디어 탐색의 시발점이므로, 이들의 요구나 욕구를 파악하여야 한다.
과학자는 원초 상품을 개발하거나 상품 개선을 할 수 있도록 하여 주는 새로운 재료나 특성을 발견·확인하므로 중요한 원천이 된다.

또한, 어떤 경쟁 업자의 상품이 고객을 끌어들이는지를 관찰할 필요도 있다. 판매원과 거래점도 중요한 원천이 된다. 그들은 일상적으로 고객과 접촉을 하기 때문이다. 이외의 아이디어 원천으로는 발명가, 변리사, 경영 컨설턴트, 광고 대행사, 마케팅 조사 회사, 업종별 단체 및 업계 간행물 등이 있다.

(2) 아이디어의 선별
아이디어 선별 과정에서는 가능한 한 빨리 좋지 않은 아이디어를 파악해서 그것을 탈락시켜야 한다. 신상품 개발 과정이 다음 단계로 진행될수록 각 단계마다 신상품 개발을 위한 비용이 더욱 늘어난다.

따라서, 뒤쪽의 단계까지 진행된 신상품에 대해서 경영층은 문제가 있어도 이를 쉽게 포기하기 어려워진다. 이미 투자가 많이 이루어졌고, 신상품을 통해 투자 회수를 하려는 기대가 강하기 때문이다. 그러므로, 이 단계에서는 좋지 않은 아이디어를 탈락시키는 것이 가장 중요한 과제가 되는 것이다.

이 단계에서는 수집된 아이디어가 기업의 목적과 자원에 적합한지 여부를 우선 심사하여야 한다. 이를 위해서는, 상품화되었을 때의 잠재적 가치가 평가 기준으로 이용이 되기도 한다.

(3) 경영 분석

수집된 아이디어가 심사를 통과한 다음에는 그 상품화 아이디어는 ① 상품 특성의 확인, ② 시장 수요 및 상품의 수익 능력의 예측, ③ 상품 개발 프로그램의 작성, ④ 상품의 가능성 연구를 위한 책임 분담 등의 구체적인 사업 제안으로까지 확대된다.

이 단계에서는 특히 상품의 안전성이나 환경에의 영향, 자원 고갈에 따른 상품의 재활용 등의 문제가 검토되기도 한다. 이는 **소비자 주권**(consumerism)과 함께 대두하기 시작한 사회적 마케팅의 일환으로서 기업 자신이 그 사회적 책임을 인식하기 시작했기 때문이다.

(4) 상품 개발

이 단계는 선별·평가를 통과한 신상품 아이디어를 실제로 생산·판매하기 위한 상품으로 구체화하는 단계이다. 이 단계에서의 주요한 과제는 신상품 아이디어의 기술적·상업적인 개발 가능성의 유무에 대해서 결론을 내리고, 상품의 설계 명세서를 개발해서, 상품 개발 프로그램을 작성·심의하는 것이다. 따라서 상품 개발에 관계하는 각 부문간의 팀웍이 가장 중요해진다. 특히 기술 부서와 마케팅 부서의 협동이 중요한 역할을 한다.

(5) 테스트 마케팅

신상품의 본격적인 시장 도입 전에 선정된 소수의 시장에서 신상품을 위한 사전 마케팅 프로그램을 시험하는 것을 '테스트 마케팅' 도는 '시험 마케팅'이라 한다. 이때 신상품의 성과가 대략적으로 테스트된다. 이러한 테스트 마케팅으로 실패의 위험을 최소화하고, 그 성공률을 크게 높일 수 있다. 테스트 결과 상품화 계획이나 상품 생산에 관한 여러 가지 요인의 수정이 가해지는 경우도 있다.

(6) 상품화

전면적인 생산과 마케팅 프로그램이 작성되면서 신상품이 본격적으로 시장에 도입되기에 이른다. 경영자가 상품에 대해서 완전한 통제력을 발휘할 수 있는 것은 이 단계까지이다. 일단 상품이 시장에 도입되면 기업 외부의 경쟁 환경이 그 상품의 운명에 관한 주된 결정 요인이 된다.

다. 신상품의 확산과정

신상품의 확산과정은 목표시장에서 신제품의 수용이 퍼져나가는 과정을 말한다. 즉, 신제품이 선택되어 소비자에게 수용되는 현상을 말한다. 신제품의 소비자들은 수용시점, 수용하려는 경향 등에 따라 혁신자(innovators), 초기 수용자(early adopters), 초기 다수자(early majorities), 후기 다수자(late majorities), 최종 수용자(또는 느림보층, laggard) 등으로 분류된다.

3 브랜드 관리

3.1 브랜드의 의의

미국 마케팅 협회의 정의에 따르면, **브랜드**(brand; 상표)란 '판매자 또는 판매자 집단의 상품 또는 서비스인 것을 명시하며, 다른 경쟁자의 상품과 구별하기 위해서 사용되는 명칭, 용어, 기호, 상징, 디자인 또는 그 결합'을 뜻한다.

상품의 표지(標識)로서의 브랜드(brand)는 자기의 상품을 타인의 상품과 구별하기 위한 표지이기 때문에 '식별표'라고도 한다. 또 브랜드는 상품의 생산자나 판매자를 표시하며, 그 상품의 출처를 일목 요연하게 표시하는 기능을 하므로 '출처표'라고도 한다.

이것은 상품의 신용을 나타내므로 '신용표'라고도 할 수 있다. 이러한 '식별, 출처, 신용'이라는 3대 기능을 지닌 브랜드가 기업 활동에 있어 가지게 되는 의의는 매우 크다.

브랜드와 관련해서 흔히 사용되는 용어들의 구체적 개념을 정리하면 다음과 같다.

① 브랜드명(brand name)

음성화, 즉 소리내어 말할 수 있는 브랜드의 일부이다.

② 브랜드 마크(brand mark)

인식은 할 수 있으나 소리내어 말 할 수 없는 브랜드의 일부로서 예컨대 상징, 디자인, 특징적인 색채 표시(coloring)나 문자 표시(lettering)를 말한다.

③ 등록 상표(trade mark)

배타적으로 쓸 수 있기 때문에 법적 보호를 받는 상표 또는 이것의 일부를 말한다. 상표명이나 상표 표지를 사용할 수 있는 판매자의 전용권을 보호하여 준다.

3.2 브랜드의 기능

현대와 같은 대량 생산 시대에는 기업이 표준화된 상품을 타사의 상품과 차별화하기 위해 브랜드 개발에 많은 노력을 기울이고 있다. 모든 상품에 브랜드를 설정하는 것은 아니다. 적절한 품질을 항상 유지할 수 없는 상품, 품질에 자신이 없는 상품, 또는 상품의 성격상 차별화가 어려운 상품 등의 경우에는 브랜드가 없는 상품, 즉 무표품으로 하여 판매하기도 한다.

그러나, 일반적으로 브랜드는 여러 가지 유용한 기능을 가지고 있기 때문에 소비자에게 호감을 줄 수 있는 브랜드를 개발하는 것은 중요한 과제이다.

가. 상징 기능

기업 또는 상품의 이미지나 개성을 단독으로 상징화하여 준다.

나. 출처 표시 기능

기업이 자사가 생산 또는 판매하는 상품임을 다수의 다른 경쟁 상품으로부터 식별하기 쉽게 하고 그 책임의 소재를 명확히 하여 준다.

다. 품질 보증 기능

소비자로 하여금 동일한 품질 수준이 항상 유지되고 있다는 신념을 가지게 하여 준다.

라. 광고 기능

브랜드를 가지고 있는 상품은 매스컴에 쉽게 광고될 수 있으므로, 반복적인 광고에 의해 브랜드 이미지가 형성되면 브랜드 그 자체가 광고 기능을 수행한다.

마. 재산 보호 기능

등록된 상표는 다른 기업의 모방에서 법적으로 보호됨과 아울러 상표권이라는 무형 자산이 된다.

급속한 기술 확산으로 인해서 상품에 대한 모방이 쉽게 일어나고 있다. 이로 인해 경쟁 상품간의 차이를 소비자가 식별하기 어려운 경우가 많다. 기술에 대해 특허로 보호를 받는다고 하더라도 핵심 기술만 보호될 뿐이다. 따라서, 상품의 외형은 쉽게 모방할 수 있으므로 경쟁자와 상품 차별화를 유지하는 것이 매우 어렵다. 그러나, 상표는 모방할 수 없다. 상표는 특허청에 상표권 등록을 하면 독점적으로 사용할 수 있다. 때문에 강력한 차별화 수단으로 이용할 수 있다. 유사한 발음이나 모방한 의도가 있는 상표에 대해서는 소송을 제기하여 손해 배상을 청구할 수 있다.

상품은 상황에 따라 변하지만 브랜드는 그대로 유지된다. 상품의 명성은 상품 자체에 축적되는 것이 아니라 브랜드에 축적되어 소비자의 브랜드 충성도로 이어진

다. 오늘날 상품의 가치보다는 브랜드의 가치가 훨씬 더 큰 경우가 많다. 기업간에 브랜드만을 빌려서 사용하고 로열티(royalty)를 지불하는 사례도 볼 수 있다.

3.3 브랜드의 선정

브랜드 전략은 브랜드의 구분에 따라 여러 가지로 나눌 수 있다. 브랜드 관리상 중요한 것은 브랜드의 선정 문제이다. 특히, 브랜드는 그 상품의 기능이나 용도 또는 기업 이미지에 부합되는 것이야 한다. 실제로는 주로 다음과 같은 선정 원칙이 적용된다.

① 짧고 단순해야 한다.
② 읽고 기억하기 쉬워야 한다.
③ 읽었을 때 불쾌한 느낌이 없어야 한다.
④ 구식이거나 시대에 뒤떨어진 것이 아니어야 한다.
⑤ 수출품의 경우, 해당국의 언어로 발음할 수 있는 것이어야 한다.

3.4 브랜드의 구분

브랜드는 그 기준에 따라 여러 가지로 구분할 수 있다. 여기서는 브랜드를 제조업자 상표와 중간상(유통업자) 상표로 구분해서 살펴보기로 한다. 이들 브랜드 중에서 어느 것을 선택할 것인가는 유통경로 구성원 중에서 누구의 책임 하에 상품을 판매할 것인가에 따라 달라진다.

제조업자 상표는 새로운 상품에 제조업자 자신의 브랜드명을 사용하는 전략이다. 제조업자의 브랜드 파워(brand power)가 강할수록 소비자의 브랜드 충성도(brand loyalty)를 높여준다.

강한 브랜드 파워를 가진 상품은 중간상의 협조를 쉽게 얻을 수 있어서, 진열 공간 확보 경쟁에서 유리한 위치를 차지할 수도 있다. 반면에 브랜드 파워가 약한 상품은 중간상들에게 더 많은 가격 할인과 촉진 활동을 투입해야하는 어려움이 있다.

한편, **중간상(유통업자) 상표**는 도매업자나 소매업자가 제조업자에게 의뢰해서 생산한 상품에 도소매업자 자신의 브랜드를 부착한 것이다. 근래에는 대형 소매상들이 직영 비율을 높이기 위해서 중간상 상표 도입을 강화하고 있다.

제조업자 상표와 중간상 상표가 같은 점포 내에서 공존하는 경우에는 유통 경로 구성원간에 갈등이 커질 수 있다. 특히, 패키지 식품 산업의 경우 제한된 진열 공간을 차지하기 위한 경쟁이 심하다.

3.5 브랜드 충성도

소비자는 자신이 구매하고 하는 상품에 대한 품질 판단을 브랜드의 신용도에 의존하는 경우가 많다. 소비자가 특정 브랜드에 대해서 일관성 있게 선호하는 경향을 **브랜드 충성도(brand loyalty)**라 한다. 이는 소비자가 특정 브랜드에 대해서 충실하며 계속적으로 선호하는 행동 경향을 의미한다.

기업 입장에서는 자사의 상품에 대한 소비자의 브랜드 충성도에 대해서 주의를 기울여야 한다. 브랜드 충성도는 그 정도에 따라 상표 고집, 상표 선택, 및 상표 인식 등의 유형이 있다. 이러한 3단계의 과정을 브랜드 충성도의 사다리라고 하기도 하다.

가. 상표 고집(brand insistence)

이는 다른 말로 상표 집착이라고도 한다. 이는 소비자가 희망하는 브랜드의 상품 이외에 다른 브랜드의 상품은 구매하지 않겠다고 하는 가장 강한 태도이다. 이러한 유형의 소비자는 이미 특정 브랜드의 상품을 구매하도록 설득되었거나 영향을 받고 있어서, 당해 브랜드 이외에는 받아들이지 않는 강한 집착성을 가지는 것이 보통이다.

특정 브랜드에 집착하는 성향을 가진 소비자는 상점과 같은 구매 장소에서 여러 종류의 브랜드가 붙은 상품을 두루 비교해 보고 구매하는 것이 아니라, 이미 집에서 구매할 대상 상품에 대한 의사 결정이 이루어져 있는 것이나 마찬가지이다.

아무리 진열된 상품의 종류가 풍부하더라도 자신이 좋아하는 브랜드에 대한 고집에는 변함이 없다.

나. 상표 선택(brand preference)

이는 상표 고집에 비하면, 상표 선택과 관련해서 여유와 신축성이 있는 태도이다. 상표 고집의 경우처럼 소비자가 어느 정도는 이미 특정 브랜드를 구매하도록 설득되어 있거나 영향을 받고는 있다. 그러나, 그 특정 브랜드의 상품을 구할 수 없는 경우에는 망설이지 않고 다른 브랜드의 상품을 구매할 수도 있는 태도를 말한다.

소비자에게 특정 브랜드의 이미지는 이미 인식이 되어 있으나, 상황에 따라서는 특정 브랜드에 집착하지 않고 다른 브랜드의 상품을 구매할 수도 있는 비교적 애매한 태도이다. 구매 행동에 나서기 전에 이미 일차적인 구매 의사 결정이 이루어져 있기는 하지만, 최종적인 구매 의사 결정은 구매 현장에서 이루어진다. 이러한 구매 습성을 대체 선택이라고도 한다.

충동 구매는 이러한 유형의 소비자에 의해서 이루어지는 경우가 많다. 이러한 유형의 소비자층이 구매 결정을 하는데는 광고의 효과, 브랜드의 지명도, 상품의 매력, 점포의 분위기, 또는 소비자 자신의 감정 기복 등이 큰 영향을 미친다.

다. 상표 인식(brand recognition)

이는 소비자가 구매하고자 하는 상품에 대해 약간의 지식은 있지만, 어느 특정 브랜드에 집착하거나, 특정 브랜드를 선택하려는 의도가 없는 태도이다. 소비자 충성도가 가장 낮은 단계이다.

이러한 유형의 소비자는 특정 브랜드에 대해 처음부터 집착하거나 선택하려는 마음을 갖고 있지는 않더라도, 우연히 특정 브랜드에 대해 관심을 가지게 될 가능성이 높다. 이러한 소비자에 대해서 기업 입장에서는 마케팅 활동의 정도에 따라 그들을 잠재적 고객으로 만들 수도 있다. 이러한 단계의 소비자에게 자사의 브랜드를 인식시키기 위한 노력을 많이 할 필요가 있다.

4 포장 관리

4.1 포장의 개념

포장은 원래 상품이 더러워지거나 파손되는 것을 방지하고, 판매, 수송, 보관, 소비를 편리하게 하기 위하여 사용되어 왔으나, 오늘날에는 상품 판매액을 증진시키는 판매촉진적 기능이 중요시되고 있다.

포장은 그 상품의 내용과 외형을 보호하고, 그 가치를 유지시킬 뿐만 아니라 운반, 보관성을 높이고, 판매촉진을 위해서 적절한 용기와 재료로써 물품 위에, 꾸미는 기술적 작업과 그 상태를 뜻하게 되었다.
현대의 포장은 상품의 일부가 되어 생산, 유통, 판매, 소비분야에서 보호성, 편의성, 판매 촉진성 등 그 기능을 다하고 있다.

4.2 포장의 종류

포장의 분류는 판매포장과 수송포장 또는 상업포장과 공업포장으로 대별하고 있는데, 이는 포장의 목적·기능별에 따라 개장(unitary packing), 내장(interior packing), 외장(outer packing)으로 분류된다.

가. 개장

물품 하나 하나의 포장을 말하는데 내용물을 보호하거나 물품의 가치를 높게 하며, 소비자의 사용편의를 위한 것이다. 여기 사용되는 용기·봉지에는 합성수지·지·목제의 상자, 합성수지·유리제의 병 등이 있고, 포장재료에는 합성수지·가공지·방습 셀로판 등이 있다.

나. 내장

내장화물의 내부포장을 말하는데, 주로 물품을 운반·보관하는데 충격·진동·습기·온도변화에 의한 변화 방지를 위한 것이다. 단열 또는 완충재로는 발포성 플라스틱, 방진고무, 유리섬유가 사용된다.

다. 외장

외장은 화물을 수송함에 있어 파손, 변질, 도난, 분실 등을 방지하기 위하여 적절한 재료나 용기로 화물을 보호하기 위하여 포장하는 것을 말한다. 외장은 다년의 경험과 연구에 의하여 정형화된 포장스타일이 고안되어 관용되고 있으며, 이에는 나무상자(wooden case), 판지상자(carton), 대(bag) 등이 많이 이용되고 있다.

4.3 포장의 원칙

포장은 상업이나 생산업에 있어서 판매촉진을 위한 상품정책의 요건이 되기 때문에 특히, 고려해야 할 몇 가지 원칙이 있다.

① 포장은 소비자의 사용에 편리하도록 해야 한다. 따라서 포장량을 소비자가 사용하기에 적합하도록 정하고, 포장에 의하여 품질을 향상시키도록 한다. 판매자에게는 상품관리와 판매업무의 합리화에 합당하도록 하고, 판매점의 경우 취급의 편의와 판매능률을 올릴 수 있도록 고려해야 한다.

② 광고면에 나타낸 호소와 인상을 그대로 현물포장에 나타나도록 계획해야 한다.

③ 포장은 소비자의 상품구매 관습, 기호, 지적 수준, 환경 등을 고려하고, 동시에 광고적이어야 한다.

④ 구매시점 광고와 관련시켜서 포장을 계획해야 한다.

⑤ 판매증가를 저해하지 않는 한 포장의 표준화, 단순화, 자동화 등의 수단을 써서 포장비용을 절감할 수 있도록 해야 한다.

○ 교환을 목적으로 생산되고, 그 생산된 재화가 유통 기관을 통하여 최종 소비자의 손에 들어갈 때까지의 과정에 있는 모든 유형·무형의 재화를 상품이라 한다.

○ 상품의 사용 목적에 의한 구분은 식료 상품(식품), 의료 상품, 주거용 상품으로 구분하는 방식을 말한다.

○ 농산물은 공산품과는 달리 부피와 중량성, 계절성, 부패성, 질과 양의 불균일성, 용도의 다양성, 수요와 공급의 비탄력성 등과 같은 특징이 있다.

○ 품질의 어원은 라틴어의 'qualitas'에서 유래한 것으로, 어떤 물질을 구성하고 있는 기본적 내용, 속성, 종류, 정도 등을 의미한다.

○ 상품의 품질을 검사하여 상품의 가치를 평가하고, 상품의 진위와 종류를 알아내며, 또한 품위나 등급을 결정하고 표시하는 수단을 상품 감정이라 한다. 감정을 통해 식별해 내야할 대상으로는 가짜, 복제품, 모조품, 대체품, 인조품 등이 있다.

○ 상품 중에서 물리적 실체를 가지고 있는 것을 재화(goods), 또는 유형재(tangible product)라고도 한다. 이에 비해 물리적 속성을 가지고 있지 않은 상품을 서비스(service), 또는 무형재(intangible product)라 한다.

○ 일반적으로 상품은 핵심 상품, 실체 상품 및 확장 상품과 같이 세 가지 수준으로 구분할 수 있다. 소비자가 상품을 소비함으로서 얻을 수 있는 핵심적인 효용을 핵심 상품(core product)이라고 한다.

○ 상품의 핵심적인 편익이 눈으로 보고, 손으로 만져 볼 수 있도록 구체적으로 드러난 물리적인 속성 차원에서의 상품을 실체 상품(actual product)이라고 한다.

○ 실체 상품의 효용 가치를 증가시키는 부가 서비스 차원의 상품을 확장 상품(augmented product)이라고 한다..

○ 상품수명주기(PLC; product life cycle)란 상품이 시장에 도입되어 시장에서 쇠퇴할 때까지 거치게 되는 매출액과 이익의 변화 과정을 말한다. 수명 주기는 도입기, 성장기, 성숙기, 쇠퇴기로 구분된다. 각 수명 주기 단계에 따라 매출액, 이익, 경쟁과 소비자의 특성이 달라진다.

○ 신상품 개발의 단계는 (1) 신상품 아이디어의 창출(2) 아이디어의 선별(3) 경영분석(4) 상품 개발(5) 테스트 마케팅(6) 상품화 등이다.

○ 브랜드(brand; 상표)란 '판매자 또는 판매자 집단의 상품 또는 서비스인 것을 명시하며, 다른 경쟁자의 상품과 구별하기 위해서 사용되는 명칭, 용어, 기호, 상징, 디자인 또는 그 결합'을 뜻한다.

○ 등록 상표(trade mark)는 배타적으로 쓸 수 있기 때문에 법적 보호를 받는 상표 또는 이것의 일부를 말한다.

○ 브랜드는 ① 상징 기능 ② 출처 표시 기능③ 품질 보증 기능 ④ 광고 기능 ⑤ 재산 보호 기능 등을 가지고 있다.

○ 제조업자 상표는 새로운 상품에 제조업자 자신의 브랜드명을 사용하는 전략이다. 중간상(유통업자) 상표는 도매업자나 소매업자가 제조업자에게 의뢰해서 생산한 상품에 도소매업자 자신의 브랜드를 부착한 것이다.

○ 소비자는 자신이 구매하고 하는 상품에 대한 품질 판단을 브랜드의 신용도에 의존하는 경우가 많다. 소비자가 특정 브랜드에 대해서 일관성 있게 선호하는 경향을 브랜드 충성도(brand loyalty)라 한다.

○ 포장은 그 상품의 내용과 외형을 보호하고, 그 가치를 유지시킬 뿐만 아니라 운반, 보관성을 높이고, 판매촉진을 위해서 적절한 용기와 재료로써 물품 위에, 꾸미는 기술적 작업과 그 상태를 뜻하게 되었다.

○ 포장의 분류는 판매포장과 수송포장 또는 상업포장과 공업포장으로 대별하고 있는데, 이는 포장의 목적·기능별에 따라 개장(unitary packing), 내장(interior packing), 외장(outer packing)으로 분류된다.

제16장 가격 관리

1 가격관리의 기초

1.1 가격의 개념

우리는 시장에 가서 물건의 가격을 보고, 경우에 따라 '싸다', '비싸다' 또는 '적당하다'라고 말한다. 상품의 가격을 보고 소비자가 어떻게 판단하느냐에 따라 구매행동이 달라진다.

같은 물건을 보고도 어떤 사람은 '싸다'라고 느끼는데, 다른 사람은 '비싸다'라고 생각하기도 한다. 이처럼 어떤 상품의 가격이 만원이라고 하면, 이것은 우선 그 상품의 가치를 표시한다.

가격이란 판매자가 제공하는 상품 및 그에 관련된 서비스에 대한 대가로 구매자가 지불하는 화폐의 량이라고 정의할 수 있다. 가격은 소비자에게 직접적으로 호소할 수 있는 메시지 수단의 일종이다. 동시에 경쟁자에 대한 메시지이기도 하다. 어느 기업이 설정한 가격은 경쟁자의 가격 결정에도 영향을 준다.

가격은 기업의 수익과도 직결되는 요소이다. 기업 입장에서는 될 수 있으면 높은 가격을 책정해서 높은 수익을 올리기를 희망한다. 그러나, 당해 상품의 가치보다 가격이 비싼 상품은 소비자들로부터 외면당할 수밖에 없다. 반면에 많이 팔기 위해서 무조건 가격을 낮춘다고 해서 수익을 높일 수 있는 것도 아니다. 따라서, 소비자와 기업 모두를 만족시킬 수 있는 가격을 설정하는 것이 중요한 과제이다.

유통 과정에서 제조업자의 가격, 도매상의 가격 또는 소매상의 가격의 수준은 그들이 수행하는 유통 기능에 따라 달라질 것이다. 예를 들어, 소매점이 재고 부담, 자금 조달, 고객에 대한 서비스, 판촉 등의 기능을 수행한다면, 그 소매상이 제시하는 소비자 가격은 높아질 것이다. 그러나, 할인점의 경우에는 소비자가 유통 기능의 일부를 직접 수행한다고 할 수도 있으므로, 상대적으로 낮은 소매 가격이 제시되는 것이다.

1.2 가격 할인

거래상황에 따라 여러 가지 가격할인이 제공되는데, 주요한 것을 살펴보면 다음과 같다.

가. 현금할인

제조업자와 중간상 간의 거래는 현금 구매가 아닌 어음 등을 이용한 외상 거래로 이루어는 경우가 많다. 외상 거래는 거래량이 많은 경우 제조업자에게 자금 부담을 준다.

이를 해소하기 위해 중간상이 상품을 현금으로 구매하거나 대금을 지불 만기일 전에 지급하는 경우, 제조업자는 중간상에게 판매 대금의 일부를 할인해 주게 된다. 이러한 방식의 할인을 **현금할인**(cash discounts)이라 한다. 즉, 물건값을 미리 지불하는 것에 대해 제공하는 할인이 대표적인 예이다.

할인율을 연리로 환산하면 대개 은행 금리보다 높으므로, 자금력이 있는 구매자에게는 매력적인 지불 방법이 될 수 있다.

나. 거래 할인

거래 할인은 일반적으로 제조업자가 해야할 업무의 일부를 중간상이 수행하는 경우, 이에 대한 보상으로 경비의 일부를 제조업자가 부담해 주는 것이다. 일반적으로 유통 마진은 **유통경로** 내에서 각 경로 구성원이 수행하는 기능에 따라 비율이 다르게 주어진다. 유통 마진은 대개 % 형식으로 주어진다.

각 중간상에게 주어지는 마진율은 대체로 수행하는 경로 기능에 따라 정해지는 것이 원칙이다. 그러나, 경우에 따라서는 경로 구성원 각자가 시장에서 가지고 있는

영향력에 의해 결정되는 경우도 많다.

각 경로 구성원의 마진에는 경로 기능을 수행하는데 발생하는 비용이 포함되어 있다. 따라서, 실제 순이익은 전체 마진에서 이러한 비용을 제외하고 남는 것이 된다.

다. 리베이트
유통 분야에서 **리베이트**(rebate)는 판매 촉진을 위한 지원금의 일종이라고 할 수 있다. 리베이트란 상품을 판매한 후에 구매 영수증을 비롯한 증명서를 제조업자에게 보내면 제조업자가 판매 가격의 일정 비율에 해당하는 현금을 반환해 주는 것을 말한다. 이러한 방식의 할인은 소매업자의 구매량을 늘리고 소비자 가격의 할인을 유도하기 위해서 사용된다.

라. 수량할인
수량 할인은 중간상이 일시에 대량구매를 하는 경우에 제공되는 할인이다. 대체로 할인율은 구매량에 비례해서 증가한다.

마. 계절할인
이는 계절성이 있는 상품의 경우, 비수기에 상품을 구매하는 고객에게 할인을 해주는 것이다. 예를 들면, 모피 의류의 경우 비수기인 여름에 가격을 대폭 할인해서 판매하는 광고를 신문에서 자주 볼 수 있다.
반면에, 겨울철에 판매하는 에어컨 가격은 성수기에 비해 저렴하다. 이러한 할인은 일종의 계절 할인에 해당한다.

1.3 가격의 결정 방법
어떤 상품의 가격은 관습을 근거로 하여 결정되거나, 경쟁자가 이미 구사하고 있는 가격을 그대로 받아들여 결정되기도 한다. 이러한 경우, 가격 결정은 비교적 단순하다.

그러나, 신상품을 개발하였거나 기존 상품을 새로운 유통 경로나 시장에 도입할 때 등과 같이 능동적으로 가격을 결정해야 하는 경우에는 가격 결정이 매우 어려운 과업이다.

상품의 가격을 설정하는 방법은 원가 중심의 가격 설정, 구매자 중심의 가격 설정, 그리고, 경쟁자 중심의 가격 설정 등 세 가지로 구분해 볼 수 있다.

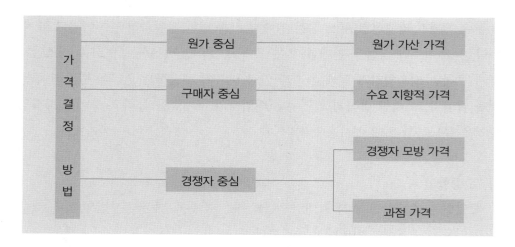

〈그림 16-1〉 가격결정방법의 유형

가. 원가 중심의 가격 설정

마케팅 담당자는 자신의 노력과 위험 부담에 대한 적정한 대가를 포함해서 생산 원가와 유통 및 판매의 비용을 보상해 줄 가격을 설정해야 한다. 이러한 원가와 비용은 생산량이나 판매량에 관계없이 일정하게 발생하는 고정 원가와, 생산량이나 판매량에 비례하여 발생하는 변동 원가로 구분할 수 있다. 일정한 생산량이나 판매량에 대하여 발생하는 고정 원가와 변동 원가의 합계를 **총 원가**(total costs)라고 한다.

상품 원가에 초점을 두면서 가격을 결정하려는 접근 방법 중에서 가장 단순한 형태는, 원가에 일정한 비율이나 금액을 가산하여 기준 가격으로 삼는 **원가 가산 가**

격 결정(cost-plus pricing)이다.

즉, 이것은 제조 원가에 일정의 마진, 즉 이익을 더하는 방법이다. 예를 들어, 어느 기업이 어떤 상품 10개를 만드는데 100만원이 들어갔다고 가정하자. 여기에 광고 선전비, 운송 보관 비용, 판매원 인건비 등과 같은 여러 가지 비용이 50만원 추가로 들어갔고, 마진 10%(10만원)를 가산하면 합계 160만원이 된다. 이것을 10개로 나눈 가격, 16만원을 생산자 가격으로 하는 방법이다.

이 방법은 가격 설정이 간단하며, 생산자에게는 안정된 이익이 보장된다는 장점이 있다. 또한, 파는 사람은 원가보다 낮은 가격으로 손해를 보는 일이 없다. 사는 사람도 부당하게 높은 가격으로 상품을 구매하지 않을 수 있어서 공정하다.

그러나, 모든 기업이 이러한 방법으로 가격을 책정하면 모든 기업의 가격이 같아져서, 가격 경쟁이 없어질 것이다. 그리고, 소비자의 입장을 존중하지 않고, 안정된 이익을 얻고자 하는 기업의 입장만을 우선으로 한다는 비판을 받을 수도 있다.

나. 구매자 중심의 가격 설정

이것은 생산자 측의 원가에 기초하는 것이 아니라, 구매자 측의 의식, 지불 능력을 나타내는 소득액 등을 기초로 가격을 설정하는 방식이다.

제조 원가와는 별도로 상품을 만들기 전에 그 상품을 소비자가 얼마나 원하는지, 가격이 어느 정도면 살 의향이 있는지 등을 조사해서, 이것을 기초로 가격을 결정하는 것이다. 이렇게 가격을 먼저 정하고 난 다음에, 비용이 얼마나 들어갔는지, 이익이 얼마나 되는지를 계산해서 그에 맞는 상품을 생산한다. 이러한 방법으로 책정되는 가격은 **수요 지향적 가격**이라고 할 수 있다.

이 방법에서는 수요자가 원하는 가격 수준을 정확하게 파악하는 것이 중요한 과제이다. 예를 들어, 어떤 상품에 대해 보다 저렴한 가격대의 상품을 원하는 소비자가 많으면, 옵션 기능을 과감하게 생략하고, 핵심 기능을 중심으로 상품을 생산해서 가격을 맞추도록 한다.

반대로, 가격보다는 다양한 기능을 요구하는 상품에 대해서는 기능을 추가하되, 그에 상응하는 높은 가격을 책정하는 것이다.

다. 경쟁자 중심의 가격 설정

이것은 같은 상품을 판매하고 있는 다른 경쟁사와의 경쟁을 고려해서 가격을 설정하는 것이다. 어떤 상품을 처음 판매하려고 할 때, 다른 기업이 같은 종류의 상품에 얼마의 가격을 붙여서 팔고 있는지를 조사해야 한다.

경쟁사 K는 10만원, L은 9만원, M은 8만원의 가격을 붙였다고 가정하자. 이 경우, '우리는 후발 주자이니까 7만원으로 하자' 하는 식으로 가격을 정하는 것을 경쟁자 중심의 가격 결정 방법이라 한다.

다른 회사의 상품 가격을 기준으로 가격을 결정하는 방법은 다시 두 가지로 구분할 수 있다. 그 하나는 경쟁사 가격보다 훨씬 낮게 가격을 책정하는 것이다. 이것은 후발 주자로서의 불이익을 만회하려 하거나, 시장 점유율을 높이는 것을 목표로 할 때 사용하는 방법이다.

반면에, 자사 상품의 우월성을 차별화하기 위해서 경쟁 상품에 비해 높은 가격을 설정하는 것이다. 이러한 높은 가격을 통해 기존 시장에서 팔리고 있는 경쟁 상품에 비해 자사 상품의 이미지를 고급화하기 위한 것이다. 경쟁자 중심의 가격 설정 방법의 대표적인 유형은 **경쟁자 모방 가격**과 **과점 가격**이다.

(1) 경쟁자 모방 가격

이는 마케팅 담당자가 가격을 결정하기 위하여 특별히 노력하기보다는 경쟁자가 현재 구사하고 있는 가격을 그대로 모방하는 방식이다. 이러한 경쟁자 모방

가격은 매우 경쟁적인 시장에서 동질적인 상품을 판매하는 경우 보편적이다.

예를 들어, 1차 농산물이나, 잘 알려져 있고 표준화된 생활 용품 등의 생산자는 완전 경쟁과 유사한 시장 구조 하에서 활동하므로, 대체로 경쟁자의 가격을 모방한다.

(2) 과점 가격

일정한 규모 이상의 산업에서 전체 매출액을 몇 개의 기업이 분할해서 점유하고 있는 시장 구조를 과점이라고 한다. 가전 3사라든가 승용차 3사 또는 양대 제과 업체 등의 지칭은 모두 과점의 시장 구조를 암시하는 것이다.

이러한 과점 상태의 가격은 마치 관습 가격이 존재하는 경우와 유사하다. 즉, 가격을 경쟁자보다 높게 설정하면 경쟁자들이 현재의 가격을 유지함으로써 시장 점유율을 증대시키려고 하기 때문에 자신만 손실을 입게 된다.

이와 반대로, 가격을 경쟁자보다 낮게 책정하면 경쟁자들이 자신의 시장 점유율을 유지하기 위해 따라서 가격을 내릴 것이다. 이는 어느 기업도 시장 점유율을 증대시키지 못하면서, 단지 가격 인하에 따른 수익 감소의 불이익만 받게 된다. 따라서, 과점 상태에서는 경쟁자들이 이미 구사하고 있는 가격을 추종하는 경향이 있다.
한편, 경쟁 상품이 없는 신상품의 경우에는 후발 기업이 접근하기 어려운 가격을 설정하는 것이 중요하다. 그러나, 너무 다른 기업의 가격을 의식해서 경쟁에만 신경을 쓰다보면, 비용이나 수익을 무시한 가격 전쟁이 되어서 경쟁하는 기업 모두에게 피해가 될 수도 있다.

이상과 같은 여러 가지 가격 설정방법 중에서 어느 하나에만 치우치기보다는, 이들 방법을 균형 있게 이용할 필요가 있다.

2 가격전략의 유형

2.1 가격전략의 중요성

상품 가격은 소비자가 구매 여부를 결정하는 중요한 요소의 하나이다. 상품 가격은 기업의 여러 가지 생각이나 마케팅 의도를 담아서 신중하게 결정되어야한다. 기업의 이익만을 고려하면 가격은 최대한 높을수록 좋을 것 같아 보인다.

그러나, 높은 가격이 기업에게 다 좋은 것은 아니다. 상품 가치에 비해 높은 가격을 책정하면, 소비자들로부터 외면당하기 쉽다. 높은 가격에 사는 사람이 일부 있다고 하더라도 전체적인 매출액은 낮아질 것이다. 따라서, 소비자와 기업 모두를 만족시킬 수 있는 적정한 가격을 책정하는 것은 상품을 만드는 것 못지 않게 중요한 과제이다.

가격 책정의 성공 사례를 하나 살펴보자. 1980년 초반에 창업한 미국의 모 컴퓨터 회사는 창업 당시에는 "높은 가격 – 높은 기능" 전략으로 컴퓨터를 판매하였다. 그러나, 1990년대 초반에 들어오면서, 가격 전략을 수정하였다. 즉, "낮은 가격 – 높은 기능"으로 노선을 바꾸어서, 일반적인 컴퓨터의 반값에 판매함으로써, 빠른 속도로 시장을 장악하게 되었다.
판매 가격은 점포의 위치, 고객층, 구매 스타일 등에 따라서도 달라져야 한다. 점포의 위치가 주택가인지, 상업 지역인지 또는, 주 고객층이 직장인인지, 학생인지, 또는 즐기기 위한 쇼핑인지, 바쁜 시간에 틈을 내서 사는 것인지 등과 같은 것들도 가격 책정 시에 고려할 필요가 있다.

반면에, 고급품으로 소비자들에게 인식된 유명 브랜드의 상품은 함부로 가격을 할인해서 판매하면 오히려 불리할 수도 있다. 브랜드 가치만 떨어져서 매출이 오히려 감소할 수 있기 때문이다. 무조건 싸다고 해서 잘 팔리는 것이 아니다. 상품의 유형에 따라서는 비싸야 팔리는 것도 있다.

2.2 심리적 가격전략

사람들은 상품을 살 때, 어떤 것에 대해서는 '싸다', 어떤 것에 대해서는 '비싸다'라고 느낀다. 이것은 사려는 상품에 따라 다르다. 어떤 상품이 5만원이라고 하면 비싸다고 느끼지만, 4만 8천원이라고 하면 싸다고 느낄 수 있다. 여행사의 신문 광고를 보면, 북경 4박 5일에 499,000원 하는 식의 가격은 이러한 심리를 고려한 것이다.

그리고, 아마 새로 나온 자동차 가격이 500만원이라고 하면, 자동차 성능부터 의심할 것이다. 그러나, 1억원이라고 하면, '대단한 자동차인가 보다'라는 생각을 먼저 할 것이다. 이러한 소비자의 심리를 이용해서 전략적으로 가격을 결정하는 것이 심리적 가격 전략이다.

가. 단수 가격

단수 가격 전략이란 경제성의 이미지를 제공하여 구매를 자극하기 위해 단수의 가격을 구사하는 전략이다. 예를 들어, 1,000원에 비해서 990원은 훨씬 싸며, 10만원대(19만9천원)는 20만원보다 훨씬 싸다고 소비자가 느끼는 점을 이용하는 것이다. 백화점 광고지를 살펴보면, 오렌지는 4,000원이라고 되어 있는데 비해, 양파 990원, 코다리 3,900원 등과 같이 우수리가 붙어 있는 가격이 많이 포함되어 있다. 10원 또는 100원이라고 하는 차이는 별 것이 아니지만, 그로 인해 소비자가 받아들이는 인상은 크게 달라질 수 있다.

소비자는 9나 8 등과 같은 숫자가 붙은 가격에 대해 '최대한 인하된 가격'이라는 생각을 하기 쉽다. 대부분의 할인점에서 이러한 기준으로 가격을 정하고 있다. 특매품은 물론이고, 유행과 별로 상관이 없는 기본적인 상품에 대해서도 이런 우수리를 붙이는 경우가 많다. 그러나, 최근에는 이러한 방법으로 가격을 매긴 상품이 늘어나면서 더 이상 싸다는 느낌을 받지 않는 경향도 나타나고 있다.

나. 관습 가격

무슨 상품하면 자동적으로 얼마 하는 식으로 가격이 연상되는 종류의 상품도 있다. 캔 음료 1,000원, 껌 200원 하는 식으로 장기간 같은 가격을 고수해 왔기 때문에, 소비자 사이에 관습적으로 그 가격이 굳어져 있다.

이러한 가격을 **관습 가격**이라 한다. 예를 들어, 캔 음료는 1,000원의 이미지가 강하기 때문에, 다른 캔 음료에 950원이라는 가격을 책정해도 가격 인하에 따른 매출 증대 효과는 거의 없다. 반대로, 캔 음료의 가격을 2,000원으로 하면, 그 음료에 대한 수요는 급격하게 줄어들 것이다.

관습 가격이 형성되어 있는 상품은 그 상품에 대한 생산 원가가 늘어나면, 품질이나 용량을 줄여서라도 가격을 일정하게 유지하는 전략을 구사하는 경우가 많다. 마켓에가 보면, 어떤 과자류는 10년 전과 가격은 비슷한데, 들어 있는 용량이 상당히 줄어든 것을 쉽게 발견할 수가 있다.

관습 가격은 마케팅 담당자와 고객 사이에서 뿐 아니라 경쟁자들 사이에서도 매우 오래 동안 지켜져 온 것이다. 이 때문에 원가 상승의 요인이 있을지라도 마케팅 담당자는 가격을 인상하기보다는 오히려 상품의 크기나 품질을 낮추어서라도 관습 가격을 유지하려고 하는 것이다.

다. 명성 가격

소비자의 머리 속에는 '비싼 것일수록 좋은 것'이라고 하는 기대 심리가 들어 있다. 그래서, 어떤 기업들은 상품의 가격을 일부러 높게 책정해서, 품질의 고급화와 상품의 차별화를 나타내는 경우도 있다. 이러한 가격을 명성 가격이라 한다.

즉, 명성 가격 전략이란 고급 품질의 이미지를 유지하기 위하여 비교적 높은 가격을 구사하는 전략이다. 즉 잠재 고객들이 상품 가격을 품질의 지표로 사용한다면 낮은 가격에서보다 오히려 높은 가격에서 수요가 많을 것이다.

예를 들어, 비싼 보석은 품질도 좋고 가치도 높은 것으로 여겨진다. 그러나, 보석

의 가격이 싸면 품질이 나쁘거나, 가짜는 아닐까하는 생각을 하게 된다. 그래서, 상품에 따라서는 어느 정도의 수준보다 낮게 가격을 책정하면 오히려 수요가 줄어드는 것도 있다.

이러한 가격은 평소에 그 상품을 살 기회가 별로 없어서 그 상품을 판단하기 어려운 상품, 또는 상품 자체가 사회적 지위를 상징하는 것, 또는 고급 시계나 보석, 장식품, 모피 의류 등과 같은 상품의 가격 설정에 이용되는 경우가 많다.

라. 개수 가격 전략

개수 가격 전략(even pricing policy)이란 고급 품질의 이미지를 제공하여 구매를 자극하기 위해 '하나에 얼마'하는 식의 개수 가격을 구사하는 전략이다. 향수 한 병에 30만원, 시계 하나에 100만원, 밍크 코트 한 벌에 500만원의 예에서와 같이 개괄적인 수치의 가격은 고급 품질을 암시한다.

최근에는 소비자의 의식이 더욱 엄격하게 변하고 있다. 이제는 가격이 싸도 자신에게 필요 없는 상품은 사지 않는 경향이 있다. 우리는 주변에서 "가격 파괴"라는 말을 자주 듣는다. 대개의 경우, 가격을 싸게 하면, 단기적으로는 매출이 늘어난다. 그러나, 가격을 낮추는 것에만 신경을 쓴 결과, 그로 인해 상품의 질이 낮아지게 되기 쉽다. 그러면, 소비자는 외면해 버린다. 반면에, 가격이 싸면서도 소비자가 정말 원하는 기능이나 품질을 유지하는 상품은 살아남는다.

그 동안에는 가격이 품질에 대한 중요한 판단 기준이었다. 그러나, 이제는 이러한 기준이 바뀌고 있다. 이는 많은 소비자가 가격 이외에도, 그 상품과 관련된 많은 정보를 가지게 되었기 때문이다. 최근에는 생산 기술의 발달로 인해서 가격을 인상하지 않으면서도 품질은 향상되는 상품이 많아지고 있다.

예를 들어, 컴퓨터는 그 성능이 날로 좋아지고 있는데도, 가격은 계속 인하되어 왔다. 결론적으로, 기업은 가격이 지니는 경제적인 면은 물론이고, 소비자의 심리적인 면까지 고려해서 지속적으로 가격을 관리해야만 할 것이다.

2.3 고가전략과 저가전략

기업 입장에서는 보다 높은 가격을 받을수록 좋을 것이다. 반면에, 고객 입장에서는 보다 낮은 가격을 지불하고 사는 것을 좋아할 것이다. 이러한 이해의 상충 관계를 효과적으로 해결하는 것이 가격 전략의 핵심 요소이다.

가격 결정 시 고려해야 하는 요소로는 원가, 경쟁, 수요의 특성 등과 같은 것을 들 수 있다. 원가는 가격의 하한선이며, 고객이 인식하는 가치가 가격의 상한선이 된다. 가격 전략은 궁극적으로 고가 전략과 저가 전략으로 대별할 수도 있다.

가. 고가 전략

우선 고가 전략이란, 신상품을 도입할 때, 그 원가와는 상관없이 가격을 높게 설정해서 구매력이 있는 일부 소비자층에게만 판매하는 방법이다. 이 방법을 쓰면 단기간에 큰 이익을 올릴 수가 있기 때문에 초기에 그 상품을 개발하는데 들어간 비용을 빨리 회수할 수 있다.

가격이 비싸면 품질도 그 만큼 우수할 것이라고 생각하는 소비자 심리를 **가격과 품질의 상관성**이라고 한다. 고가 전략은 이러한 가격과 품질의 상관성을 바탕으로 높은 매출액을 실현해 줄 수 있다. 판매량의 증가는 다시 생산과 판매 원가를 낮출 수 있게 해준다. 이 때 고가 전략을 계속 유지할 수 있다면 원가 인하 분만큼 이익은 더 커지게 된다.

그러나, 높은 가격은 수요를 위축시켜서 전체 매출액을 떨어지게 할 수 있다. 또한, 높은 가격을 우산으로 해서 보다 낮은 가격의 경쟁 상품이 들어와서 시장 점유율을 잠식할 수도 있다.

고가 전략은 다른 기업이 흉내낼 수 없을 정도로 높은 기술력을 가지고 있는 상품이나 기능 면에서 다른 상품과 명백하게 차이가 있는 상품의 가격을 결정할 때 주로 이용된다. 유사품이 없으면, 소비자는 가격을 비교할 수 없기 때문이다. 또 단

기간 내에 다른 기업이 같은 상품을 만들 가능성이 적은 상품이나, 인지도가 높은 브랜드 등에도 이용된다.

일반적으로 고가 상품은 우선 그 품질의 차이를 알 수 있는 사람이나, 가격에 구애를 받지 않는 사람들을 주요 공략 대상으로 한다. 그렇게 해서, 당해 상품이 좋다는 것을 알게 한 다음, 그것이 일반인들에게도 퍼지도록 해서 새로운 소비자를 만들어 나가는 것이 바람직하다. 시간이 지나서 수요가 일정한 정도 이상으로 늘어나면, 가격을 점차 내려서 일반화하는 것이 필요하다.

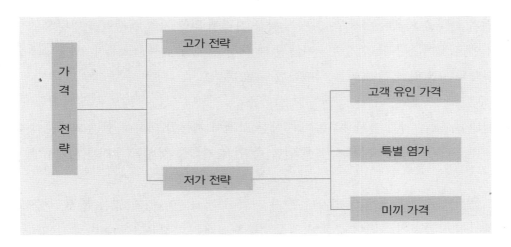

〈그림 16-2〉 고가 전략과 저가 전략

나. 저가 전략

상품을 처음 판매할 때부터 낮은 가격으로 단기간에 그 상품을 다수의 소비자에게 알려서 사용하게 하고, 대량으로 판매함으로써 이익을 크게 올리고자 하는 전략을 저가 전략이라 한다.

이 방법으로는 많은 이익을 얻을 수는 없지만, 큰 시장을 차지할 수가 있다. 시장에 빨리 침투하는 것을 노리는 가격이라는 의미에서 시장 침투 가격이라고도 한다.

이 가격 전략의 주요한 목적은 상품을 처음 구매한 소비자를 고정 고객으로 만드는 것이다. 그래서, 비슷한 상품이 나와도 옮겨가지 않도록 하는 것이다. 따라서, 다른 기업이 금방 모방할 가능성이 높은 상품의 가격을 정할 때 주로 이용된다. 우선 가벼운 기분으로 상품을 사서 사용하게 한다.

대부분의 소비자는 처음에 사용한 브랜드에 애착을 가지기 쉽다. 유사한 상품이 나와도 처음 선택했던 상품을 고집하게 된다. 이것은 다른 브랜드로 바꾸는 것에 대해 저항을 느끼기 쉬운 소비자의 심리를 이용한 것이다.

저가 전략을 사용하는 경우, 초기에 낮은 가격에 의한 가격 경쟁력을 바탕으로 조기에 시장에 침투할 수 있다. 이를 통해 대량 판매를 실현함으로써, 시장 점유율 확대와 **규모의 경제 효과**를 극대화할 수 있다.

반면에, 낮은 가격을 사용하는 경우에는 고객이 지불할 의향이 있는 가격보다 낮게 받음으로써 보다 많은 이익을 얻을 수 있는 기회를 상실할 우려가 있다.

또한, 상품에 대한 질적 평가나 준거 가격이 정립되어 있지 않는 경우, 가격과 품질의 상관성에 의하여 상품이 열등함을 드러내는 부작용을 초래할 수도 있다. 저가 전략 중에서도 백화점의 정기 세일처럼 점포 방문객 수를 늘리거나 잠재 고객들의 구매를 자극하기 위하여 한시적으로 가격을 인하하는 전략을 **촉진 가격 전략**이라 한다. 촉진 가격 전략의 대표적인 유형은 다음과 같다.

(1) 고객 유인 가격 전략

이는 고객이 자기 점포를 방문하도록 유도하기 위해서, 일부 품목의 가격을 한시적으로 인하하는 것이다. 필요하면 원가 이하로 팔기도 한다. 이러한 가격 전략에 의해 가격이 인하되는 품목을 전략 상품이라고 부른다.

중간상이 고객 유인 가격 전략을 사용하는 이유는 전체적인 매출액과 이익을

증대시키기 위한 것이다. 즉, 전국적으로 잘 알려져 있고 자주 구매되는 품목에 대해 전략적으로 낮은 가격을 책정하면 이것을 구매하기 위해 점포를 방문한 고객이, 정상적인 가격의 다른 품목들도 함께 구매하게 되므로 전체적으로는 매출액과 이익이 올라가는 것이다.

(2) 특별 염가 전략

이는 특정한 브랜드의 매출액을 증대시키기 위해 중간 상인보다는 주로 생산자가 일시적으로 가격을 인하하는 것이다. 염가라고 하는 말은 저렴한 가격을 의미한다.

대체로 편의품의 경우에 널리 이용한다. 특별 염가 전략의 변형으로는 상품 포장에 할인 쿠폰을 부착해서 다시 구매할 때 일정한 비율을 할인해 주는 방법이 있다.

(3) 미끼 가격 전략

이는 일단 허위 또는 오도하는 광고를 통해서 소비자를 점포 내로 끌어들인 후에, 정상 가격의 비싼 상품을 구매하도록 고압적으로 강요하는 가격 전략이다.

예를 들어, "OO 창고 폐업 정리, 오리털 파카 한 벌에 10,000원"이라고 쓴 신문 전단지가 있다. 여기서 "OO"은 지금은 없어졌지만 과거에 유명했던 의류 브랜드이다. 현장에는, 유명 브랜드의 옷을 싸게 살 수 있다는 기대를 가진 사람들이 많이 모여들었다. 그러나, "OO"은 단지 창고 이름일 뿐, 해당 의류는 전혀 없고, 다른 의류만 몇 만원씩에 팔고 있는 경우, 이것이 대표적인 미끼 가격 전략이다. 이러한 것은 소비자 보호 차원에서 법적 규제 대상이다.

3 농산물 가격

3.1 농산물 가격의 결정요인

일반 상품과 마찬가지로 농산물 가격도 수요와 공급이라고 하는 경제 원리에 의해서 결정된다.

어떤 농산물에 대한 수요량은 장기적으로 인구수, 1인당 실질 소득 수준 및 소비자의 기호에 의해 결정되며, 단기적으로는 당해 농산물의 가격 수준과 대체 농산물의 가격 수준에 의해 결정된다. 공급량은 국내 생산량과 외국으로부터의 수입량에 의해서 결정된다. 국내 생산량은 농경지 면적, 생산 기술, 기후 조건, 생산 자재의 가격, 생산물의 가격 등과 같은 요인에 의해 결정된다.

또한, 농산물의 생산자와 소비자를 연결시켜주는 상적유통 및 물적유통 과정에서 발생하는 유통 비용도 농산물 가격의 주요한 요인이 된다. 이외에도, 정부나 공공 기관에 의한 농산물 비축 사업 등과 같은 정부의 시장 개입도 가격에 영향을 미친다.

3.2 농산물 가격결정의 특성

농산물 가격은 그 형성과정에 있어서 몇 가지 특성을 가지고 있다. 첫째, 농산물 가격은 경쟁 가격이다. 둘째, 유통 비용이 크다. 셋째, 가격이 불안정성이 높다. 넷째, 가격의 계절성이 높다.

가. 경쟁 가격

완전 경쟁이란 생산물이 다수의 동질적인 생산자에 의해 생산, 판매되어서 개별 생산자는 가격 형성에 거의 영향을 주지 못한다는 가정 하에서 성립된다. 농업생산은 다수의 농가에 의해 이루어지고 있으므로, 개별 농가의 생산량은 총 생산량 중에서 매우 적은 비중을 차지한다. 개개의 농가가 자기의 생산량을 변경하거나 광고 홍보 등을 통해 자기 생산물의 가격을 임의로 움직일 수 있는 입장에 있지

않은 경우가 대부분이다.

즉, 농업 생산자는 '가격을 만드는 자'가 아니라, '가격을 수용하는 자'로서, 시장 가격을 주어진 것으로 간주하여 자기 생산 또는 공급량을 조절할 수 있을 뿐이다. 이처럼 농산물 시장은 경쟁 시장이므로, 농산물 가격 역시 경쟁 가격에 가깝다.

경쟁적인 요소는 생산과 공급뿐만 아니라, 일반적으로 수요 측면에서도 나타나고 있다. 대부분의 농산물은 수요자가 다수이므로 개개의 수요자가 자기의 수요량을 증감한다고 해서 바로 가격이 변동하는 것은 아니다. 공업용 원료로 사용되는 농산물과 같이 특정한 경우에는 어느 정도의 수요 과점이 있을 수 있으나, 일반적으로 농산물 시장은 경쟁시장이라고 보는 것이 타당하다.

나. 높은 유통비용
농산물은 전국적으로 분산 소재하는 소규모 생산자에 의해 생산, 판매되고 있으며, 수요자 역시 전국적으로 분산되어 있어서 많은 운송비용을 필요로 한다. 또한, 생산은 계절성을 가지고 있는데 비해, 수요는 연중 큰 변동이 없으므로 보관 비용도 많이 요구된다. 이러한 특성 때문에 농산물 유통은 자연히 다수의 중간 상인이 개입될 수밖에 없으며, 그로 인해 농산물 가격에서 유통 비용이 차지하는 비중도 상대적으로 높아질 수 밖에 없다.

다. 가격의 불안정성
농산물 가격의 불안정성이 높은 주된 이유는 농산물에 대한 수요와 공급의 특유성에 있다. 농산물도 다른 상품과 같이 수요와 공급에 의해 균형을 찾아가는데, 일반적으로 농산물은 다른 상품에 비해 수요의 가격탄력성이 낮으며, 공급의 가격탄력성도 낮은 편이다. 그래서, 수요 또는 공급의 변화에 따른 가격의 변화폭이 심하게 나타나는 경향이 있다.

수요의 가격 탄력성이란 가격이 변화에 따라 수요가 변하는 정도를 말한다. 가격이 변할 때 수요가 많이 변하는 것을 **탄력적**이라고 하는 반면에, 가격이 변할 때 수요가 적게 변하면 비탄력적이라고 한다. 탄력성은 상품마다 다르게 나타나는데 대체로 사치품은 탄력적이고, 농산물과 같은 생활필수품은 **비탄력적**이다. 탄력성은 가격뿐만 아니라 수요와 공급에 영향을 미치는 모든 변수에 적용된다. 예를 들어, 소득이 변할 때 수요가 얼마나 변하는지를 측정할 수 있는데, 이것을 '수요의 소득 탄력성'이라 한다.

라. 가격의 계절성

농산물의 가격은 계절에 따라 가격 변동 양상이 뚜렷하다는 것이 주요한 특징에 하나이다. 일부 농산물을 제외하고 대부분의 농산물은 1년에 한번 생산되는 반면에, 소비는 연중 계속되므로, 가격변동도 계절성을 가지게 된다. 수확기에는 일반적으로 공급 과잉이 되어서 가격 하락 현상이 나타나고, 생산이 되지 않는 시기에는 가격이 올라가는 현상을 보인다. 이러한 현상은 농업 경영의 영세성이 높은 분야에서 더 심하다. 생산의 계절성으로 인한 가격 변동과 함께, 연중 소비에 대비한 저장, 보관에 따른 비용도 농산물 가격의 계절성과 관련이 깊다.

4 판매가격과 손익분기점

4.1 매입원가와 매가

상품의 매입과 매출은 유통업에서 가장 중요한 부분이며, 상품을 매입할 때 지출된 여러 가지 비용을 포함하여 매입 원가를 구하고, 이것을 근거로 매가를 산출하게 된다. 상품을 매입할 때는 매입시의 가격에다 이 상품을 매입하는데 들어간 여러 가지 비용을 가산하여야 한다.

매입원가 = 매입가격 + 매입 제 비용

한편, 상품을 판매하기 위해서는 매입원가에 일반 관리비와 희망이익을 합한 금액으로 상품의 판매 예정가를 결정하는데 이를 매가 또는 정가라고도 한다.

> 매가 = 매입원가 + 이익액 (일반 관리비 + 희망이익)
> 매가 = 매입원가 ÷ { 1 - (이익률 ÷ 100)}

4.2 손익 분기점

손익 분기점(BEP : break even point)이란 손실과 이익의 분기점이 되는 매출액을 의미한다. 즉 이익도 손실도 생기지 않는 매출액을 말한다. 따라서, 일정기간의 매출액이 그 분기점을 넘어서 증가하면 이익이 발생 하지만, 매출액이 감소하여 그 분기점을 밑돌면 손실이 발생하게 된다. 손익 분기점 계산식은 다음과 같다.

> $P = F / \{1-(V/S)\}$
> * P : 손익분기점 F : 고정비 V : 변동비 S : 매출액

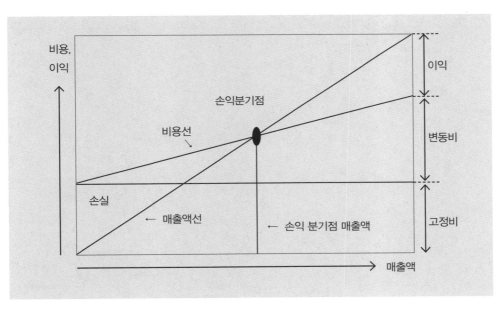

〈그림 16-3〉 손익 분기점

351

손익 구조의 변화는 매출액의 증감에 의한 영향보다는 오히려 비용 증감에 크게 영향을 받는다. 비용에는 매출액의 증감에 거의 관계없이 지출되는 비용과 매출액의 증감에 따라 변화하는 비용이 있다. 전자를 고정비라 하고, 후자를 변동비라 한다. 고정비에는 임원 급료, 판매원의 급료, 복리후생비, 차량 연료비, 여비 교통비, 통신비, 소모품비, 수도 광열비, 광고 선전비, 감가상각비, 수선비, 토지 건물 임차료 등이 있다. 변동비에는 매출원가, 지급운임, 지급 하역비, 포장 재료비, 지급 보관료 등이 있다.

예를 들어, A점포의 일정기간 동안 매출액이 15,000,000원, 고정비가 3,500,000원, 변동비 11,000,000원 이라면 손익 분기점은 다음과 같이 계산한다. A점포의 손익 분기점은 13,125,000원으로 현재 매출액이 15,000,000원이므로 이익이 발생하는 점포로 볼 수 있다.

$$\text{손익 분기점} \quad = \quad \frac{3,500,000}{1 - (11,000,000/15,000,000)} \quad = \quad 13,125,000원$$

○ 중간상이 상품을 현금으로 구매하거나 대금을 지불 만기일 전에 지급하는 경우, 제조업자는 중간상에게 판매 대금의 일부를 할인해 주게 된다. 이러한 방식의 할인을 현금할인(cash discounts)이라 한다.

○ 거래 할인은 일반적으로 제조업자가 해야할 업무의 일부를 중간상이 수행하는 경우, 이에 대한 보상으로 경비의 일부를 제조업자가 부담해 주는 것이다.

○ 유통 분야에서 리베이트(rebate)는 판매 촉진을 위한 지원금의 일종이라고 할 수 있다. 리베이트란 상품을 판매한 후에 구매 영수증을 비롯한 증명서를 제조업자에게 보내면 제조업자가 판매 가격의 일정 비율에 해당하는 현금을 반환해 주는 것을 말한다.

○ 수량 할인은 중간상이 일시에 대량구매를 하는 경우에 제공되는 할인이다. 대체로 할인율은 구매량에 비례해서 증가한다.

○ 상품의 가격을 설정하는 방법은 원가 중심의 가격 설정, 구매자 중심의 가격 설정, 그리고, 경쟁자 중심의 가격 설정 등 세 가지로 구분해 볼 수 있다.

○ 일정한 생산량이나 판매량에 대하여 발생하는 고정 원가와 변동 원가의 합계를 총 원가(total costs)라고 한다.

○ 상품 원가에 초점을 두면서 가격을 결정하려는 접근 방법 중에서 가장 단순한 형태는, 원가에 일정한 비율이나 금액을 가산하여 기준 가격으로 삼는 원가 가산 가격 결정(cost-plus pricing)이다.

○ 구매자 중심의 가격 설정은 생산자 측의 원가에 기초하는 것이 아니라, 구매자 측의 의식, 지불 능력을 나타내는 소득액 등을 기초로 가격을 설정하는 방식이다. 제조 원가와는 별도로 상품을 만들기 전에 그 상품을 소비자가 얼마나 원하는지, 가격이 어느 정도면 살 의향이 있는지 등을 조사해서, 이것을 기초로 가격을 결정하는 것이다. 이러한 방법으로 책정되는 가격은 수요 지향적 가격이라고 할 수 있다.

○ 경쟁자 중심의 가격 설정은 같은 상품을 판매하고 있는 다른 경쟁사와의 경쟁을 고려해서 가격을 설정하는 것이다. 경쟁자 중심의 가격 설정 방법의 대표적인 유형은 경쟁자 모방 가격과 과점 가격이다.

○ 단수 가격 전략이란 경제성의 이미지를 제공하여 구매를 자극하기 위해 단수의 가격을 구사하는 전략이다. 예를 들어, 1,000원에 비해서 990원은 훨씬 싸며, 10만원대(19만9천원)는 20만원보다 훨씬 싸다고 소비자가 느끼는 점을 이용하는 것이다.

○ 무슨 상품하면 자동적으로 얼마 하는 식으로 가격이 연상되는 종류의 상품도 있다. 캔 음료 500원, 껌 200원 하는 식으로 장기간 같은 가격을 고수해 왔기 때문에, 소비자 사이에 관습적으로 그 가격이 굳어져 있다. 이러한 가격을 관습 가격이라 한다.

○ 어떤 기업들은 상품의 가격을 일부러 높게 책정해서, 품질의 고급화와 상품의 차별화를 나타내는 경우도 있다. 이러한 가격을 명성 가격이라 한다. 즉, 명성 가격 전략이란 고급 품질의 이미지를 유지하기 위하여 비교적 높은 가격을 구사하는 전략이다.

○ 개수 가격 전략(even pricing policy)이란 고급 품질의 이미지를 제공하여 구매를 자극하기 위해 '하나에 얼마'하는 식의 개수 가격을 구사하는 전략이다.

향수 한 병에 20만원, 시계 하나에 40만원, 밍크 코트 한 벌에 300만원의 예에서와 같이 개괄적인 수치의 가격은 고급 품질을 암시한다.

○ 가격이 비싸면 품질도 그 만큼 우수할 것이라고 생각하는 소비자 심리를 가격과 품질의 상관성이라고 한다.

○ 상품을 처음 판매할 때부터 낮은 가격으로 단기간에 그 상품을 다수의 소비자에게 알려서 사용하게 하고, 대량으로 판매함으로써 이익을 크게 올리고자 하는 전략을 저가 전략이라 한다.

○ 저가 전략 중에서도 백화점의 정기 세일처럼 점포 방문객 수를 늘리거나 잠재 고객들의 구매를 자극하기 위하여 한시적으로 가격을 인하하는 전략을 촉진 가격 전략이라 한다. 촉진 가격 전략의 대표적인 유형은 (1) 고객 유인 가격 전략 (2) 특별 염가 전략 (3) 미끼 가격 전략 등이 있다.

○ 농산물 가격은 그 형성과정에 있어서 몇 가지 특성을 가지고 있다. 첫째, 농산물 가격은 경쟁 가격이다. 둘째, 유통비용이 크다. 셋째, 가격이 불안정성이 높다. 넷째, 가격의 계절성이 높다.

○ 수요의 가격 탄력성이란 가격이 변화에 따라 수요가 변하는 정도를 말한다. 가격이 변할 때 수요가 많이 변하는 것을 탄력적이라고 하는 반면에, 가격이 변할 때 수요가 적게 변하면 비탄력적이라고 한다.

○ 손익 분기점(BEP : break even point)이란 손실과 이익의 분기점이 되는 매출액을 의미한다. 즉 이익도 손실도 생기지 않는 매출액을 말한다.

제17장 촉진 관리

1 촉진관리의 기초

1.1 촉진의 개념

마케팅 전략의 핵심은 상품, 가격, 유통 및 촉진이다. 촉진(promotion)이란 고객에게 자사 상품을 알려서 사고 싶은 욕구가 생기도록 만들어서, 결국에는 판매로 연결되도록 하는 활동이다. 즉, 상품을 판매하기 위해서는 여러 가지 방법으로 소비자의 구매 의욕을 높이는 활동을 해야 한다. 이것을 촉진이라 하며, 그 방법으로는 광고, 홍보, 판매촉진 및 인적판매 등이 있다.

넓은 의미에서 상품, 가격 및 유통 전략을 세우는 것도 **촉진**이라고 할 수 있다. 마케팅의 목적은 고객이 만족하는 상품을 많이 파는데 있다. 그 목적을 달성하기 위해서 상품 계획을 세우고, 가격을 설정하고, 효과적인 유통 방법을 생각해 내는 것이다. 상품 전략, 가격 전략 및 유통 전략이 고객이 상품을 사도록 하기 위한 조건을 만드는 것이라면, 촉진 전략은 이러한 세 가지 전략 하에서 만들어진 상품의 정보를 소비자에게 알리고, 그들이 실제로 구매하도록 자극하는 역할을 하는 것이다.

1.2 촉진의 기능

가. 정보 전달

기업이 수행하는 촉진 활동의 주요 목적은 정보를 널리 유포하는 것이다. 이러한 촉진 활동은 커뮤니케이션의 기본적인 원리에 따라 수행된다. 특히, 상품 수명 주기 상의 도입 단계에서는 자사의 새로운 상품에 관해서 잠재 고객들에게 적극적

으로 알릴 필요가 있으므로, 도입기에는 정보 제공 목적의 촉진이 널리 실시된다.

잠재 고객이 새로운 상품의 장점이나 편익에 대해 모르고 그것을 구매할 수는 없다. 따라서, 촉진의 정보 제공 기능은 잠재 고객에게 보다 현명한 구매 결정을 할 수 있도록 도움을 준다.

나. 설득

촉진 활동은 소비자가 그들의 행동이나 생각을 바꾸도록 하거나, 현재의 행동을 더욱 강화하도록 설득하는 기능도 한다. 대부분의 촉진은 설득을 목적으로 한다. 즉, 구매와 관련된 행동을 하도록 변화를 유도하기 위해서 촉진 활동이 수행된다.

경우에 따라, 마케팅 담당자는 촉진을 통해 즉각적인 구매를 유도하기보다는, 자기 기업이나 상품에 대한 긍정적인 이미지를 창출하는데 더 많은 노력을 기울이기도 한다. 소비자가 어떤 기업이나 상품에 대해 긍정적인 이미지를 가지고 있으면, 구매 행동으로 이어질 가능성이 그만큼 커지기 때문이다. 설득은 대체로 상품 수명 주기 상의 성장기에 들어갈 때 기본적인 촉진 목적이 된다.

다. 상기

상기 목적의 촉진은 자사의 브랜드에 대한 소비자의 기억을 되살려서 소비자 마음속에 유지시키기 위한 것이다. 상품 수명 주기를 기준으로 하면, 주로 성숙기 동안에 실시된다. 이러한 형태의 촉진은 이미 소비자가 어떤 상품이 제공하는 편익에 대해 설득되었다고 가정하고 단순히 기억만을 강화시키는 기능을 수행한다.

결국, 촉진 활동은 이상과 같은 목적을 수행하면서, 기업이 표적 시장에 자신의 존재를 알리고, 자신의 상품을 적절히 차별화하고, 자신의 브랜드에 대한 소비자의 충성도를 높이는데 목적이 있다.

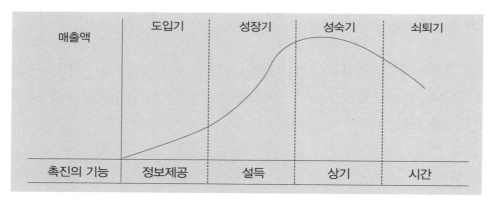

〈그림 17-1〉 상품수명주기와 촉진 기능

1.3 촉진의 수단

촉진은 상품, 가격, 경로와 함께 마케팅 믹스를 구성하는 요소의 하나이다. 마케팅 믹스의 네 가지 요소들은 서로 관련성을 갖고 있으며, 고객의 만족에 초점을 두고 있다.

상품, 가격, 경로, 촉진 등의 네 가지 분야는, 각각 여러 가지의 하위 요소들로 구성되어 있다. 즉, 각 마케팅 믹스 요소마다 그 자체의 하위 요소를 가지고 있다. 촉진 활동을 위하여 마케팅 담당자가 사용할 수 있는 촉진 활동의 하위 요소는 대체로 광고, 홍보, 판매 촉진, 인적 판매 등 네 가지이다. 이들을 보통 '촉진 수단' 또는 '촉진 믹스'라고 부른다. 이러한 촉진 수단들은 각각 고유한 특성을 가지고 있다.

촉진은 인적 경로와 비인적 경로를 통하여 이루어진다. 인적 촉진은 서로 얼굴을 보면서 이루어지는 양방향 커뮤니케이션으로, 인적 판매가 여기에 해당된다.

이에 비해 비인적 촉진은 대중 매체나 경품 등과 같은 것을 통해서 이루어지는 일방적인 커뮤니케이션으로써, 광고, 홍보 및 판매 촉진이 이에 해당된다.

2 광고와 홍보

2.1 광고의 의의

우리는 아침에 일어나 신문이나 TV를 보면서 광고에 접하기 시작해서 하루 종일 광고의 홍수 속에서 살아가고 있다. 이러한 광고는 비인적 촉진의 하나로, 신문, 잡지, TV, 라디오 등의 유료 매체를 통해서 상품이나 기업의 이미지를 전달하는 방법이다.

다시 말해, 광고란 특정한 광고주에 의하여 비용이 지불되는 모든 형태의 비인적 판매 제시를 의미한다. 물론 판매 제시의 객체는 상품, 서비스 또는 아이디어에 관한 것이다.

상품을 파는 사람은 판매 실적을 올리기 위하여 취급 상품에 대한 품질이나 사용상의 이점, 특성 또는 점포 등을 널리 소비자에게 알려서 수요를 일으키게 할 필요가 있다. 이를 위해서 경쟁적으로 광고를 한다. 그러나, 광고의 내용은 진실해야 한다. 과대 광고나 허위 광고를 하게 되면 소비자로부터 신용을 잃게 되어, 오히려 수요를 감소시키는 결과를 가져오게 된다.

광고는 그 매체에 따라, 텔레비전이나 라디오에 의한 방송 광고, 신문이나 잡지 광고, 간판, 포스터, 네온사인 등에 의한 옥외 광고, 편지, 팜플렛(pamphlets), 카탈로그(catalog) 등에 의한 직접 광고, 교통 기관을 이용한 교통 광고, 점포 내외를 이용한 점포 광고 등 여러 가지가 있다.

점포내 광고의 대표적인 예이 하나가 POP(point-of-purchase)광고이다. 이것은 고객의 구매 시점에서 행하여지는 광고를 말한다. 즉, 고객이 쇼핑하는데 편하도록 상품 가격, 규격, 특성 등을 알려주는 광고 방법이다. 이것을 작성할 때는 글자를 고객이 알아보기 쉽게 쓰고, 고객 입장에서 잘 보이는 곳에 부착하여야 하며, 이것으로 인해 진열 상품이 가리지 않도록 주의해야 한다.

2.2 광고의 유형

기업이 사용하는 상품 광고의 유형은 광고 목표, 표적 수신자, 수요 형태 등에 따라 여러 가지로 분류할 수 있다. 먼저, 광고는 촉진의 객체가 무엇인가에 따라 상품 광고와 기관 광고로 구분할 수 있다.

가. 상품 광고

상품 광고는 특정 상품이나 서비스에 대한 정보를 전달하기 위한 광고이다. 상품 광고는 소비자에게 특정 상품을 구매하고 싶은 욕구가 일어나도록 해서, 직접 구매 행동으로 이어지게 하는데 목적이 있다.

나. 기관 광고

특정 산업이나, 회사, 조직, 개인, 지역, 정부 기관 등이 전달하고자 하는 개념, 특성, 아이디어, 정책 등을 촉진하기 위한 것을 기관 광고라고 한다. 기업에서는 기업 이미지 관리를 위해 실시하는 기관 광고를 **기업 광고**라고 한다.

즉, 기업 광고(corporate advertising)란 "상품이나 서비스 그 자체를 구매하도록 잠재고객을 직접적으로 설득하기 위한 것이 아니라, 상품 또는 서비스를 제공하고 있는 기업에 대하여 호의적인 이미지를 형성시키기 위한 광고"를 말한다. 그러한 광고는 기업과 그 활동에 관해 공중에게 알림으로써 고객들이 기업에 대하여 우호적인 이미지를 갖도록 하여 간접적으로는 상품 또는 서비스를 촉진하게 된다.

2.3 광고 전략

광고 전략은 크게 표현 전략과 매체 전략으로 구분할 수 있다. 먼저, 표현 전략은 크리에이티브(creative) 전략이라고도 한다. 이것은 전달해야 할 메시지의 작성에 관한 것이다. 이에 비해 매체 전략은 미디어(media) 전략이라고도 하는데, 이는 메시지를 전달할 수단을 확보하는 것에 관한 것이다.

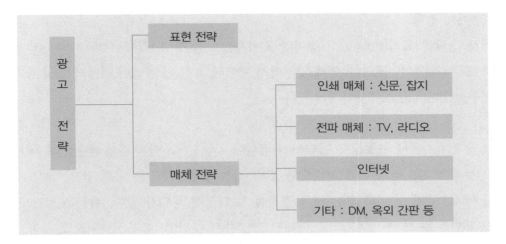

〈그림 17-2〉 광고 전략의 유형

가. 표현 전략

광고 매체는 시간이나 지면에 제약에 있다. 따라서, 표현 전략(creative strategies)의 첫 단계는 소비자에게 꼭 전달하고 싶은 자사 상품의 속성을 정하는 것이다.

즉, 메시지를 명확히 해야 한다. 많이 전달하려고 욕심을 내면, 고객에게 아무것도 기억시키지 못하고 광고비만 낭비하게 된다. 커뮤니케이션 원리에 따르더라도, 많은 속성을 늘어놓는 것보다는 핵심적인 속성으로 좁히는 것이 더 효과적이다.

다음은 기업이 전달하고자 하는 상품 속성을 광고 수신자가 흥미를 가지고 받아들일 수 있도록 광고 표현으로 만들어 내는 것이다. 광고의 홍수 속에서 사람들은 너무 많은 광고에 노출되고 있다. 소비자가 광고를 접한다해도 관심을 가지고 그것을 볼지는 미지수이다.

따라서, 고객의 흥미나 관심을 끌 수 있는 광고 메시지를 만들어 내야 한다. 메시지를 목표로 삼고 있는 고객이 공감할 수 있는 언어로 바꾸는 일을 전문적으로 하는 사람을 **카피라이터**(copywriter)라 한다. 대부분의 광고는 광고 전문 회사를 통해서 제작되므로, 자사에 적합한 광고 회사를 잘 선정하는 것이 중요한 과제이다.

나. 매체 전략

매체 전략은 표적(target) 시장이나 소비자를 어떻게 정의하느냐에 따라 달라진다. 표적의 윤곽, 규모, 지역에 맞추어서 제한된 촉진 예산 범위 내에서 가장 효과적인 매체(media)를 찾아내야 한다.

표적 수신자에게 광고물을 전달하기 위하여 사용할 수 있는 매체에는 인쇄 매체(신문과 잡지), 전파 매체(라디오와 TV), 직접 우편, 인터넷, 옥외 광고, 교통 수단 매체, 구매 시점 촉진물, 광고 증정품 등 다양한 형태가 있다. 이들은 각각 장점과 단점을 가지고 있으므로 마케팅 담당자는 여건에 따라 선택적으로 사용할수 있다.

(1) 신문과 잡지

신문과 잡지는 인쇄 매체라는 공통점을 가지고 있지만, 서로 다른 특성도 많이 있다. 우선 신문은 독자층이 넓다는 장점이 있다. 광고용 원고의 입고에서 출고까지 준비기간(lead time)이 비교적 짧으며, 정보가 활자로 전달된다는 특성이 있다.

잡지는 종류가 다양한 반면에 독자수가 제한적이다. 그러나, 잡지는 등산, 낚시, 골프 등과 같이 성격별로 독자층이 분명하게 세분화되어 있어서 목표 고객에게 광고가 도달할 가능성이 높다.

(2) TV와 라디오

TV는 시청자가 많고 매체의 특성상 감각에 호소할 수가 있어서 그 영향력이 크다. 반면에 목표로 상정한 시청자를 특별히 정하기가 어렵고, 시청률이 가장 높은 황금시간대는 광고비가 매우 비싸다. TV 광고용 메시지는 시간 제약 때문에 전달하고자 하는 속성을 압축해야 한다. 그리고, 시청자가 흥미를 느낄수 있도록 독창적인 내용으로 제작해야 하기 때문에 제작 비용이 많이 든다.

라디오는 TV에 비해 매우 경제적이긴 하지만, 청취자가 매우 제한되어 있다. 낮에는 주로 운전자, 밤 시간에는 십대 청소년이 주요 청취자이다.

(3) 인터넷

정보 통신 기술의 발달은 기업의 촉진 활동에도 많은 영향을 주고 있다. 특히, 인터넷을 사용하면 시간과 장소의 제약 없이 국내외 누구와도 커뮤니케이션이 가능하다. 인터넷에 자사의 웹사이트를 개설하면, 그 자체가 점포와 광고 매체의 역할을 동시에 할 수 있다.

인터넷에는 상점과 점원이 없으면서도, 대인 판매와 마찬가지로 고객에게 상품 정보를 제공할 수 있다. 홈페이지에 상품 정보를 미리 준비해 두었기 때문에, 고객은 자신이 원하는 상품 정보를 얻을 수 있는 것이다. 고객은 인터넷을 통해 상품정보만 얻는 것이 아니라, 온라인으로 상품을 주문할 수도 있다. 다른 매체는 공간과 시간의 제약이 많이 있지만, 인터넷은 홈페이지에 메시지를 넣어 두면 누구나 시간과 장소에 제약을 받지 않고 접속해서 볼 수 있다.

그러나, 인터넷은 고객 자신이 자발적으로 보고자 하는 의지가 없으면 그 세계에 들어오지 않는다는 약점이 있다. 인적 판매나 광고는 상품에 대해 전혀 모르는 사람에게 일방적으로 메시지를 전달하는 일종의 강제성이 있다.

예를 들어, 커피를 안 마시는 사람이라도 주말의 명화를 보고있는 중에 커피 광고가 나오면 볼 수밖에 없는 것이다. 그러나, 인터넷에 커피에 관한 자료와 광고를 올리면, 커피를 좋아하는 사람, 커피에 대해 정보가 필요한 사람만 접속할 것이다. 즉, 인터넷 광고를 보고 안보고는 인터넷에 접속하는 고객의 선택에 달려있다. 이러한 한계가 있다 하더라도 앞으로 인터넷은 촉진 도구로서 그 활용도가 높을 것이다.

2.4 홍 보

가. 홍보의 의의

홍보는 특정한 기업이나 상품을 위하여 발간되는 뉴스와 정보이다. 다시 말해서, **홍보**란 "상품, 서비스 또는 아이디어에 관한 뉴스나 정보로서 발표되지만, 후원자 (sponsor)에 의해 비용이 지불되지 않는 형태의 촉진"을 말한다. 메시지를 제시 하기 위하여 사용되는 지면이나 시간에 대하여 후원자가 비용을 지불하지 않는다 는 점에서 홍보는 무료이다.

물론 이러한 홍보를 위하여 할애되는 대중 매체의 지면이나 시간은 무료이지만, 홍보를 구성하고 배포하기 위한 비용은 기업이 부담해야 한다. 대체로 홍보 메시 지는 신문, 잡지, 라디오와 같은 매체를 통하여 뉴스나 공지 사항으로 제시된다.

광고가 일방적으로 상대방에게 알리는 것에 대하여, 홍보는 사업의 내용 등을 널 리 알림으로써 상대방의 이해를 높이고 호감을 가지게 하여 광고와 유사한 효과를 얻는 방법이다. 예를 들어, 우유협동조합은 우유에 관한 홍보성 기사를 통해서 우 유를 마시는 것이 건강 생활을 보장해 준다는 인식을 소비자들에게 심어주어서, 우유 소비량을 증가시킬 수 있다.

홍보 자료란 매체에게 자신에 관한 뉴스와 정보를 제공하기 위한 수단이다. 여 기에는 보도 자료, 기자 회견, 녹음(녹화)자료 및 기고물 등과 같은 형태가 있다.

보도 자료는 가장 널리 이용되는 홍보 자료의 유형이다. 기업의 신상품, 새로운 공 정 또는 기업 인사의 동정에 관한 이야기를 적은 것이다. 보도 자료의 주제는 간 행물의 독자에 대하여 뉴스 가치를 갖거나 도움이 되어야 하며, 간혹 매체 편집자 의 요청에 의해 제공되기도 한다.

나. 홍보 관리

홍보 담당자는 기업에서 발생하는 홍보 기회를 주의 깊게 포착해야 한다. 잠재적인 홍보 기회를 많이 갖고 있는 분야는 기업의 경영 활동, 새로운 공정, 신상품, 촉진 활동, 시장 정책, 운동 경기팀, 기업 내 주요 인사의 동정 등이다. 홍보를 효과적으로 수행하기 위해서는 월별로 홍보 계획표를 작성해서 이용하는 것이 바람직하다.

한편, 홍보 담당자는 매체의 편집자와 우호적인 관계를 유지하여야 한다. 즉 이들 사이의 관계는 호혜적으로 볼 수 있다. 매체의 편집자는 홍보가 실리는 지면과 시간을 통제하지만, 매체가 독자들에게 가치가 있기 위해서는 그들에게 유용한 뉴스나 정보를 기업으로부터 얻어내야 하기 때문이다.

다. 공중 관계

이제 홍보는 공중 관계의 관리 수단으로서 그 역할이 확장되고 있다. 기업에 대해 직접, 간접으로 이해 관계를 가지고 있는 집단을 **공중**이라고 한다. 여기에는 고객, 주주, 종업원, 공급자, 금융 기관, 지역 사회, 정부, 언론 등이 포함된다. 기업 활동에 이해 관계가 있는 모든 공중을 대상으로 우호적인 관계를 형성하기 위한 노력을 공중 관계(PR, public relations)라 한다. 기업과 공중 사이의 상호 이해와 호의를 확보하는 것이 공중 관계의 목적이다. 따라서, 많은 기업들은 의도적이며 유용한 공중 관계 프로그램을 통해서 기업의 정책과 관행에 대한 공중의 이해를 확보하고자 노력하고 있다.

3 판매촉진과 인적판매

3.1 판매 촉진

가. 판매촉진의 의의

상품, 가격 및 유통 전략을 세우는 것도 넓은 의미에서는 모두 촉진이라고 할 수 있다. 그러나, 여기에서 말하는 촉진 수단의 하나로서 판매 촉진은 좁은 의미에서의 판매 촉진을 의미한다.

이러한 판매 촉진이란 앞서 제시된 광고, 홍보 및 인적 판매와 같은 세 가지의 범주에 포함되지 않는 모든 촉진 활동을 말한다. 대체로, 다른 촉진 수단의 기능을 보완하기 위해서 설계된다. 소비자를 대상으로 행하는 판매 촉진으로는 가격 할인, 경품, 무료 체험, 샘플 제공 등 다양하다.

광고가 고객의 무의식 속에 이미지를 누적적으로 침투시키는 데 주목적이 있다면, 판매 촉진은 광고를 통해 높아진 소비자의 관심을 실제의 판매로 끌어들이려는 의도를 가지고 있다. 즉, 판매 촉진은 직접적인 유인으로서 즉각적인 행동을 얻어내는데 도움이 된다.

판매 촉진은 단기적으로 어떤 태도 변화나 이미지 형성에 많은 영향을 주지는 못한다. 그러나, 즉각적으로 구매하도록 행동하도록 촉구하는데는 효과적이다.

판매 촉진은 무료로 무엇을 얻는다는 느낌을 소비자나 중간상에게 줌으로써 추가적인 만족을 제공한다. 또한, 자신의 상품을 경쟁자의 것과 차별화 하기 위한 수단으로도 이용될 수 있다. 즉, 기업 간에 기술 수준이 비슷해짐으로 인해서 상품 특성을 근거로 한 상품 차별화가 어렵다. 그리고, 과점적인 경쟁 구조로 인해 가격 경쟁은 파멸적인 결과를 가져오기 쉽다. 이러한 사정으로 인해, 마케팅 담당자

들은 차별화의 수단으로 판매 촉진 방법을 사용하는 경우가 많다.

판매 촉진은 사업의 다양한 규모뿐만 아니라, 상품 수명 주기상의 모든 단계에서 사용될 수 있다. 예를 들어, 소규모 선물 가게에서는 카드의 제공, 가격 인하 등의 판매 촉진 방법을 사용할 수 있다.

반면에, 승용차의 생산자는 대리점에게 경영 지도, 판매원 훈련 등의 판매 촉진을 제공할 수 있다. 또한, 도입기에는 시험삼아 사용해 보는 것을 격려하기 위한 샘플이나 할인 쿠폰을 제공하고, 성숙기에는 구매를 촉구하기 위하여 경품(premium) 등을 제공할 수 있다.

그러나, 판매 촉진이 장기간 지속되거나 지나치게 자주 반복되면 결국상품 자체의 이미지에 손상을 줄 수도 있다. 따라서, 단기적으로만 사용하는 것이 바람직하다. 판매 촉진만으로 브랜드 충성도를 개발하기는 곤란할 뿐만 아니라, 과도한 판매 촉진은 브랜드 이미지를 손상시킬 수 있다.

판매 촉진은 다른 촉진 노력을 대체하는 것이 아니라 보완하는 수단인 것이다. 따라서, 하나 이상의 다른 촉진 도구와 함께 사용할 때 효과적이다.

나. 판매 촉진의 유형

판매 촉진은 판매원, 소비자, 그리고 중간상을 대상으로 실시할 수 있다. 즉, 판매 촉진은 첫째, 기업의 판매원으로 하여금 판매 노력을 경주하도록 격려하고 지원하며, 둘째, 상품을 마케팅함에 있어서 중간상의 수용과 적극적인 촉진지원을 획득하고, 셋째, 소비자에 대하여 상품의 구매를 설득하는 기능을 한다.

따라서, 좋은 판매 촉진이 되기 위해서는, 판매원으로 하여금 시범과 같은 매출액 증대 활동을 적극적으로 수행하게 하고, 중간상인으로부터 협동 광고를 얻어내며, 소비자로 하여금 반복 구매를 하도록 하는 것이어야 한다. 판매 촉진의 주요 유형을 살펴보면 다음과 같다.

〈표 17-1〉 판매 촉진의 유형

판매 촉진 대상	판매 촉진 수단
소비자	가격 할인, 경품(premium), 콘테스트, 할인 쿠폰, 스탬프, 리베이트, 샘플, 대금 반환 제의(return)
중간상	콘테스트, 인센티브, 수량 할인, 판매자 보조, 무료 상품
판매원	교육 훈련, 콘테스트, 인센티브

위의 [표]에서 스탬프는 일정액 구입 시 딱지표를 주고 정해진 수를 모아오면 현금 또는 원하는 상품과 교환해 주는 방식이다. 이러한 방식은 식품점, 주유소 등과 같은 편의품 소매상에서 많이 이용한다. 대체로 이윤폭이 좁고 매출액이 큰 상품에서 보편적이다.

판매 촉진을 위한 **리베이트**는 구입 후 일정 금액을 되돌려 주는 것을 말한다. **경품(premium)**은 상품이나 서비스의 구매자에게 구매에 대한 감사의 뜻으로 무료 또는 저렴한 가격으로 제공되는 식기, 가방, 시계, 장난감 등의 증정품을 말한다. **대금 반환 제의(return)**는 소비자가 구매한 상품을 다시 반품하고자 할 때, 소비자에게 대금의 전액 또는 일부를 반환하기로 약속하는 판매 촉진이다.

3.2 인적 판매

가. 인적판매의 의의

인적 판매는 사람에 의한 판매 활동이다. 이것은 판매원에 의해 이루어지는 양방향 커뮤니케이션 수단이라고 할 수도 있다. 즉, **인적 판매**는 판매원이 잠재 고객을 직접 대면하여 수행하는 상품, 서비스 또는 아이디어의 제시이다. 인적 판매는 크게 방문 판매와 점포 판매로 구분할 수도 있다.

판매원은 미리 취급 상품의 품질, 사용법 등에 대한 지식과 소비자의 구매 심리 등을 잘 알고 있어야 한다. 그리고, 성실하고 친절하게 소비자를 대할 수 있는 인

내력이 있어야 한다. 또한, 고객의 구매 동기와 심리 변화, 상품 구매의 심리 과정 등을 잘 파악하여, 고객의 요구에 알맞은 판매 기술을 익히도록 교육과 훈련을 해야 한다.

나. 세일즈맨의 임무

상품이 부족하던 시대에는 파는 것보다 만드는 기능이 더 중요했다. 그러나, 오늘날과 같이 상품이 풍족한 시대에는 상품을 파는 기능이 더 중요하다.

보통, 판매 기능을 수행하는 사람을 판매원 또는 **세일즈맨(salesmen)**이라고 한다. 오늘날 세일즈 분야에서 여성의 참여와 중요성이 높아지고 있으므로, **세일즈맨/우먼(salesmen/women)**이라고 하는 것이 더 정확한 표현일 것이나, 이 책에서는 세일즈맨이라는 용어로 통칭하기로 한다.

기업은 인적 판매를 통해 **고객 개척, 고객 유지** 및 **고객 정보의 수집**이라고 하는 세 가지 효과를 기대한다. 세일즈맨의 역할은 고객을 방문하는 것에서부터 시작된다. 고객을 방문해서 상품을 설명하고 설득해서 상품의 구매로 이어지면 고객을 개척한 것이 된다. 새로운 고객을 개척하는 것은 세일즈맨의 업무중에서 가장 어려운 부분이다.

일단, 어려운 과정을 거쳐서 고객을 확보한 다음에는 경쟁자에게 빼앗기지 않도록 유지하는 것이 중요하다. 그러기 위해서는 고객을 정기적으로 방문해서 새로운 상품을 소개하거나, 사용 중인 상품에 대한 불만은 없는지 확인해야 한다.

세일즈맨은 고객으로부터 상품에 대한 의견이나 개선 요구 사항을 직접 듣고 고객 정보를 수집하는 역할도 한다. 인적 판매는 광고나 홍보처럼 간접적인 수단으로 고객을 만나는 것이 아니라, 직접 고객을 상대하기 때문에 고객이 무엇을 원하는지를 가장 **빠르고** 정확하게 파악할 수 있다.

세일즈맨은 단지 물건을 파는 사람으로 오해하는 사람이 있다. 세일즈맨은 자신이 속한 기업이 만든 상품을 가지고 기업과 고객 양쪽을 연결하는 사람이다. 동시에 소비자에게는 생활을 윤택하게 하는 생활 제안자인 것이다.

다. 세일즈맨의 자세

기업은 이익을 내야 유지할 수 있다. 따라서 판매는 기업의 경영 원천인 이익 창출의 현장이며, 세일즈맨은 직접적으로 이익을 만들어 내는 담당자이다. 그러므로, 세일즈맨은 전문가로서 세일즈맨쉽을 가지고 있어야 하며, 현대와 같은 시장 환경 하에서 세일즈맨은 다음과 같은 사람이 되어야 한다.

① 전략적인 사고 방식을 가져야 한다. 이를 위해서는 경쟁자보다 어떤 점을 더 내세울 수 있는가를 미리 조사해 두어야 한다. 경쟁의 조건이 되는 성능, 디자인, 가격, 거래 조건, 애프터 서비스 등에 있어서 자사의 강점과 약점을 잘 파악해 두어야 한다.

그래서, 상담 시에 고객이 자신의 상품을 쉽게 선택할 수 있도록 잘 활용해야 한다. 즉, 소비자가 어떤 상품을 구매하는 경우 얻게 되는 **이익 포인트** (benefiting point)과 판매차 측의 **판매 포인트**(selling point)를 전략적으로 잘 연결시켜야 한다.

② 철저히 준비하는 습관을 가져야 한다. 계획이 없는 즉흥적인 상담은 상대를 움직일 수 없으므로, 상대방이 쉽게 판단하고 결정할 수 있도록 모든 사전 준비를 할 필요가 있다. 세일즈 성과를 높이기 위한 사전 조사와 사전 준비를 철저히 하여야 한다.

③ 세일즈에 대해 전문 지식과 기술을 가져야 한다. 세일즈에서 처음 시작 단계를 **어프로칭**(approaching)이라 하고, 마감 단계를 **클로징**(closing)이라 한다. 세일즈맨은 각 단계별로 전문가다운 세일즈 기술을 발휘해야 한다. 즉, 고객을 대하는 매너에서부터 상품을 설명하는 일에 이르기까지 고도의 세일즈 기술을 발휘해야 한다.

4 촉진수단의 믹스

4.1 소비자 행동과 촉진 수단

최적의 마케팅 믹스를 구성하기 위해서는 이들 하위 믹스들이 적절히 결합되어야 한다. 촉진 수단으로는 광고, 홍보, 판매 촉진 및 인적 판매 등과 같은 것이 있다. 촉진 믹스에 관한 의사 결정은 마케팅 믹스의 다른 요소들에게 영향을 주기도 하고 영향을 받기도 한다.

이것들은 상호 의존적이며 마케팅 목표를 달성하기 위하여 조화를 이루어야 한다. 마케팅 담당자는 한 가지의 촉진 도구에만 의존하기보다는, 여러 가지 촉진 수단을 조합하여 사용함으로써 가장 효과적인 촉진 믹스를 구성할 수 있다.

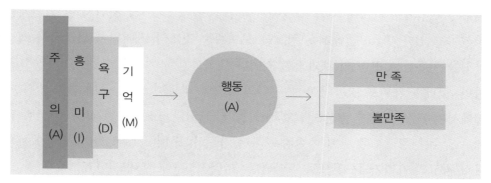

〈그림 17-3〉 소비자의 구매 심리 과정

소비자가 상품을 인지하고 구입하기까지의 과정을 단순화한 것 중에 AIDMA 모델(소비자의 구매 심리 과정)이라는 것이 있다. 이것은 Attention(주의: 눈에 띈다)⇒ Interest(흥미: 관심을 갖는다)⇒Desire(욕구: 사고 싶다)⇒ Memory(기억: 기억한다)⇒Action(구매 행동: 산다)의 과정으로 이어지는 소비자의 구매 심리 변화 과정을 나타낸다.

이와 같은 고객의 구매심리과정을 AIDMA라 하며, 학자에 따라서는 M대신에 C(conviction; 확신)을 넣어서 **AIDCA**라고도 한다. 또한, 그림의 모형에서 A(attention 또는 awareness, 주의/인지), I(interest, 흥미/관심), D(desire 욕구), A(action, 구매 행동), S(satisfaction, 만족)만을 모아서 **AIDAS**라고 하는 부르는 경우도 있다.

이러한 과정에서 소비자가 어떤 상태일 때 어떻게 자극하면 최종 단계인 행동(구입)에 이르도록 할 수 있을 것인가를 검토, 계획해서 실행하는 것을 판매 촉진이라고 할 수도 있다. 따라서, 마케팅 담당자는 목표 소비자가 AIDMA의 어느 단계에 있는지를 분석해서 판매 촉진 믹스 전략을 구사해야 한다. 기본적으로 주의(attention)의 단계에서는 광고가 효과적이다. AIDMA의 단계가 앞으로 나아감에 따라 점차 광고의 영향은 적어지고, 인적 촉진의 효과는 커지는 경향이 있다. 예를 들어, 어느 고객이 지금 상점에서 물건을 앞에 두고 살 것인지 말 것인지를 망설이고 있다. 이 고객에게는 광고를 보여주는 것보다 판매원이 접근해서 직접 구입을 설득하는 것이 더 효과적일 것이다.

한편, 구매 단계별로 광고와 판매 촉진의 효과를 비교해 보면, 구매 결정 이전 단계에서는 광고가 판매 촉진보다 효과가 높다. 그러나, 구매 직전 및 구매 시점 단계로 갈수록 광고보다 판매 촉진의 효과가 커진다. 구매(action) 이후 단계에서는 다시 광고의 효과가 큰 것으로 나타난다. 따라서, 구매 후에도 단계별로 가장 효과적인 촉진 활동을 계속할 필요가 있다.

〈표 17-2〉 AIDMA 모델과 촉진 목표

고객의 태도	고객 파악	촉진 목표
주의(attention)	• 우리 상품에 대해 모른다 • 인지하고 있지만 떠올리지 못한다	• 인지도 향상 • 재인지도 향상
흥미(interest)	• 흥미가 없다	• 상품에 대한 평가 육성
욕구(desire)	• 갖고 싶어하지 않는다	• 욕구 환기
동기(motive)	• 기회가 있어도 구매하려고 하지 않는다	• 구매 의도 형성
행동(action)	• 살까 말까 망설이고 있다	• 구매 의욕 환기

4.2 풀 전략과 푸쉬 전략

기업이 경로 구성원들에게 어떤 촉진 전략을 사용하느냐에 따라 성과가 달라진다. 제조 업체가 사용하는 촉진 비용에는 중간상을 대상으로 하는 것과 소비자를 대상으로 하는 것이 있다.

또한, 소매업자는 매출액 증대를 위해 고객을 상대로 다양한 소매상 촉진을 실시하고 있다. 소매업자의 이러한 촉진 활동에 소요되는 비용도 결국은 제조업자에게 추가적인 가격 인하 또는 수량 할인을 해주도록 압박하는 요인이 된다.

제조업체가 이용할 수 있는 기본적인 촉진 전략은 풀(pull)전략과 푸쉬(push)전략 두 가지가 있다.

가. 풀 전략

풀 전략이란 제조 업체가 최종 소비자를 상대로 촉진 활동을 해서, 이 소비자가 소매상에게 자사 상품을 요구하도록 하는 전략이다. 즉, 중간상이 자발적으로 제조 업체에게 주문을 하는 상황이 되도록 하는 것이다.

예를 들어, OO사는 자사 상품의 브랜드에 대한 인지도와 충성도를 높이기 위해서 일반 소비자를 대상으로 텔레비전 광고를 실시한다. 광고의 목표는 소비자로 하여금 슈퍼마켓, 편의점 등과 같은 소매상에서 자사 브랜드의 상품을 찾도록 만드는 것이다. 만약 어떤 점포가 특정 브랜드의 상품을 취급하지 않는데, 많은 소비자가 그 브랜드가 붙은 상품을 찾는 경우, 그 점포는 어쩔 수 없이 당해 브랜드의 상품을 주문해서 취급하게 될 것이다.

나. 푸쉬 전략

반면에 **푸쉬 전략**이란 중간상을 대상으로 판매 촉진 활동을 해서 그들이 최종 소비자에게 적극적으로 판매하도록 유도하는 유통 전략을 말한다. 이 전략을 사용하는 기업은 소비자보다는 중간상을 상대로 하는 촉진활동에 중점을 둔다.

즉, 중간상에 대해 가격 할인, 수량 할인, 인적 판매, 협동 광고, 구매 시점 디스플레이, 점포 판매원 훈련 프로그램 제공 등과 같은 활동에 중점을 둔다. 대다수의 소규모 제조업체는 소비자를 대상으로 직접 촉진 활동을 수행할 수 있을 만한 충분한 자원이 없기 때문에, 푸쉬 전략을 택하는 경우가 많다. 대형 제조업체라 하더라도 중간상의 역할에 비중을 두는 경우에는 이 전략을 사용한다.

일반적으로 편의품의 경우에는 풀 전략이, 전문품의 경우에는 푸쉬 전략이 중요하다. 편의품의 경우 최종 소비자가 어떤 브랜드를 선택하는 과정에 중간상이 개입할 여지가 별로 없다. 라면하나 사는데 판매원이 와서 '이 상표의 라면이 더 맛있으니, 이걸로 사시요'하고 권하는 일은 거의 없다.

반면에, 전문품의 경우에는 판매원의 영향이 커지므로, 중간의 협조가 필요하다. 실제에 있어서는 풀 전략과 푸쉬 전략을 병행해서 사용하는 경우도 많다. 예를 들면, 제약 회사가 최종 소비자를 대상으로 광고를 함과 동시에 중간상에 대해서는 자사의 세일즈맨을 통해서 촉진 활동을 하고 있는 것과 같은 것이다.

○ 상품을 판매하기 위해서는 여러 가지 방법으로 소비자의 구매 의욕을 높이는 활동을 해야 한다. 이것을 촉진이라 하며, 그 방법으로는 광고, 홍보, 판매촉진 및 인적판매 등이 있다.

○ 광고란 특정한 광고주에 의하여 비용이 지불되는 모든 형태의 비인적 판매 제시를 의미한다.

○ 기업 광고(corporate advertising)란 "상품이나 서비스 그 자체를 구매하도록 잠재고객을 직접적으로 설득하기 위한 것이 아니라, 상품 또는 서비스를 제공하고 있는 기업에 대하여 호의적인 이미지를 형성시키기 위한 광고"를 말한다.

○ 광고 전략은 크게 표현 전략과 매체 전략으로 구분할 수 있다. 먼저, 표현 전략은 크리에이티브(creative) 전략이라고도 한다. 이것은 전달해야 할 메시지의 작성에 관한 것이다. 이에 비해 매체 전략은 미디어(media) 전략이라고도 하는데, 이는 메시지를 전달할 수단을 확보하는 것에 관한 것이다.

○ 메시지를 목표로 삼고 있는 고객이 공감할 수 있는 언어로 바꾸는 일을 전문적으로 하는 사람을 카피라이터(copywriter)라 한다.

○ 홍보란 "상품, 서비스 또는 아이디어에 관한 뉴스나 정보로서 발표되지만, 후원자(sponsor)에 의해 비용이 지불되지 않는 형태의 촉진"을 말한다. 메시지를 제시하기 위하여 사용되는 지면이나 시간에 대하여 후원자가 비용을 지불하지 않는다는 점에서 홍보는 무료이다.

○ 홍보 자료란 매체에게 자신에 관한 뉴스와 정보를 제공하기 위한 수단이다. 여

기에는 보도 자료, 기자 회견, 녹음(녹화)자료 및 기고물 등과 같은 형태가 있다.

○ 홍보는 공중 관계의 관리 수단으로서 그 역할이 확장되고 있다. 기업에 대해 직접, 간접으로 이해 관계를 가지고 있는 집단을 공중이라고 한다.

○ 기업 활동에 이해 관계가 있는 모든 공중을 대상으로 우호적인 관계를 형성하기 위한 노력을 공중 관계(PR, public relations)라 한다.

○ 판매 촉진이란 광고, 홍보 및 인적 판매와 같은 세 가지의 범주에 포함되지 않는 모든 촉진 활동을 말한다.

○ 인적 판매는 판매원이 잠재 고객을 직접 대면하여 수행하는 상품, 서비스 또는 아이디어의 제시이다. 인적 판매는 크게 방문 판매와 점포 판매로 구분할 수도 있다.

○ 기업은 인적 판매를 통해 고객 개척, 고객 유지 및 고객 정보의 수집이라고 하는 세 가지 효과를 기대한다.

○ 소비자가 어떤 상품을 구매하는 경우 얻게 되는 이익 포인트(benefiting point)와 판매차 측의 판매 포인트(selling point)를 전략적으로 잘 연결시켜야 한다.

○ 세일즈에서 처음 시작 단계를 어프로칭(approaching)이라 하고, 마감 단계를 클로징(closing)이라 한다.

○ 소비자가 상품을 인지하고 구입하기까지의 과정을 단순화한 것 중에 AIDMA 모델(소비자의 구매 심리 과정)이라는 것이 있다. 이것은 Attention(주의: 눈에 띈다)⇒ Interest(흥미: 관심을 갖는다)⇒Desire(욕구: 사고 싶다)⇒ Memory(기억: 기억한다)⇒Action(구매 행동: 산다)의 과정으로 이어지는 소비자의 구매 심리 변화 과정을 나타낸다.

○ 풀 전략이란 제조 업체가 최종 소비자를 상대로 촉진 활동을 해서, 이 소비자가 소매상에게 자사 상품을 요구하도록 하는 전략이다. 즉, 중간상이 자발적으로 제조 업체에게 주문을 하는 상황이 되도록 하는 것이다.

○ 푸시 전략이란 중간상을 대상으로 판매 촉진 활동을 해서 그들이 최종 소비자에게 적극적으로 판매하도록 유도하는 유통 전략을 말한다. 이 전략을 사용하는 기업은 소비자보다는 중간상을 상대로 하는 촉진활동에 중점을 둔다.

1. 현대 마케팅의 기본철학 및 원리 중에서 기업의 모든 활동이 마케팅을 중심으로 통합적으로 이루어짐을 의미하는 것은?

   ① 판매자 우위 시장(seller's market)

   ② 구매자 우위 시장(buyer's market)

   ③ 소비자 지향적 사고(consumer orientation)

   ④ 전사적 마케팅(total marketing)

2. 판매에 비해 마케팅이 다른 점이라고 <u>보기 어려운</u> 것은?

   ① 교환을 핵심 개념으로 한다.

   ② 소비자에게 좋은 상품을 제공하는 것을 목표로 한다.

   ③ 팔리는 것을 만든다는 사고이다.

   ④ 파는 일을 기업 전체적 차원에서 효율화한다.

3. 마케팅 조사에 대한 설명으로 적절하지 <u>않은</u> 것은?

   ① 시장 조사라고도 한다.

   ② 수요를 예측한 다음에 마케팅 조사를 실시한다.

   ③ 유효 수요는 물론이고 잠재 수요도 조사 대상이다.

   ④ 유효 수요란 실제 구매로 연결될 수 있는 수요를 말한다.

4. 신제품에 대한 광고시안을 몇 개의 집단에 보여주고 소비자의 선호나 기억정도가 가장 높은 것을 선정하고자 할 때 적합한 마케팅 조사방법은?

   ① 관찰법(observational research)

   ② 서베이 조사(survey research)

   ③ 표적집단 면접(focus group interview)

   ④ 실험조사(experimental research)

5. 구별된 고객에게서 수익을 창출하고 장기적인 고객 관계를 가능케 함으로써 고객 만족을 통해 고객 충성도를 높이고 고객의 수익성을 극대화해 더 높은 이익을 창출할 수 있는 방안을 무엇이라고 하는가?

① 고객관계관리(CRM, Customer Relationship Management)

② SCM(Supply Chain Management)

③ 고객 마케팅

④ 문화 마케팅

6. 고객이 경쟁 상품에 비해 자사의 상품이 높은 가치가 있다고 인정할 수 있도록 하는 마케팅 전략에 해당하는 것은?

① 차별화 전략　　　　　　　② 가격전략

③ 유통전략　　　　　　　　④ 시장세분화 전략

7. 소비자의 구매의사결정과정은 다섯 단계로 구분하는 것이 일반적이다. 다음 그림에서 빈칸(제2단계)에 알맞은 것은?

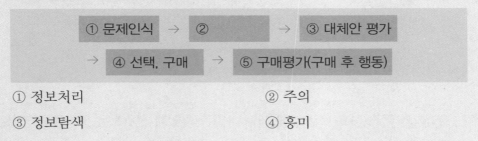

① 정보처리　　　　　　　　② 주의

③ 정보탐색　　　　　　　　④ 흥미

8. 소비자의 구매행동에 영향을 미치는 변수의 하나인 라이프스타일 변수를 구성하고 있는 AIO가 의미하는 것은?

① Activities, Interest, Opinions　　② Actions, Intentions, Operations

③ Actions, Interest, Operations　　④ Activities, Intentions, Opinions

9. 소비자 구매행동에 영향을 미치는 심리적 변수 중에서 '한 개인이 어떤 대상에 대해서 가지는 지속적이며 일관성 있는 평가, 감정, 경향'에 해당하는 것은?

① 소비자의 욕구

② 소비자의 태도

③ 소비자의 구매의도

④ 소비자의 평가기준

10. "한 소비자의 활동, 관심, 의견은 그 사람의 (   )을 나타낸다"에서 괄호 안에 적절한 것은?

① 개성

② 자아개념

③ 라이프스타일

④ 사회적 계급

11. 다음과 같은 신상품 개발 단계를 순서대로 나열하는 경우, 세 번째에 해당하는 것은?

| 가. 테스트 마케팅 | 나. 상품 개발 | 다. 신상품 아이디어의 창출 |
| 라. 경영 분석 | 마. 상품화 | 바. 아이디어의 선별 |

① 가   ② 나   ③ 라   ④ 마

12. 소비자가 특정 상표(브랜드)에 대해서 일관성 있게 선호하는 경향을 설명하는 용어는?

① 브랜드충성도(brand loyalty)

② 브랜드파워(brand power)

③ 브랜드로얄티(brand royalty)

④ 브랜드이미지(brand image)

13. 마케팅에서의 상품 개념에 대한 설명으로 틀린 것은?

　① 재화(goods)는 유형재(tangible product)를 말한다.

　② 서비스(services)는 무형재(intengible producst)이다.

　③ 대부분의 재화는 물리적 실체와 서비스가 결합된 형태를 가진다.

　④ 물리적 실체가 없이 서비스만 제공되는 것은 상품이 아니다.

14. 다음 중 포장의 효과에 대한 설명으로 옳은 것은?

　① 상품을 법적으로 보호하는 기능이 있다.

　② 상품의 하자를 정당화하는 수단이 된다.

　③ 고객의 관심을 끌고 판매촉진적인 기능을 한다.

　④ 포장은 생산자의 취급상 편의에 중점을 두어야 한다.

15. 다음에 제시된 사례에 해당하는 제품수명주기단계 (A ~ D)는?

　우유제품을 생산·유통하고 있는 A사는 경쟁업체들의 유사상품 출시에 대응
　하여 연구소에 새로운 기능성 유제품의 개발을 의뢰하였다.

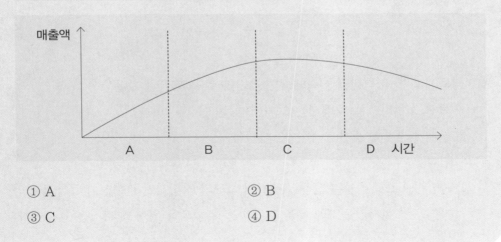

　① A　　　　　　　　　　② B

　③ C　　　　　　　　　　④ D

16. 원가 가산 가격 결정 방법(cost-plus pricing)에 대한 설명으로 <u>틀린</u> 것은?

① 소비자의 입장을 존중하는 방식이다.

② 원가에 일정한 비율이나 금액을 가산하는 방식이다.

③ 가격 설정이 간단하다.

④ 고정 원가와 변동 원가의 합계를 총원가라 한다.

17. 상품을 만들기 전에 그 상품의 가격이 어느 정도이면 소비자가 살 의향이 있는 지를 조사해서 가격을 먼저 결정하고 난 다음에 비용과 이익을 계산해서 그에 적합한 상품을 생산하는 방식의 가격은?

① 원가 중심의 가격

② 구매자 중심의 가격

③ 경쟁자 중심의 가격

④ 생산자 중심의 가격

18. 상품 가격을 소비자가 저렴하다는 느낌을 갖도록 하기 위해, 예를 들어 1,000 원으로 책정하지 않고 990원으로 가격단위를 낮추어 가격을 결정하는 방식은?

① 명성 가격   ② 관습 가격

③ 단수 가격   ④ 라인 가격

19. 상품에 대한 가격관리 전략에 관한 설명으로 <u>옳지 않은</u> 것은?

① 혁신 소비자층에 대해서는 초기저가전략을 사용한다.

② 판매자간에 경쟁이 높을수록 개별업체는 가격을 독자적으로 결정하기 어렵다.

③ 일반적으로 소비자는 상품의 품질이 가격과 직접적인 관련성이 있다고 본다.

④ 가격은 소비자가 구매여부를 결정하는데 중요한 영향을 미치는 요소이다.

20. 빠른 시간 내에 매출 및 시장 점유율을 확대하기 위해 신제품 도입 초기에 낮은 가격을 설정하는 것을 무엇이라고 하는가?

① 시장침투가격 전략

② 초기고가 전략

③ 시장차별화 전략

④ 시장장악 전략

21. 경품, 할인쿠폰 제공 등과 같은 판매촉진의 효과에 대한 설명으로 옳은 것은?

① 단기적으로 이미지 형성에 도움을 준다.

② 즉각적인 구매 행동을 촉구하는데 효과적이다.

③ 상품 수명 주기상 도입기에만 사용하는 것이 좋다.

④ 장기적으로 사용하는 것이 바람직하다.

22. 판매원에 의해서 이루어지는 인적판매에 대한 설명으로 틀린 것은?

① 일방적인 커뮤니케이션 수단이다.

② 방문 판매와 점포 판매로 구분할 수 있다.

③ 고객을 직접 대면하여 수행한다.

④ 판매원은 소비자의 구매 심리를 잘 알고 있어야 한다.

23. AIDMA 모델과 관련한 설명으로 틀린 것은?

① 소비자의 구매 심리 변화 과정을 나타낸 것이다.

② 주의(attention) 단계에서는 광고가 더 효과적이다.

③ 구매(action) 단계에서는 인적 판매가 더 효과적이다.

④ 구매(action) 이후에는 촉진 활동을 계속할 필요가 없다.

24. 촉진의 여러 가지 방법 중 손님이 상점에 왔을 때에 볼 수 있도록 점포의 입구나 점포 안의 적당한 공간 또는 판매 카운터 등에 설치하는 광고를 말하는 것은?

① POP 광고　　② 디스플레이　　③ 행사　　④ 소비자 교육

25. 그림 (가), (나)에 나타나 있는 공통적인 마케팅 전략으로 적절한 것은?

(가)

(나)

① 인적 판매　　　　　　　　② 판매 할당
③ 판매 촉진　　　　　　　　④ 판매 통제

참고문헌

- 주승용 외, 「산지유통정책 개선 방안」, 한국농촌경제연구원, 2011.
- 강성채, "농산물 유통개선과 물류센터 운영효율화 방안," 「한국식품유통학회 하계학술대회논문집」, 1998.
- 권원달, 「농산물유통론」, 선진문화사, 1994.
- 권원달, 「유통환경변화와 농수산물도매시장」, 농산물도매시장법인협회, 1998.
- 권원달 외, 「농산물 유통개혁 성과평가를 위한 연구」, 한국농업경제학회, 2002.
- 김동환, "식품소매업태의 변화에 관한 연구," 「식품유통연구」, 제14집 제1호 : 223-240, 1997.
- 김동환, "산지유통 지원정책의 평가와 개선방안," 농식품신유통연구회 제8차 신유통토론회 자료집, 1999.
- 김동환, "농산물 유통정책의 평가와 개선과제," 한국농업경제학회 하계학술대회 발표논문집, 2001.
- 김동환 외, 「농수산물 종합유통센터의 운영성과와 발전방안」, (사)농식품신유통연구원, 2002.
- 김동환 외, 「유통경로 다원화 추세하의 도매시장 발전방안에 관한 연구」, (사)농식품신유통연구원, 2002.
- 김동환, "농산물 물류센터의 도매물류기능 강화 방안," 「식품유통연구」, 제16권 2호: 191-214, 1999.
- 김동환 · 황수철, "대형소매업체의 농산물 조달실태와 대응과제," 「식품유통연구」, 제17권4호: 69-91, 2000.
- 김동환, "농수산물 도매시장의 전망과 발전과제, 「食品流通硏究」 Vol. 19(2): 1-23, 2002.
- 김동환, "농산물 전자상거래 사이트의 마케팅 전략에 관한 연구", 「대산논총」 Vol. 10: 391-412, 2002.

- 김동환, "농산물 인터넷 쇼핑몰의 만족·불만족 요인과 개선과제, 「食品流通研究」 Vol. 19(1): 105-26, 2002.
- 김동환, "산지유통전문조직 유통활성화 사업에 대한 소비지 거래처의 평가와 개선 방안," 「농협경제연구」 Vol. 29: 71-88, 2003.
- 김동환 외, 「농협의 도매기능 강화 방안」, (사)농식품신유통연구원, 2004.
- 김동환·강명구, "산지거점 농산물유통센터(APC)의 경제성 분석 및 투자 방향에 관한 연구", 「食品流通研究」 Vol. 22(4): 67-86, 2005.
- 김동환, "쌀의 브랜드화 현황과 개선방안", 「안양대학교 논문집」 22권 :431-438, 2005.
- 김동환·채성훈, "원예농산물 자조금 제도 현황과 발전방안," 「食品流通研究」 Vol. 23(4), 2006.
- 김동환·채성훈, "청과물 저온유통체계 구축의 경제성 분석 및 정책과제," 「食品流通研究」 Vol. 24(3): 89-116, 2007.
- 김동환, "미국 농협의 변화 사례와 시사점," 「한국협동조합연구」 Vol. 24(2): 151-67, 2007.
- 김동환·채성훈, "농산물의 공정거래 확립을 위한 제도 개선 방안," 「농업경제연구」 Vol.49(4): 83-109, 2008.
- 김동환·송정환, "대형유통업체와 산지유통조직간 불공정거래 실태와 대응방안," 「유통연 구」 Vol. 14(5): 185-204, 2009.
- 김동환, 「농식품 이제 마케팅으로 승부하라」, HNCOM, 2009
- 김동환 외, 「가락시장 중도매인 영업활성화 방안 연구」, (사)농식품신유통연구원, 2009.
- 김동환, "소매업체와 농산물 도매시장간 연계 강화 방안 – 청과물을 중심으로," 「유통연구」 Vol. 15(5): 185-204, 2010.
- 김동환·채성훈, "농산물 산지유통조직의 성과 결정 요인 분석: 농협의 판매사업을 중심으로," 「한국협동조합연구」 Vol. 28(2): 211-230, 2010.
- 김동환 외, 「농수산물 유통개선에 대한 의견조사 결과」, (사)농식품신유통연구

원, 2010.

• 김동환 외, 「마늘 유통산업 중장기 발전방안」, 농식품신유통연구원, 2011.

• 김동환 외, 「고등학교 농산물유통」, 교육과학기술부, 2011.

• 김동환, "농산물 산지유통인의 제도권 편입 방안," 「유통연구」 Vol. 16(5): 1-18, 2011.

• 김동환 외, 「안성농식품물류센터 세부실행계획수립」, 농식품신유통연구원, 2012.

• 김성훈 · 김완배 · 김정주, 「농산물 유통 진단과 처방」, 농민신문사, 1998

• 김정호 외, 「농어촌구조개선사업백서」, 한국농촌경제연구원, 2000.

• 김호탁, 이태호, 김한호, 「농산물가격론」, 박영사, 2003.

• 노화준, 「정책평가론」, 법문사, 1995.

• 농림부, "농산물유통개혁 대책수립 참고자료집," 1998. 5.

• 농림부, "농산물유통개혁 세부실천계획," 1999. 7.

• 농림부, "농산물유통개혁 추진상황," 2000. 7.

• 농림부, 「도매시장통계연보」, 각년도.

• 농림부, 「농산물 전자상거래 우수사례」, 2001. 11.

• 농림부, "농산물유통 주요통계", 2002.

• 농림수산식품부, 「농림수산식품사업 시행지침서」, 2011.

• 농수산물유통공사, 「주요농산물유통실태」, 각년도.

• 농협경제연구소, "국내 식자재 시장 동향과 시사점", CEO Focus 269호, 2011.

• 농협중앙회, 「농협연감」, 각년도.

• 농협중앙회, 「채소수급안정사업 업무편람」, 2011.

• 농협중앙회, 「공동계산제, 이렇게 하면 성공한다」, 2000.

• 박감춘, "농산물 물류표준화 현황과 개선방안", 「식품유통연구」, 제14권 제1호 (1997): 205-222.

• 박동준 · 이강태, 「유통정보화의 핵심」, 아트동방, 1996.

• 박세원, "청과물의 수확후관리," 농수산물유통교육원 산지유통센터 운영관리자 과정 교육교재, 2003.

• 서울시농수산물공사, 「거래연보」, 각년도.

- 삼성경제연구소, "농산물 유통개혁 대책 평가를 위한 연구용역 최종보고서", 2000.
- 설봉식외, 「농산물 종합유통센터의 도매기능 활성화 방안」, 2001.
- 성행기·장태형, "물류표준화에 따른 기술 경제적 평가와 발전과제", (사) 농식품신유통연구회 2002 신유통심포지엄 자료집, 2002.
- 시장경영진흥원, '2010년도 전통시장 및 점포경영 실태조사 통계자료집', 2010.
- 안태호, 「현대물류론」, 범한, 1996.
- 왕성우 외, 「유통환경변화와 농산물도매시장」, 한국농축산업유통연구원, 2000.
- 에스엘아이, 「21C 하나로마트 사업 발전전략」, 2000.
- 오세조, 「시장지향적 유통관리」, 박영사, 1996.
- 오세조·이철우, 「실전 프랜차이즈 마케팅 전략」, 2002.
- 이상식외, 「농산물종합유통센터 운영현황 및 활성화 방안」, 2002.
- 이정환·김동환(편), 「잘 팔리는 농산물 만들기」, 해남, 2008.
- 임훈, "글로벌 ECR/SCM 발전 방향과 구현 전략", 한국유통학회 심포지엄자료집, 2002.
- 정영일, "농산물 유통개선의 기본과제와 정책방향", 농정연구포럼 제68회 정기월례세미나 결과보고서, 1999.
- 최병옥 외, 「농산물 산지유통시설의 효율적 활용 방안」, 한국농촌경제연구원, 2010.
- 최양부·김동환, "신유통시스템의 패러다임과 발전과제", 「농업경제연구」, 40(2) : 189-218, 1999.
- 최양부 외, 「신유통시스템의 정립과 물류센터 발전방향」, 농식품신유통연구회, 1999.
- 최양부 외, 「신유통시스템 구축을 위한 산지유통센터 발전방향」, 농식품신유통연구회, 2000.
- 통계청, 「도시가계연보」, 각년도.
- 한국농촌경제연구원·한국협동조합연구소, 『농협경제사업의 미래비전과 활성화방안농업경제사업부문(4-2)』, 2011.

• 허길행 외, 「농수산물유통개혁백서」, 한국농촌경제연구원, 1995.

• 허길행, 이용선, 강정혁, 정은미, 김학종, 「농협 농산물유통사업의 경쟁력 강화 방안」, 한국농촌경제연구원 연구보고 C-98-8, 1998.

• 한국체인스토어협회, 「2011 유통업체연감」, 2011.

• 황의식 외, 「농산물 유통구조개선 사업군 심층평가 : 2011년도 재정사업 심층 평가 보고서」, 한국농촌경제연구원, 2012.

• 황의식 외, 「산지유통 혁신전략과 농협의 역할」, 한국농촌경제연구원 연구보고 R472, 2004.

• 황현식, "SCM Enabler로서의 정보기술과 오라클 애플리케이션, 「Oracle Korea Magazine」, 제15권 제1호(1999): 68-75.

• 秋谷重男, 『御賣市場に未來はあるか』, 日本經濟新聞社, 1996.

• 秋谷重男, "御賣市場の再編と法改正のするもの," 『農業と經濟』: 56-63, 1999. 7.

• Cook, Roberta, "The Dynamic U.S. Fresh Produce Industry: An Overview," Post Harvest Technology of Horticultural Crops, University of California, Division of Agricultural and Natural Resources Publication 3311, 1993.

• Coughlan Anne, Anderson Erin, Stern Louis, El-Ansary Adel, Marketing Chan-nels, 2001.

• Diamond, Jay and Gerald Pintel, Retail Buying, Prentice-Hall, 1997.

• Kim, Dong Hwan, "The Effects of Structural Changes in Food Retailing on Agricultural Producers: The Case of Korea, The Korean Journal of Agricultural Economics(농업경제연구) Vol 48(3): 85-112, 2007.

• Kim, Dong Hwan, "The Effects of Foreign Distributors on the Food Marketing System in Korea, The Korean Journal of Agricultural Economics(농업경제연구) Vol 43(4): 141-61, 2002.

• Kinsey, Jean and Ben Senauer, "Food Marketing in an Electronic Age: Implications for Agricultural Producers," Working Paper 96-2, The Retail Food Industry Center, University of Minnesota.

- Kohls, Richard L. and Joseph N. Uhl, Marketing of Agricultural Products, Macmillan Publishing Company, 1990.
- Marion, Bruce W. and NC117 Committee, The Organization and Performanceof the U.S. Food System, Lexington Books, 1986.
- Padberg, Daniel I., "The Global Context of Agro-food Marketing," Padberg et al. (ed.) Agro-Food Marketing, pp. 1-9, Cab International, 1997.
- Poirier, Charles C. and Michael J. Bauer(남호기 역), e-SCM, 시그마인사이트컴, 2002.
- Reynolds, Bruce J., "Cooperative Marketing Agencies-in-common," USDA Agricultural Cooperative Service ACS Research Report 127, 1994.
- Rhodes, V. James and Jan L. Dauve, Agricultural Marketing System, Holcomb Hathaway, 1998.
- SuperValu Annual Report
- Sysco Annual Report
- Tomek, William G. and Kenneth L. Robinson, Agricultural Product Prices, Cornell University Press, 1990.

저자
약력

김동환 (대표저자) 집필분야 : 제 1, 3, 4, 5, 11, 12장

- 서울대학교 농과대학 졸업
- 서울대학교 대학원 농경제학과 졸업
- 미국 위스칸신大 농업 및 응용경제학과 졸업 (경제학박사)
- (현) 안양대학교 무역유통학과 교수
- (현) (사)농식품신유통연구원 원장
- 저서 : 『고등학교 농산물유통』, 『고등학교 농산물유통관리 1』
      『농식품 이제 마케팅으로 승부하라』, 『잘팔리는 농산물 만들기』외 다수
- e-mail : dkkim@anyang.ac.kr

김병률 집필분야 : 제 2, 6, 7, 8, 9, 10장

- 서울대학교 대학원 농경제과 졸업(경제학 박사)
- (전) 한국농촌경제연구원 미래정책연구실장, 농업관측센터장
- (현) 한국농업경제학회 상임이사
- (현) 한국농촌경제연구원 선임연구위원
- 저서 : 『농업이 미래다(공저)』, 『농업경제학(공저, 유통분야)』,
      『가락동 농수산물 도매시장 시설현대화사업 건설기본계획 및 타당성
      연구』외 다수
- e-mail : brkim@krei.re.kr

김재식 집필분야 : 제 13, 14, 15, 16, 17장

- 서울대학교 대학원 졸업(박사)
- 서울대학교 경영학과 강사
- 제4회 관세사시험 수석합격
- 조세심판원 관세심판관
- 한국관세학회 회장
- 현) 서원대학교 경영대학 교수
- 저서 : 『무역상품학』, 『유통관리 I』외 다수
- e-mail : jaisik@seowon.ac.kr

농산물유통론

인쇄일 | 2015년 3월 23일
발행일 | 2015년 3월 25일

공저 | 김동환 김병률 김재식
기획·편집 | 농민신문사 기획출판부

발행처 | ℔ 농민신문사
등록번호 | 제1-1218호
주소 | 서울시 서대문구 통일로 81 임광빌딩 14~16층
홈페이지 | http://www.nongmin.com
전화 | 02-3703-6136   팩스 | 02-3703-6213